工程材料及成型技术基础

陈希章 薛 伟 主 编
张 健 钟 蓉 副主编

U0296514

科学出版社
北 京

内 容 简 介

本书从机械工程需求和性能出发，引入材料的晶体结构，以铁-碳相图为核心，基于相变，深入浅出地讲解了金属热处理原理和工艺以及热加工工艺，并对非金属材料及新型材料的加工工艺作了介绍。本书共十章，内容包括工程材料性能、金属的晶体结构与结晶、铁碳合金、金属热处理及工艺、工业用钢、有色金属及其合金、非金属材料及新型材料加工工艺、铸造、金属压力加工、焊接。作者撰写时注重前后贯通，并结合了最新行业和国家标准，旨在更好地培养出具有工程应用能力的人才。

本书可作为普通高校机械类、材料类等工科专业本科生教材，也可供大专生和相关工程技术人员参考。

图书在版编目（CIP）数据

工程材料及成型技术基础/陈希章,薛伟主编. —北京：科学出版社，2016.1
ISBN 978-7-03-046959-5

Ⅰ.①工… Ⅱ.①陈… ②薛… Ⅲ.①工程材料-成型 Ⅳ.①TB3

中国版本图书馆 CIP 数据核字（2016）第 006692 号

责任编辑：胡 凯 许 蕾 周 丹/责任校对：韩 杨
责任印制：张 倩/责任设计：许 瑞

科学出版社 出版
北京东黄城根北街 16 号
邮政编码：100717
http://www.sciencep.com
天津市新科印刷有限公司印刷
科学出版社发行　各地新华书店经销

*

2016 年 1 月第 一 版　开本：787×1092　1/16
2024 年 7 月第十一次印刷　印张：18 1/4
字数：400 000

定价：59.00 元
（如有印装质量问题，我社负责调换）

前　言

　　《工程材料及成型技术基础》是根据教育部"工程材料及机械制造基础系列课程教学基本要求"编写而成的，是高等院校大机械类专业的专业基础课程。本书立足机械加工类制造工艺对材料的应用需求，为适应新形势下的机械工程类专业教学改革而编写。本书根据授课团队多年的教学经验，在教学讲义的基础上编撰而成，并根据国内国际标准，更新了工程材料的标准体系，力求在保证工程材料理论体系和应用的基础上反映当前工程材料的最新发展。本课程内容繁杂，涉及较多，本书重点在结构体系上进行建设，注重前后贯通，以原理为轴线，贯穿于各热加工工艺中；更新了相关行业和国家标准，部分结合了最新的国际标准和国际工程师培养体系方法。针对全国高等教育工程化人才培养的需求，编写过程力求理论联系实际、原理与工艺密切结合，能使学生对材料科学原理和热加工工艺有较为深入的了解，为后续专业课程奠定扎实的基础。

　　本书主要包含三大知识模块：第一部分是材料科学基础部分，第二部分是工程材料基础部分，第三部分是材料的热加工工艺部分。本书共 10 章。陈希章、薛伟、张健、钟蓉等共同编写了全部内容，全书由陈希章统稿。在本书的编写过程中，曹红岩、胡科、王鹏飞、郑怀忠、赵景奇等对全书进行了校对和图表的绘制及编辑；授课老师曹宇副教授对部分章节进行了润色，提出了宝贵建议和意见。本书成稿后不仅请本专业专家进行阅读，还分别请机械、工业工程、材料、模具等专业的本科毕业生和研究生进行了通读，从学生的理解角度对书籍进行了语言编排和原理解释。

　　本书可作为"工程材料及成型技术基础"课程教材，该课程是面向工业工程、机械设计类学生开设的一门重要的技术基础课，课程的主要目的是培养学生具备常用工程材料及零件热加工工艺的知识和工程应用能力。

　　由于编者水平有限，对于书中存在的缺点及错误，诚恳地希望各位读者批评指正，我们将在后续版本中进行修改和完善。

编　者

2015 年 12 月 7 日

目　录

第一章　工程材料性能

要正确地选择和使用工程材料，首先需了解材料的性能。材料的性能主要包括使用性能和工艺性能。使用性能是指材料的力学性能、物理性能和化学性能，其中力学性能是选择材料的主要依据，同时需要兼顾物理性能和化学性能；工艺性能是指材料在加工过程中所反映出来的适应性能。

材料的力学性能是材料在承受各种载荷时的行为。按照不同状态载荷可以分为静载荷和动载荷。其中静载荷是指试验时对试样缓慢加载，缓慢到可以认为试样所承受的外力不随时间而变化，而试样本身各点的状态也不随时间而改变，即试样各质点没有加速度，例如加载变化缓慢以致可以略去惯性力作用的准静载（如锅炉压力）等。如果整个试样或某些部分在外力作用下速度有了明显改变，即产生了较大的加速度，此时的应力和变形问题就是动载荷问题，例如短时间快速作用的冲击载荷（如空气锤）、随时间作周期性变化的周期载荷（如空气压缩机曲轴）和非周期变化的随机载荷（如汽车发动机曲轴）等。

第一节　静载时材料的力学性能

一、强度和塑性

GB/T 228.1—2010《金属材料拉伸试验　第 1 部分：室温试验方法》规定了金属材料的强度和塑性拉伸试验方法的原理与要求。

拉伸试验过程：准备试样（见图 1-1），定义施力前的试样原始标距为 L_0，断后标距为 L_u。在拉伸试验机上加载，试样在载荷作用下发生弹性变形、塑性变形直到最后断裂。在拉伸过程中，试验机会自动记录每一瞬间的载荷和延伸率之间的关系，并绘出拉伸曲线图（纵坐标为载荷，横坐标为延伸率）（见图 1-2）。由计算机控制的具有数据采集系统的试验机可以直接获得强度和塑性的试验数据。

图 1-2 所示为退火低碳钢单向静载拉伸应力-应变曲线图。其中 abcd 段为屈服变形阶段，dB 为均匀强化阶段，B 为试样屈服后所能承受的最大受力（R_m）点，Bk 是缩颈断裂阶段。材料的强度与塑性的性能高低可直接从图 1-2 的曲线中反映出来。

1. 强度

强度是材料抵抗塑性变形和破坏的能力，按照外力的作用方式不同，可以分为抗拉强度、抗压强度和抗剪强度等。当承受拉力时，强度特性指标主要是屈服强度和抗拉强度。

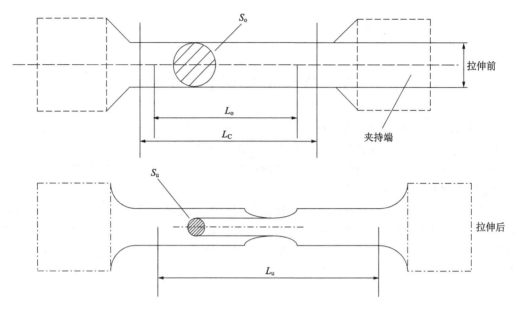

图 1-1 拉伸试样图

1）屈服强度

屈服强度是指当金属材料呈现屈服现象时，在试验期间达到塑性变形发生而力不增加的应力点。应力分为上屈服强度和下屈服强度。

测定上屈服强度用的力是试验时在拉伸曲线图上读取的曲线首次下降前的最大应力。测定下屈服强度用的力是试样屈服时，不计初始瞬时效应时的最小应力（见图1-2）。

上屈服强度和下屈服强度都是用载荷（力）除以试样原始横截面积（S_o）得到的值表示，其符号分别为 R_{eH} 和 R_{eL}（见图1-2）。

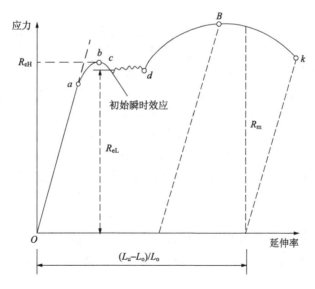

图 1-2 退火低碳钢拉伸曲线图

有些金属材料的拉伸曲线上没有明显的屈服现象，如高碳钢和脆性材料等，可采用规定塑性延伸强度 R_p 表示，如常规定塑性延伸率为 0.2%时对应的应力值作为规定塑性延伸强度，用符号 $R_p0.2$ 表示。

2）抗拉强度

抗拉强度是指试样被拉断前的最大承载能力（F_m）除以试样原始横截面积（S_o）得到的应力值，用符号 R_m 表示（见图 1-2）。

屈服强度、抗拉强度是在选定金属材料及机械零件设计强度时的重要依据。

2. 塑性

材料在外力作用下，产生塑性变形而不断裂的性能称为塑性。塑性大小常用断后伸长率（A）和断面收缩率（Z）表示，即

$$A = \frac{L_u - L_o}{L_o} \times 100\% \tag{1-1}$$

$$Z = \frac{S_o - S_u}{S_o} \times 100\% \tag{1-2}$$

式中：L_u——试样拉断后的标距长度；

S_u——试样拉断后的最小横截面积（见图 1-1）。

A 和 Z 的值越大，材料的塑性越好。应当说明的是：仅当试样的标距长度、横截面的形状和面积均相同时，或当选取的比例试样的比例系数 k 相同时，断后伸长率的数值才具有可比性。

金属材料应具有一定塑性才能顺利地承受各种变形加工，且一定的塑性可以提高金属零件的使用可靠性，不致出现断裂。

二、弹性与刚度

在拉伸试验中，如果卸载后试样能即刻恢复原状，这种不产生永久变形的性能，称为弹性。在弹性变形范围内，施加的载荷与其所引起的变形量成正比关系，其比例常数称为弹性模量，用 E 表示。弹性模量 E 是衡量材料产生弹性变形难易的指标，E 越大，材料抵抗弹性变形的应力也越大，在工程中称之为刚度。刚度表示材料弹性变形抗力的大小。

材料的刚度主要取决于结合键和原子间结合力，材料的成分和组织对它的影响不大。金属键的弹性模量适中，但由于各种金属原子间结合力不同，不同金属的刚度也会有很大的差别，例如铁的弹性模量为 210GPa，是铝的 3 倍。聚合物材料则具有高弹性，但弹性模量较低，在较小的应力作用下就可以发生很大的弹性变形，除去外力后，形变可迅速消失。

三、硬度

硬度是金属表面抵抗其他硬物压入的能力，或者说是材料对局部塑性变形的抗力。测定硬度的方法很多，常用的有布氏硬度、洛氏硬度和维氏硬度等（见图 1-3）。

1. 布氏硬度（HB）

按 GB/T 231.1—2009《金属材料布氏硬度试验 第 1 部分：试验方法》的规定，测定布氏硬度的原理如图 1-3(a)所示。用直径为 D 的硬质合金球作压头，在规定载荷的作用下，压入被测金属表面，按规定的保持时间卸载后，用刻度放大镜测量被测金属表面上形成的压痕直径 d，用载荷与压痕球形表面积的比值作为布氏硬度值，用符号 HBW 表示。在实际应用中，布氏硬度不标注单位，也不计算，测出压痕平均直径 d 后，通过查布氏硬度表得出相应的 HBW 值。

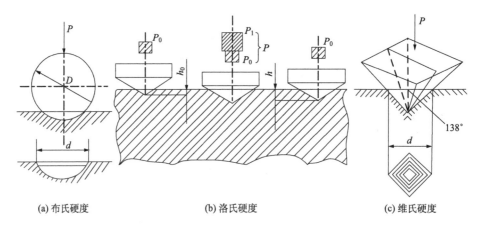

(a) 布氏硬度　　　　　　　(b) 洛氏硬度　　　　　　　(c) 维氏硬度

图 1-3　三种常见的硬度试验示意图

布氏硬度的表示方法是硬度数值位于符号前面，符号后面的数值依次是球体直径（mm）、载荷大小（kgf [①]）和载荷保持时间（s）。例如，450HBW5/750/20 表示用直径 5mm 的硬质合金球，在 750kgf 载荷作用下保持 20s 测定的布氏硬度值为 450。

布氏硬度法测试值虽然稳定、准确，但测量费时，且压痕较大，不宜测试薄件或成品件，常用于测试 HBW 值小于 650 的材料，如灰铸铁，非铁合金及退火、正火或调质钢等。

2. 洛氏硬度（HR）

当 HB＞450 或者试样过小时，不能采用布氏硬度试验而需改用洛氏硬度计量。洛氏硬度测定法是以一特定的压头加上一定的压力压入被测材料的表面，根据压痕塑

---

① kgf：千克力、公斤力，是工程单位制中力的主单位，意思是 1 千克的力。1 千克力（kgf）≈9.8 牛[顿]（N）。

性变形深度来确定硬度值指标。它是用一个顶角 120°的金刚石圆锥体或直径为 1.59mm 或 3.18mm 的钢球，在一定载荷下压入被测材料表面，由压痕的深度求出材料的硬度，以 0.002mm 作为一个硬度单位。根据试验材料硬度的不同，分以下三种不同的标度来表示。

HRA：采用 60kgf 载荷和钻石锥压入器求得的硬度，用于硬度极高的材料（如硬质合金等）。

HRB：采用 100kgf 载荷和直径 1.58mm 的淬硬钢球求得的硬度，用于硬度较低的材料（如退火钢、铸铁等）。

HRC：采用 150kgf 载荷和钻石锥压入器求得的硬度，用于硬度很高的材料（如淬火钢等）。

3. 维氏硬度（HV）

与布氏硬度测定原理基本相同，维氏硬度也是以单位压痕面积上的力 F 作为硬度值计算。不同的是使用锥面夹角为 138°的方锥形金刚石压头压入材料表面，保持规定时间后，测量出试样表面压痕对角线长度的平均值 d，即可计算出压痕的面积 S，F/S 的数值即为维氏硬度值，用 HV 表示。

维氏硬度的标注方法与布氏硬度相同，硬度数值写在符号的前面，试验条件写在符号的后面。如：500HV100/20 表示在试验载荷 100kgf 下保持 20s 测定的维氏硬度值为 500。

第二节　动载时材料的力学性能

许多机械零件是在动载荷下工作的。由于冲击载荷的加载速度快，作用时间短，材料在承受冲击时应力分布与变形很不均匀，更容易使零件或工具受到破坏。所以，材料对动载荷的抗力则不能按照前述性能指标来衡量。

一、冲击韧性

冲击韧性是指材料抵抗冲击载荷作用而不致破坏的能力，简称韧性。韧性的常用指标为冲击韧度，用符号 α_k 表示。

冲击韧度通常采用摆锤式冲击试验机测定，如图 1-4 所示。按 GB/T 229—2007《金属材料夏比摆锤冲击试验方法》规定，将带 U 形缺口的标准冲击试样放在试验机支架上，然后将质量为 m（kg）的摆锤举至高度 H_1（m）自由落下，冲断试样后摆锤升至高度 H_2（m），并以试样缺口处单位横截面积 S（cm^2）上的冲击吸收能量表示其冲击韧度 α_{ku}（J/cm^2）即

$$\alpha_{ku} = \frac{mgH_1 - mgH_2}{S} \qquad (1\text{-}3)$$

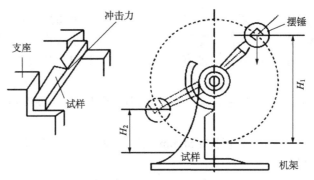

图1-4　冲击试验机原理图

二、疲劳强度

疲劳强度是指材料经受无限多次交变载荷作用而不会产生破坏的最大应力，又称为疲劳极限。疲劳断口的宏观特征通常呈现为两个断裂区，即平滑区和粗粒状区。由于疲劳破坏的突然性，无论是脆性材料还是韧性材料，在破坏前都不出现明显的材料的"疲劳极限"。影响材料疲劳应力的因素非常多，除了材料本身的特性外，零件的尺寸和形状，零件表面的粗糙度，零件表层中内应力的性质和分布状态，零件所处的环境和介质，交变应力的幅度、性质及频率等都对疲劳应力有影响。材料的疲劳问题是目前材料力学性能方面的一个极为重要的研究领域。

疲劳应力的大小及方向均随时间而变化，而且其变化常常是很不规则的。但在进行疲劳试验时，往往使疲劳应力作规则性变化，因此，在此只涉及规则性的循环应力。图1-5是几种常见的循环应力。

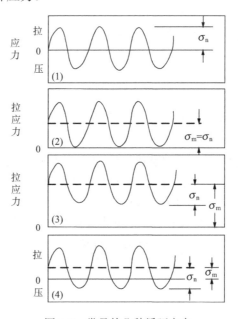

图1-5　常见的几种循环应力

在给定应力条件下，使材料发生疲劳破坏所对应的应力循环周期数（或循环次数）称为疲劳寿命，常见的两种典型的应力与循环周期数的关系如图1-6所示。

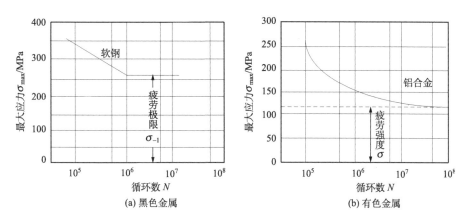

图 1-6　两种典型的应力与循环周期数的关系

第三节　工程材料的工艺性能

在铸造、锻压、焊接、热加工等加工前后过程中，一般还要进行不同类型的热处理。因此，一个由金属材料制得的零件其加工过程十分复杂。工艺性能直接影响零件加工成型的最终质量，是选材和制定零件加工工艺路线时应当考虑的因素之一。

1. 铸造性能

将熔炼好的金属液体浇注到与零件形状相适应的铸型空腔中，冷却凝固后获得铸件的方法称为铸造。金属材料铸造成形获得优良铸件的能力，即合金铸造时的工艺性能称为铸造性能，通常是指合金的流动性、收缩性、铸造应力、偏析和吸气倾向以及冷热裂纹倾向等。常用的铸造合金有铸铁、铸钢和铸造有色金属。

2. 锻造性能

金属材料用锻压加工方法成形的适应能力称锻造性。锻造性能主要取决于金属材料的塑性和变形抗力。塑性越好、变形抗力越小，金属的锻造性能越好。铜合金和铝合金在室温状态下就有良好的锻造性能；碳钢在加热状态下锻造性能较好，其中低碳钢最好，中碳钢次之，高碳钢较差；铸铁锻造性能差，不能锻造。

3. 焊接性能

焊接是一种连接金属的方法。金属材料对焊接加工的适应性称焊接性能，也就是在一定的焊接工艺条件下，获得优质焊接接头的难易程度。评价焊接性能的指标有两个：一是焊接接头产生缺陷的倾向性；二是焊接接头的使用可靠性。在机械工业中，焊接的主要对象是钢材。碳的质量分数（含碳量）是决定焊接性能好坏的主要因素。含碳量和合金元素含量越高，焊接性能越差。低碳钢和含碳量低于 0.18%的合金钢有较好的焊接性能，含碳量大于 0.45%的碳钢和含碳量大于 0.35%的合金钢的焊接性能较差。

4. 热处理工艺性能

热处理工艺性能反映材料（如钢）热处理的难易程度和产生热处理缺陷的倾向，主要包括淬透性、回火稳定性、回火脆性及氧化脱碳倾向和淬火变形开裂倾向等，其中主要考虑淬透性，即材料接受淬火的能力。含 Mn、Cr、Ni 等合金元素的合金钢淬透性比较好，碳钢的淬透性较差；铝合金的热处理要求较严，它进行固溶处理时加热温度离熔点很近，温度的波动必须保持在±5℃以内；铜合金只有几种可以用热处理强化。

习　　题

1. 以低碳钢拉伸应力-应变曲线为例，在曲线上指出材料的强度、塑性指标。
2. 哪些因素影响材料的强度？分析材料比强度（强度/密度）对结构设计有何实际意义。
3. 布氏硬度测定法和洛氏硬度测定法各有什么优缺点？
4. 什么是疲劳强度？如何防止零件产生疲劳破坏？
5. 甲、乙、丙、丁四种材料的硬度分别为 45HRC、75HRA、70HRB、300HBW，试比较这四种材料硬度的高低。
6. 将钟表发条拉直是弹性变形还是塑性变形？怎样判断它的变形性质？

第二章 金属的晶体结构与结晶

金属材料的化学成分不同，其性能也不同。但是对于同一种成分的金属材料，通过不同的加工处理工艺，改变材料内部的组织结构，也可以使其性能发生很大的变化。由此可以看出，除化学成分外，金属内部结构和组织状态也是决定金属材料性能的重要因素。

固态物质按其原子（离子或分子）的聚集状态可以分为两大类：晶体与非晶体。原子（离子或分子）在三维空间有规则地周期性重复排列形成的物质称为晶体，如天然金刚石、水晶、氯化钠等。原子（离子或分子）在空间无规则排列形成的物质则称为非晶体，如松香、石蜡、玻璃等。由于金属由金属键结合，其内部的金属原子在空间有规则地排列，因此固态金属一般情况下均是晶体。

第一节 金属的晶体结构

一、晶体的特性

由于晶体中的原子呈按一定的规则重复排列的特点，所以造成了晶体在性能上有别于非晶体。首先，晶体具有一定的熔点（熔点就是晶体向非结晶状态的液态转变的临界温度）。在熔点以上，晶体变为液体，处于非结晶状态；在熔点以下，液体又变为晶体，处于结晶状态。其次，在不同方向上测量晶体性能（如导电性、导热性、弹性和强度等）时，所测得的性能表现出或大或小的差异，称之为各向异性或异向性；而非晶体的性能不因方向而异，称之为各向同性或等向性。

晶体与非晶体虽然存在本质的差别，但是在一定条件下，可以将原子呈不规则排列的非晶体转变为原子呈规则排列的晶体，反之亦然。例如，玻璃经过长时间的加热后可以形成晶态玻璃。

二、晶体结构与空间点阵

晶体结构是指晶体中原子在三维空间有规律的周期性的具体排列方式。通常人们为了清楚地表明原子在空间排列的规律性，常常将构成晶体的原子（或原子群）简化，而将其抽象为纯粹的几何点，称之为阵点。这些阵点可以是原子的中心也可以是彼此等同的原子群的中心，所有阵点的物理环境和几何环境都相同。由这些阵点有规则地周期性重复排列所形成的三维空间阵列称为空间点阵。为方便起见，常人为地将阵点用直线连接起来形成空间格子，称之为晶格。它的实质仍是空间点阵，通常不加以区分，如图 2-1 所示。

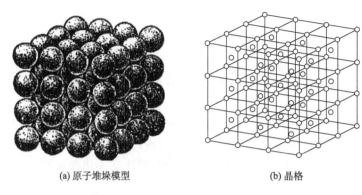

(a) 原子堆垛模型　　　　　　　　　　　(b) 晶格

图 2-1　晶体中原子排列示意图

由于晶体中原子的规则排列具有周期性的特点，因此，为简便起见，通常只从晶格中选取一个能够完全反映晶格对称特征的最小几何单元来表征晶体中原子排列的规律，这个最小的几何单元称为晶胞，如图 2-2 所示。整个晶格就是由许多大小、形状和位向相同的晶胞在空间重复堆积而成的。晶胞的大小和形状常以晶胞的棱边长度 a、b、c 及棱间夹角 α、β、γ 来表示；通过晶胞角上某一结点沿其三条棱边作三个坐标轴 x、y、z，称为晶轴，如图 2-3 所示。晶胞的棱边长度，称为晶格常数（lattice constant）或点阵常数，晶胞的棱间夹角又称为晶轴间夹角。习惯上，以原点 O 的前、右、上方为轴的正方向（反之为负方向）。

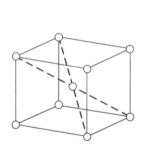

图 2-2　晶胞

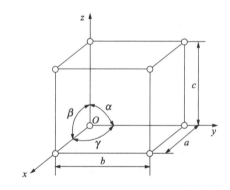

图 2-3　晶轴及晶胞的六个参数

三、三种典型的金属晶体结构

自然界中的晶体有成千上万种，它们的晶体结构各不相同，但若根据晶胞的三个晶格常数和三个轴间夹角的相互关系对所有的晶体进行分析，则发现空间点阵只有 14 种类型，称为布拉维点阵。由于金属原子趋向于紧密排列，所以在工业上使用的金属中，除了少数具有复杂的晶体结构外，绝大多数金属具有面心立方（fcc）、体心立方（bcc）和密排六方（hcp）三种典型的晶体结构。

1. 体心立方晶格

体心立方晶体的晶胞如图 2-4 所示。其晶胞是一个立方体，晶格常数 $a=b=c$，晶轴间夹角 $\alpha=\beta=\gamma=90°$，所以通常只用一个晶格常数 a 表示即可。在体心立方晶胞的每个角上和晶胞中心都有一个原子。在顶角上的原子为相邻八个晶胞所共有，故每个晶胞只占 1/8，只有立方体中心的那个原子才完全属于该晶胞所独有，所以实际上每个体心立方晶胞所包含的原子数为 8×1/8+1=2 个。

具有体心立方晶体结构的金属有 α-Fe、W、Mo、V、β-Ti 等。

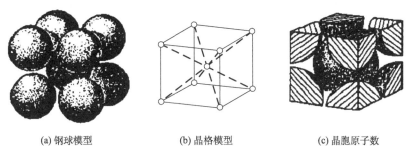

(a) 钢球模型   (b) 晶格模型   (c) 晶胞原子数

图 2-4 体心立方晶格的晶胞

2. 面心立方晶格

面心立方晶体的晶胞如图 2-5 所示。其晶胞也是一个立方体，晶格常数 $a=b=c$，晶轴间夹角 $\alpha=\beta=\gamma=90°$，所以也只用一个晶格常数 a 表示即可。在面心立方晶胞的每个角上和晶胞的六个面的中心都有一个原子。面心立方晶胞所包含的原子数为 8×1/8+6×1/2=4 个。

具有面心立方晶体结构的金属有 γ-Fe、Al、Cu、Ag、Au、Pb、Ni、β-Co 等。

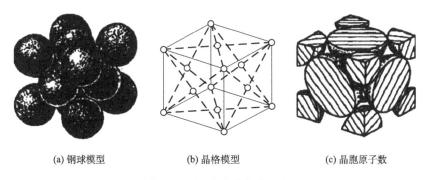

(a) 钢球模型   (b) 晶格模型   (c) 晶胞原子数

图 2-5 面心立方晶格的晶胞

3. 密排六方晶胞

密排六方晶体的晶胞如图 2-6 所示。它是由六个呈长方形的侧面和两个呈正六边形的底面所组成的一个六方柱体。因此，需要用两个晶格常数表示，一个是正六边形的边长 a，另一个是柱体的高 c。在密排六方晶胞的每个角上和上、下底面的中心都有一个原子，另外在中间还有三个原子。因此，密排六方晶格的晶胞中所含的原子数为 6×1/6×2+2×1/2+3=6 个。

具有密排六方晶体结构的金属有 Mg、Zn、Be、Cd、α-Ti、α-Co 等。

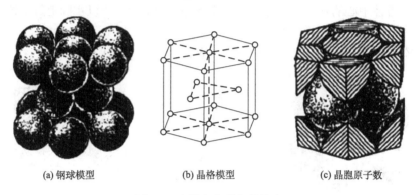

(a) 钢球模型   (b) 晶格模型   (c) 晶胞原子数

图 2-6   密排六方晶格的晶胞

四、实际金属的晶体结构

在实际应用的金属材料中，原子的排列不可能像理想晶体那样规则和完整，总是不可避免地存在一些原子偏离规则排列的不完整性区域，金属学中将这种原子组合的不规则性统称为结构缺陷或晶体缺陷。根据缺陷相对于晶体的尺寸或其影响范围的大小，可将其分为点缺陷、线缺陷和面缺陷。

1. 点缺陷

点缺陷的特征是三个方向的尺寸都很小，不超过几个原子间距，晶体中的点缺陷主要指空位、间隙原子和置换原子，如图 2-7 所示。

点缺陷形成的原因主要是原子在各自平衡位置上不停地做热运动，在此过程中，个别原子或异类原子具有较高的能量时将摆脱晶格中相邻原子对其的束缚，脱离其平衡振动位置，跳到晶界处或晶格间隙处形成间隙原子，并在原来的位置上形成空位或跳到结点上形成置换原子。随温度的升高，原子跳动加剧，点缺陷也增多。点缺陷的出现，可以促使周围的原子发生靠拢或撑开，导致金属晶格发生畸变，从而使金属的强度、硬度

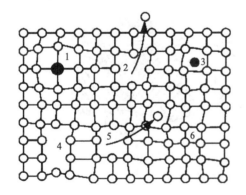

图 2-7   晶体中的各种点缺陷

1—大的置换原子   2—肖特基空位   3—异类间隙原子

4—复合空位   5—弗仑克尔空位   6—小的置换原子

升高，电阻增大。

2. 线缺陷

线缺陷的特征是缺陷在两个方向上的尺寸很小（与点缺陷相似），而第三个方向上的尺寸却很大，甚至可以贯穿整个晶体，属于这一类的主要是位错。位错可分为刃型位错和螺型位错。

刃型位错模型如图 2-8 所示。假设一简单立方晶体，某一原子面在晶体内部中断，这个原子平面中断处的边缘就是一个刃型位错，犹如用一把锋利的钢刀将晶体上半部分切开，沿切口硬插入一额外半原子面一样，将刃口处的原子列称为刃型位错线。刃型位错有正负之分，若额外半原子面位于晶体的上半部，则此处的位错线称为正刃型位错；反之，若额外半原子面位于晶体的下半部，则称为负刃型位错。

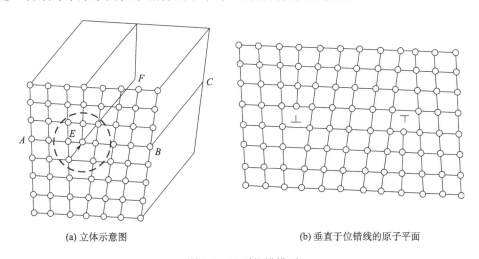

(a) 立体示意图　　　　　　　　　　　　　　(b) 垂直于位错线的原子平面

图 2-8　刃型位错模型

螺型位错模型如图 2-9 所示。以简单立方晶体为例，设将晶体的前半部用刀劈开，然后沿劈开面，以刃端为界使劈开部分的左右两半沿上下方向发生一个原子间距的相对切变。这样，虽在晶体切变部分的上下表面各出现一个台阶 AB 和 DC，但在晶体内部，大部分原子仍相吻合，就像未切变时一样，只是沿 BC 附近，出现了一个约相当于几个原子宽的切变和未切变之间的过渡区。在这个过渡区域内，原子正常位置都发生了错动，它表示切变面左右两边相邻的两层晶面中原子的相对位置。可以看出，沿 BC 线左边有三列原子是左右错开的，在这个错开区，若环绕其中心线，由 B 按顺时针方向沿各原子逐一走去，最后将达到 C，这就犹如沿一个右螺旋螺纹旋转前进一样，所以这样的一个宽度仅几个原子间距，长则穿透晶体上下表面的线性缺陷，称为右螺型位错。若在图 2-9 中，使晶体左右两半沿劈开面上下切变的方向相反，或者劈开面在晶体的后半部，其结果完全相似，只是交界区中原子按左螺旋排列，这样一种位错称为左螺型位错。

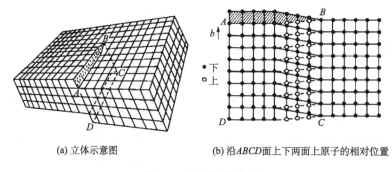

(a) 立体示意图　　　　　　　　(b) 沿*ABCD*面上下两面上原子的相对位置

图 2-9　螺型位错模型

3. 面缺陷

面缺陷的特征是缺陷在一个方向上的尺寸很小（同点缺陷），而在其余两个方向上的尺寸则很大，晶体的外表面及各种内界面——一般晶界、孪晶界、亚晶界、相界及层错等属于这一类。

（1）晶界。晶界是较大范围的面缺陷，也称为大角度晶界。两个晶粒的位向差一般大于 10°~15°。位向不同的晶粒间的过渡区在空中呈网状，其宽度为 5~10 个原子间距，其原子排列的特点是不规则的。

（2）亚晶界。亚晶界是在晶粒内小晶块之间相互倾斜而形成的小角度晶界，其结构可以看成是位错的规则排列，两个相邻亚晶粒间的边界即为亚晶界。亚晶界的原子排列也不规则，会产生晶格畸变。

晶界和亚晶界都能提高金属的强度并改善其塑性和韧性，称为细晶强化。

第二节　金属的结晶

一、纯金属的结晶

1. 纯金属结晶的条件

纯金属结晶是指金属从液态转变为晶体状态的过程。纯金属都有一定的熔点，理想条件下，在熔点温度时，液体和固体共存，这时液体中原子结晶到固体上的速度与固体上的原子熔入液体中的速度相等，此状态称为动态平衡。金属的熔点又称为理论结晶温度或平衡结晶温度。但是，实际条件下，液态金属都必须低于该金属的理论结晶温度才能结晶。通常把液体冷却到低于理论结晶温度的现象称为过冷。因此，液态纯金属顺利结晶的条件是它必须过冷。理论结晶温度与实际结晶温度的差值称为过冷度，过冷度的大小可采用热分析法进行测定。图 2-9 所示的冷却曲线便是由热分析法得出的。

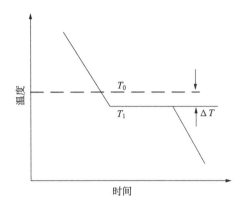

图 2-9　纯金属结晶时冷却曲线示意图

　　一般情况下，冷却曲线上出现的水平阶段，是液体正在结晶的阶段，此阶段所对应的温度就是纯金属的实际结晶温度（T_1）。过冷度的大小用式（2-1）表示：

$$\Delta T = T_0 - T_1 \tag{2-1}$$

式中：T_0——理论结晶温度；

　　　　T_1——金属实际结晶温度；

　　　　ΔT——过冷度。

　　过冷度与金属的种类和液态金属的冷却速度有关。金属的纯度越高，结晶时的过冷度越大；同一金属冷却速度越大，金属开始结晶温度越低，过冷度也越大。总之，金属结晶必须在一定的过冷度下进行，过冷是金属结晶的必要条件。

2. 纯金属结晶的一般过程

　　纯金属的结晶过程可用图 2-10 来表示。液态金属结晶时，首先在液体中形成一些极微小的晶体，称为晶核，它不断吸收周围原子而长大。在这些晶核长大的同时，又出现新的晶核并逐步长大，直到液态金属全部结晶完成。

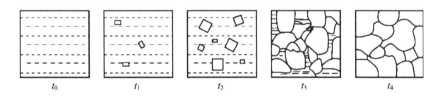

图 2-10　金属结晶过程示意图

概括起来，液态金属结晶分形核和长大两个过程，下面分别讨论形核和长大的规律。

1）晶核的形成

晶核的形成有两种方式：自发形核和非自发形核。

液态金属中存在大量不同尺寸的短程有序的原子集团，这些原子集团称为晶坯，在理论结晶温度 T_0 以上时，它们是不稳定的。当温度降低到 T_0 以下并且过冷度达到一定程度后，液体具备了结晶条件，液体中那些超过一定尺寸（大于临界尺寸）的短程有序的原子集团不再消失，而成为结晶的核心。这种从液体内部自发生成结晶核心的方式叫自发形核。在实际金属结晶中，液态金属中总是不可避免地含有一些杂质，杂质的存在常常促使金属原子在其表面形核；此外，液态金属中已有的模壁也可以作为结晶的核心。这种形核方式称为非自发形核。

2）晶核的长大

晶核长大的实质是原子由液体向固体表面的转移过程。纯金属结晶时，晶核长大方式主要有两种：一种是平面长大方式，另一种是枝晶长大方式。晶体的长大方式，取决于冷却条件，同时也受晶体结构、杂质含量的影响。

当过冷度较小时，晶核主要以平面长大方式进行，晶核各表面的长大速度遵守表面能最小法则，即晶核长成的规则形状应使总的表面能趋于最小。晶核沿不同方向的长大速度是不同的，沿原子最密排面垂直方向的长大速度最慢，表面能增加缓慢。所以，平面长大的结果，使晶核获得表面为原子最密排面的规则形状。

当过冷度较大时，晶核主要以枝晶的方式长大，如图 2-11 所示。晶核长大初期，其外形为规则的形状，但随着晶核的成长，晶体棱角形成，棱角在继续长大过程中，棱角处的散热条件优于其他部位，于是棱角处优先生长，并沿一定部位生长出空间骨架。这种骨架好似树干，称为一次晶轴；在一次晶轴增长的同时，在其侧面又会生长出分枝，称为二次晶轴；随后又生长出三次晶轴等。如此不断生长和分枝，直到液体全部凝固，最后形成树枝状晶体。

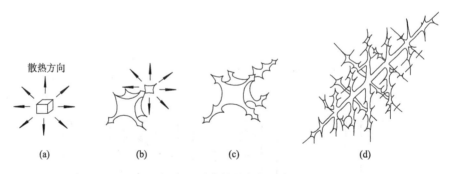

图 2-11 晶体枝晶成长示意图

晶核以树枝状长大的原因是：晶核长大过程中释放出结晶潜热，晶粒棱角处散热较快，因而长大速度快，成为深入到液体中的枝晶；棱角处缺陷较多，从液体中转移过来的原子容易固定，有利于枝晶的生长；晶核以枝晶的方式生长，表面积大，便于从液体中获得生长所需的原子。实际上，晶核长大的过程受冷却速度、散热条件及杂质的影响。如果控制了上述影响因素，就可控制晶粒长大方式，最终可达到控制晶体的组织和性能的目的。

二、晶粒大小及控制

液态金属结晶以后，获得由大量晶粒组成的多晶体。对金属材料而言，晶粒的大小与其强韧性有密切关系。一般情况下，晶粒越细小，金属的强度越高，同时塑性和韧性也越好，所以工程上通过控制金属结晶的过程来细化晶粒，这对改善金属材料的力学性能有重要意义。

1. 晶粒度的概念

晶粒的大小称为晶粒度，用单位面积上的晶粒数目或晶粒的平均线长度（或直径）表示。晶粒度与形核率 N 和长大速度 G 有关。形核率越大，单位体积中所生成的晶核数目越多，晶粒也越细小；若形核率一定，长大速度越小，则结晶的时间越长，生成的晶核越多，晶粒越细小。

2. 晶粒大小的控制

控制晶粒度的方法主要有

（1）增大过冷度。由于晶粒大小取决于形核率 N 和长大速度 G 的比值，如图 2-12 所示，当过冷度较小时，形核率 N 比长大速度 G 增长得慢；而当过冷度较大时，N 比 G 增长得快；当过冷度增大到 T 时，N 与 G 均增大到一个最大值。曲线的后半部分以虚线表示，因为在实际生产技术中，金属的结晶一般达不到如此高的过冷度，即使在高度过冷的情况下，凝固后的金属已不是晶体，而是非晶态金属。

因此，在一般液态金属的过冷范围内，过冷度增大，形核率 N 和长大速度 G 均增大，但前者的增大更快，因而二者比值 N/G 也增大，晶粒得到细化。

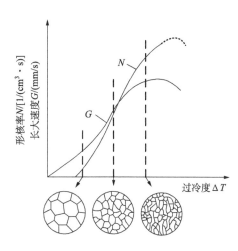

图 2-12　金属的形核率 N 和长大速度
G 与过冷度的关系

（2）变质处理。变质处理又叫孕育处理，就是在液态金属中加入孕育剂或变质剂，以增加非自发形核的数目，促进形核，抑制晶核长大，从而达到细化晶粒的目的。例如，在铁液中加入硅铁能细化晶粒。而有些加入到液态金属中的高熔点杂质不是充当形核剂，而是使晶体长大速度减小，如在 Al-Si 合金中加入钠盐可细化晶粒。

（3）振动、搅拌等。在金属结晶过程中，用机械振动、超声波振动以及搅拌等方法，能够打碎正在长大的枝晶，增加结晶的核心，达到细化晶粒的目的。

第三节　合金与合金的相结构

一、合金

合金是两种或两种以上的金属元素或金属元素与非金属元素组成的具有金属特性的物质，如碳素钢和铸铁是主要由铁和碳组成的合金。组成合金的单元称为组元，组元可以是元素也可以是稳定的化合物。由两个组元组成的合金称为二元合金，由三个组元组成的合金称为三元合金，由三个以上组元组成的合金称为多元合金。

二、合金的相结构

相是指合金中结构相同、成分和性能均一，并以界面相互分开的组成部分。合金结晶后可以是一种相，也可以由若干种相组成。

用金相观察方法，在金属及合金内部看到的涉及晶体或晶粒的大小、方向、形状、排列状态等组成关系的构造情况，称为组织。合金的性能取决于它的组织，而组织的性能又取决于其组成相的性质。

不同的相具有不同的晶体结构，虽然相的种类较多，但根据相的晶体结构特点可以将其分为固溶体和金属间化合物两大类。

1. 固溶体

合金的组元之间以不同的比例相互混合，混合后形成的固相的晶体结构与组成合金的某一组元相同，这种相就称为固溶体，这种组元称为溶剂，其他的组元即为溶质。按溶质原子在晶体点阵中所占的位置，可将固溶体分为置换固溶体和间隙固溶体。

（1）置换固溶体。溶质原子位于溶剂晶格中某些节点位置而形成的固溶体，称为置换固溶体，如图 2-13（a）所示。形成置换固溶体的条件是溶质原子和溶剂原子直径之比在 0.85~1.15 范围内。

（2）间隙固溶体。溶质原子在晶体中不是占据正常的点阵位置，而是填入溶剂原子间的一些间隙位置，所以叫间隙固溶体。间隙固溶体平均在每个晶胞上的原子数要比溶剂多，如图 2-13（b）所示。间隙固溶体是由一些原子半径较小的非金属元素（如 H、O、C、B、N）溶入过渡族金属而形成的。只有当溶质原子与溶剂原子的直径比值小于 0.59 时，间隙固溶体才有可能形成。此外，间隙固溶体的形成还与溶剂金属的性质及溶剂晶格间隙的大小和形状有关。

（3）固溶体的性能。在固溶体中，由于溶质原子的溶入，导致晶格畸变，如图 2-14 所示。溶质原子与溶剂原子的直径差越大，溶入的溶质原子越多，晶格畸变就越严重。晶格畸变使晶体变形的抗力增大，材料的强度、硬度显著提高的同时，还使其保持较好的塑性和韧性，这种现象称为固溶强化。

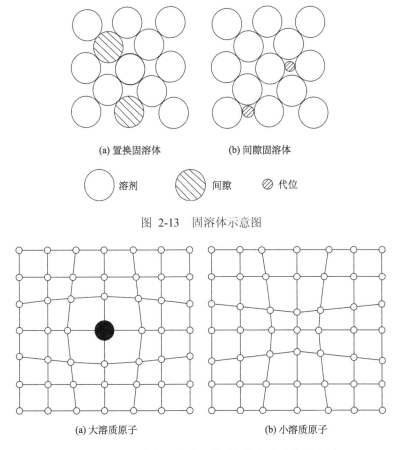

(a) 置换固溶体　　　　(b) 间隙固溶体

⬜ 溶剂　　　⬜ 间隙　　　⬜ 代位

图 2-13　固溶体示意图

(a) 大溶质原子　　　　(b) 小溶质原子

图 2-14　固溶体中溶质原子所引起的点阵畸变示意图

2. 金属间化合物

在合金中，当溶质含量超过固溶体的溶解度时，将析出新相。若新相的晶体结构不同于任一组元，则新相是组元间形成的化合物，称为金属间化合物，多数是金属与金属之间，或金属与非金属形成的化合物。化合物一般具有复杂的晶格，熔点高，硬而脆。当合金中出现化合物时，将使合金的强度、硬度提高，塑性、韧性降低。

常见的金属化合物有正常价化合物、电子化合物和间隙化合物。

1）正常价化合物

正常价化合物是指符合一般化合物的原子价规律的金属化合物，由元素周期表中位置相距甚远、电化学性质相差很大的两种元素形成。它们成分固定，并可以用化学分子式表示，如 Mg_2Si、Mg_2Sn 等。

正常价化合物通常具有较高的硬度和脆性，能弥散分布于固溶体基体中，可对基体起到强化作用。

2）电子化合物

电子化合物是由第 I 族或过渡族金属元素与第 II 至第 V 族金属元素形成的金属间化合物，它不遵守原子价规律，而是按照一定电子浓度的比形成的化合物。电子化合物的晶体结构取决于合金的电子浓度，一定的电子浓度对应一定的晶体结构。

电子化合物中原子之间多为金属键结合，故是所有化合物中金属性最强的。它的熔点和硬度都很高，脆性很大，但塑性很低。与其他金属间化合物一样，电子化合物不适于作为合金的基体相。在有色金属材料中，电子化合物是重要的强化相。

3）间隙化合物

间隙化合物主要受组元的原子尺寸因素控制，通常由过渡族金属与原子甚小的非金属元素 H、N、C、B 所形成的化合物，它们具有金属的性质、很高的熔点和极高的硬度。根据间隙化合物组元间原子半径之比和结构特征，又可以将其分为间隙相和具有复杂结构的间隙化合物。

（1）间隙相。若非金属原子与金属原子半径之比小于 0.59，则形成具有简单晶体结构的间隙相，如 VC、TiC 等。

（2）间隙化合物。若非金属原子与金属原子半径值比大于 0.59，则形成具有复杂结构的间隙化合物。例如，钢铁中的 Fe_3C 就具有复杂的斜方晶格。其中铁原子可以部分被锰、钨等金属原子置换，形成以间隙化合物为基的固溶体，如 Cr_7C_3 等。

金属间化合物一般具有高的熔点和硬度，较大的脆性（硬而脆）。在金属材料中，金属间化合物是硬质合金、合金工具钢中的重要组成相。

第四节　二元合金相图

合金的成分和结构对合金的性能起着决定性的作用，但合金的性质也与固溶体和金属间化合物的数量、大小、形状和分布有着很大关系。所以有必要研究合金的成分、结构的形成、组织的特点及变化规律。合金相图就是研究这些规律的有效工具。

相图是表示合金的状态、温度及成分关系的图解。借助相图，可以确定任何一个给定成分的合金在不同温度和压力条件下由哪些相组成以及各个相的成分和相对含量。

一、二元匀晶相图

1. 相图分析

两组元在液态、固态均无限互溶，冷却时发生匀晶反应（结晶）的合金系，构成匀晶相图。具有这类相图的二元合金系主要有 Cu-Ni、Au-Ag、Cr-Mo、Fe-Ni 等。这类合金结晶时，都是从液相结晶出单相的固溶体，这种结晶过程称为匀晶转变。下面以 Cu-Ni 二元合金相图（图 2-15）为例进行分析。该相图上面一条是液相线，下面一条是固相线，液相线和固相线把相图分成三个区域，即液相区 L、固相区 α 以及液固两相区 L+α。

2. 合金的平衡结晶过程

平衡结晶是指合金在极其缓慢冷却条件下进行结晶的过程。图 2-15 为 Cu-Ni 合金的冷却曲线及结晶过程示意图,在 1 点温度以上,合金为液相 L;缓慢冷却到 1~2 温度之间,发生匀晶反应(结晶),从液相中逐渐结晶出 α 固溶体;2 点温度以下,合金全部结晶为 α 固溶体。其他合金系结晶过程与此类似。

与纯金属一样,α 固溶体从液相中结晶的过程,也包括形核和长大的过程,固溶体结晶是在一个温度范围内进行,即是一个变温结晶过程。在两相区,温度一定时,两相成分是确定的,确定成分的方法是:过指定温度 T_1 作水平线,分别交液相线和固相线于 a_1 点和 c_1 点,则 a_1 点和 c_1 点在成分轴上的投影即为液相 L 和固相 α 的成分。随着温度的降低,液相成分随液相线变化,固相成分随固相线变化。在两相区内,温度一定时,两相的质量比是一定的,如 T_1 时,利用杠杆定律可得两相的质量比的表达式:

$$\frac{Q_L}{Q_\alpha} = \frac{b_1 c_1}{a_1 b_1} \tag{2-2}$$

式中:Q_L——液相 L 的质量;

　　　Q_α——固相 α 的质量;

　　　$b_1 c_1$、$a_1 b_1$——线段长度,可用其成分坐标上的数字来度量。

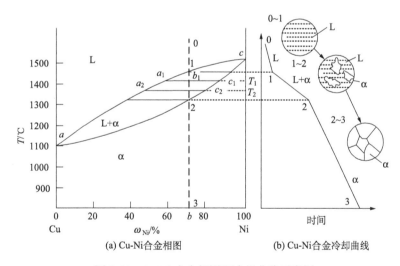

图 2-15　Cu-Ni 合金相图及冷却曲线示意图

3. 枝晶偏析

在实际铸造生产中,由于冷速较快,固溶体合金发生不平衡结晶,得到不均匀的树枝状组织。先结晶出的树枝晶晶轴含有较多的高熔点组元,而后结晶出来的分枝及其枝间空隙则含有较多的低熔点组元,这种树枝状晶体中成分不均匀的现象称为枝晶偏析,又称为晶内偏析。枝晶偏析会使晶粒内部的性能不一致,从而使合金的机械性能降低，特别是塑性和韧性会降低。枝晶偏析也会导致合金化学性能的不均匀，使其耐蚀性能降低。在生产上一般采用扩散退火或均匀化退火的方法来消除枝晶偏析，即将铸件加热到低于固相线以下 100~200℃的温度，进行长时间的保温，使偏析元素进行充分的扩散，以达到均匀化的目的。铸锭经过热轧或热锻后，也可以使其枝晶偏析程度有所降低。

二、二元共晶相图

两组元在液态无限互溶，在固态有限互溶，且冷却过程中发生共晶反应的相图，称为共晶相图。这类合金有 Pb-Sn、Pb-Sb、Ag-Cu、Al-Si 等。下面以 Pb-Sn 二元共晶相图（图 2-16）为例分析其结晶过程。

共晶转变是指具有一定成分的液态合金，在一定温度时会同时结晶出两种成分不同的固相的转变，可表示为

$$L_E \xrightarrow{\text{共晶温度}} \alpha_C + \beta_D \tag{2-3}$$

共晶转变产物为两相的机械混合物，称为共晶体。具有共晶转变的合金称为共晶合金。以合金 I 为例分析其结晶过程，如图 2-17 所示。

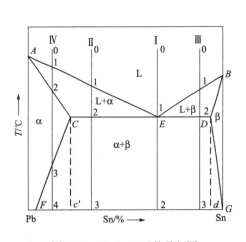

图 2-16　Pb-Sn 二元共晶相图

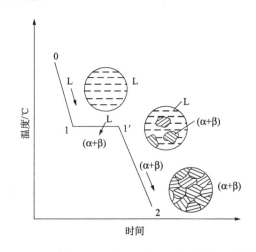

图 2-17　共晶合金冷却曲线及组织转变示意图

结合图 2-16 和图 2-17 可以发现，合金从液态冷却到 1 点温度后，发生共晶反应；经过一定时间到 1′点时，反应结束，液相全部转变为共晶体（$\alpha_C + \beta_D$）。从共晶温度冷却到室温，共晶体中的 α_C 和 β_D 均发生二次结晶，从 α 中析出 β_{II}，从 β 中析出 α_{II}。α 的成分由 C 点变为 F 点，β 的成分由 D 点变为 G 点。由于析出的 α_{II} 和 β_{II} 都相应地与 α 和 β 相连在一起，共晶体的成分和形态不变，合金的室温组织全部为共晶体，即只含有一种组织组成物，而其组成相为 α 和 β。

成分为 E 点的液态合金同时结晶出成分和结构都不相同的固相 α 及 β，这就是共晶转变。E 点为共晶点，E 点成分的合金称为共晶合金，CE 之间的合金为亚共晶合金，ED

之间的合金为过共晶合金。

三、二元包晶相图

两组元在液态相互无限互溶，在固态有限互溶，结晶过程发生包晶转变的二元合金系相图，称为包晶相图。具有包晶转变的二元合金系有 Sn-Sb、Pt-Ag、Cu-Sn、Cu-Zn等。下面以 Pt-Ag 相图（图 2-18）为例分析包晶转变过程。

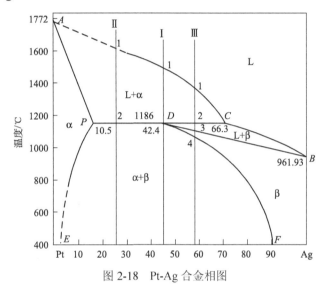

图 2-18　Pt-Ag 合金相图

图 2-18 中存在三种相：Pt 与 Ag 形成的液相 L，Ag 溶于 Pt 中的有限固溶体 α，Pt溶于 Ag 中的有限固溶体 β。ACB 为液相线，APDB 为固相线，PE 及 DF 分别是溶解度曲线，水平线 PDC 是包晶转变线，D 点是包晶点，所有成分在 P 和 C 之间的合金在此温度都将发生三相平衡的包晶转变，这种转变的反应式为

$$L_C + \alpha_P \xrightarrow{\text{包晶转变}} \beta_D \qquad (2\text{-}4)$$

这种由一种液相与一种固相在恒温下相互作用而转变为另一种固相的反应叫做包晶反应或包晶转变。发生包晶反应时，三相共存。根据相律，在包晶转变时，其自由度 $f=2-3+1=0$，即三个相的成分不变，且转变在恒温下进行。

四、二元共析相图

在有些合金系中，液态合金在完全形成固溶体后，继续冷却到某一温度时，将由一定成分的固相分解为一定成分的两相混合物，称之为共析转变。在相图上，与液态结晶时的共晶转变类似，都是由一个相分解为两个相的三相恒温转变。图 2-19 为 Al-Cu 相图，在 565℃时，由单相的 β 中同时析出 α 和 γ 两相。

$$\beta_{11.8} \longrightarrow \alpha_{9.4} + \gamma_{215.6} \qquad (2\text{-}5)$$

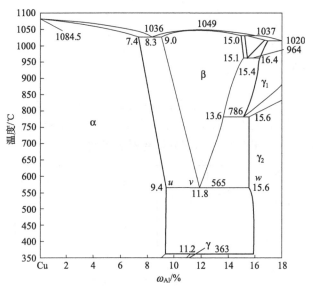

图 2-19　Al-Cu 合金相图

习　题

1. 证明理想密排六方晶胞中的轴比 $c/a=1.633$。

2. 为什么金属结晶时一定要有过冷度？影响过冷度的因素是什么？固态金属熔化时是否会出现过热？为什么？

3. 说明晶体形状与温度梯度的关系。

4. 在正温度梯度下，为什么纯金属凝固时不能呈树枝状生长，而固溶体合金却能呈树枝状生长？

5. 何为成分过冷？成分过冷对固溶体结晶时晶体长大方式和铸锭组织有何影响？

6. 共晶点和共晶线有何关系？共晶组织一般是什么形态？如何形成的？

第三章　铁碳合金

　　钢铁是工业中应用范围最广的合金材料。铁碳合金相图是研究铁碳合金的重要工具，是研究铁碳合金的化学成分、组织和性能之间关系的理论基础。了解与掌握铁-碳相图，对于钢铁材料的研究和使用、各种热加工工艺的制定等方面具有很重要的指导意义。

　　铁-碳相图是人类经过长期生产实践并进行大量科学实验总结出来的。由于钢中的含碳量最多不超过 2.11%，铸铁中的含碳量不超过 5%，所以研究铁碳合金时，仅研究 Fe-Fe$_3$C（含碳量为 0~6.69%）部分，下面所讨论的铁碳合金相图，实际上是 Fe-Fe$_3$C 相图，为 Fe-C 相图的一部分。铁-碳合金中的碳有两种存在形式：渗碳体 Fe$_3$C 和石墨。在通常情况下，碳以渗碳体形式存在，即铁碳合金按 Fe-Fe$_3$C 系转变。但是 Fe$_3$C 是一个亚稳相，在一定条件下可以分解为 Fe（实际上是以铁为基的固溶体）和石墨，所以石墨是碳存在的更稳定状态。因此，铁-碳相图存在 Fe-Fe$_3$C 相图和 Fe-石墨相图两种形式，本章仅研究 Fe-Fe$_3$C 相图。

第一节　铁碳合金的组元及基本相

一、纯铁

　　铁是元素周期表上第 26 号元素，原子量为 55.85，属于过渡族元素。在常压下于 1538℃熔化，2738℃气化。铁在 20℃时的密度为 7.87g/cm^3。

　　铁具有多晶型性，图 3-1 是纯铁的冷却曲线。由图 3-1 可以看出，纯铁在 1538℃结晶为 δ-Fe，X 射线分析表明，它具有体心立方晶格。当温度继续冷却至 1394℃时，δ-Fe 转变为面心立方晶格的 γ-Fe，通常把 δ-Fe→γ-Fe 的转变称为 A_4 转变，转变的平衡临界点称为 A_4 点。当温度继续冷却至 912℃时，面心立方晶格的 γ-Fe 又转变为体心立方晶格的 α-Fe，把 γ-Fe→α-Fe 的转变称为 A_3 转变，转变的平衡临界点称为 A_3 点。912℃以下，铁的晶体结构不再发生变化。因此，铁具有三种同素异构状态，即 δ-Fe、γ-Fe 和 α-Fe。

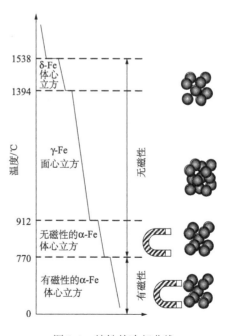

图 3-1　纯铁的冷却曲线

二、铁素体与奥氏体

铁素体是碳溶于 α-Fe 中的间隙固溶体，为体心立方晶格，常用符号 F 或 α 表示。奥氏体是碳溶于 γ-Fe 中的间隙固溶体，为面心立方晶格，常用符号 A 或 γ 表示。铁素体和奥氏体是铁-碳相图中两个十分重要的基本相。铁素体的溶碳能力比奥氏体小得多。根据测定，奥氏体的最大溶碳量为 2.11%（在温度为 1148℃时）；而铁素体的最大溶碳量仅为 0.0218%（在温度为 727℃时），其在室温下的溶碳能力更低，一般在 0.008%以下。

碳溶于体心立方晶格 δ-Fe 中的间隙固溶体称为 δ 铁素体，以 δ 表示，于 1495℃时的最大溶碳量为 0.09%。铁素体的性能与纯铁基本相同，强度、硬度低，塑性好，居里点（磁性转变温度）与纯铁一样也是 770℃。奥氏体的塑性很好，且具有顺磁性。

三、渗碳体

渗碳体是晶体点阵为正交点阵、化学式近似于 Fe_3C 的一种间隙化合物，其碳质量分数 $\omega_C = 6.69\%$，常用符号 Fe_3C 来表示。Fe_3C 具有硬而脆的特点，其硬度值很高而塑性很差。在钢铁中 Fe_3C 是一种强化相。

Fe_3C 的熔点为 1227℃，其热力学稳定性不高，在一定条件下分解为铁和石墨。可见，Fe_3C 是亚稳定相。

第二节　$Fe-Fe_3C$ 相图分析

一、相图中的点、线、区及其意义

图 3-2 是 $Fe-Fe_3C$ 相图，图中各特征点的温度、碳的含量及意义见表 3-1。

$Fe-Fe_3C$ 相图上的液相线是 *ABCD*，固相线是 *AHJECF*，相图中有五个单相区，分别是：

ABCD 以上——液相区（L）

AHNA——δ 固溶体区（δ）

NJESGN——奥氏体区（γ）

GPQG——铁素体区（α）

DFK——渗碳体区（Fe_3C）

相图上有七个两相区，它们分别存在于相邻两个单相区之间，分别是：

ABJHA——液相＋δ 固溶体区（L＋δ）

JBCEJ——液相＋奥氏体区（L＋γ）

DCFD——液相＋渗碳体区（L＋Fe_3C）

HJNH——δ 固溶体＋奥氏体区（δ＋γ）

GSPG——铁素体＋奥氏体区（α＋γ）

ECFKSE——奥氏体＋渗碳体（γ＋Fe₃C）

相图上有两条磁性转变线，分别是：

MO——铁素体的磁性转变线

过230℃的虚线——渗碳体的磁性转变线

相图上有三条水平线，分别是：

HJB——包晶转变线

ECF——共晶转变线

PSK——共析转变线

下面围绕三条水平线分三个部分进行分析。

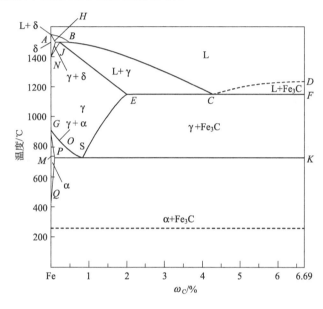

图 3-2　Fe-Fe₃C 相图

表 3-1　铁碳合金相图中的特征点

符号	温度/℃	ω_C/%	说明	符号	温度/℃	ω_C/%	说明
A	1538	0	纯铁的熔点	J	1495	0.17	包晶点
B	1495	0.53	包晶转变时液相成分	K	727	6.69	渗碳体的成分
C	1148	4.30	共晶点	M	770	0	纯铁的磁性转变温度
D	1227	6.69	渗碳体的熔点	N	1394	0	A_4变温度
E	1148	2.11	碳在γ中最大溶解度	O	770	≈0.5	ω_C≈0.5%时磁性转变温度
F	1148	6.69	渗碳体的成分	P	727	0.0218	碳在α-Fe中最大溶解度
G	912	0	A_3转变温度	S	727	0.77	共析点
H	1495	0.09	碳在δ-Fe中的溶解度	Q	600	0.0057	600℃时碳在α-Fe中的溶解度

二、包晶转变（水平线 *HJB*）

在 1495℃的恒温下，含碳量为 0.53% 的液相与含碳量为 0.09% 的 δ 固溶体发生包晶反应，形成含碳量为 0.17% 的奥氏体，其反应式为

$$L_B + \delta_H \xleftrightarrow{1495℃} \gamma_J \qquad (3\text{-}1)$$

三、共晶转变（水平线 *ECF*）

Fe-Fe₃C 相图上的共晶转变是在 1148℃的恒温下，由含碳量为 4.3% 的液相转变为含碳量为 2.11% 的奥氏体和含碳量为 6.69% 的渗碳体组成的混合物。其反应式为

$$L_C \xleftrightarrow{1148℃} \gamma_E + Fe_3C \qquad (3\text{-}2)$$

共晶转变形成的奥氏体与渗碳体的混合物称为莱氏体，用 Ld 表示。在莱氏体中，渗碳体是连续分布的相，奥氏体呈短棒状分布在渗碳体的基体上。由于渗碳体很脆，所以莱氏体是塑性很差的组织。

四、共析转变（*PSK* 线）

Fe-Fe₃C 相图上的共析转变是在 727℃恒温下，由含碳量为 0.77% 的奥氏体转变为含碳量为 0.0218% 的铁素体和渗碳体组成的混合物，其反应式为

$$\gamma_C \xleftrightarrow{727℃} \alpha_P + Fe_3C \qquad (3\text{-}3)$$

共析转变的产物称为珠光体，用符号 P 表示。共析转变的水平线 *PSK* 称为共析线或共析温度，常用符号 A_1 表示。凡是含碳量大于 0.0218% 的铁碳合金都将发生共析转变。

五、Fe-Fe₃C 相图中三条重要的特征线

1. *GS* 线

GS 线又称 A_3 线，它是在冷却过程中，由奥氏体析出铁素体的开始线，或者说是在加热过程中，铁素体溶入奥氏体的终了线。实际上，*GS* 线是由 G 点（A_3）演变而来的，随着含碳量的增加，使奥氏体向铁素体的同素异晶转变温度逐渐下降，从而由 A_3 点变成了 A_3 线。

2. *ES* 线

ES 线是碳在奥氏体中的溶解度曲线。当温度低于此曲线时，会从奥氏体中析出次生的渗碳体，通常称之为二次渗碳体（Fe₃C$_{II}$），因此该曲线又是二次渗碳体析出的开始线。*ES* 线又叫 A_{cm} 线。由相图可以看出，E 点表示奥氏体的最大溶碳量，即奥氏体的含碳量

在 1148℃时为 2.11%,其摩尔比相当于 9.1%。可以表明,此时铁与碳的物质的量比差不多是 10:1,相当于 2.5 个奥氏体晶胞中才有 1 个碳原子。

3. PQ 线

PQ 线是碳在铁素体中的溶解度曲线。碳在铁素体中的溶解度在 727℃时达到最大值 0.0218%。随着温度的降低,铁素体的溶碳量逐渐降低,在 300℃以下,溶碳量小于 0.001%。因此,当铁素体从 727℃冷却下来时,会从铁素体中析出渗碳体,称之为三次渗碳体,通常用 Fe_3C_{III} 表示。

第三节　铁碳合金平衡结晶过程及组织

根据组织特征,将铁碳合金按含碳量划分为七种类型。

①工业纯铁:含碳量低于 0.0218%;

②共析钢:含碳量为 0.77%;

③亚共析钢:含碳量为 0.0218%~0.77%;

④过共析钢:含碳量为 0.77%~2.11%;

⑤共晶白口铸铁:含碳量为 4.30%;

⑥亚共晶白口铸铁:含碳量为 2.11%~4.30%;

⑦过共晶白口铸铁:含碳量为 4.30%~6.69%。

现从每种类型中选择一种合金来分析其平衡结晶过程和组织,所选合金的成分在相图上的位置如图 3-3 所示。

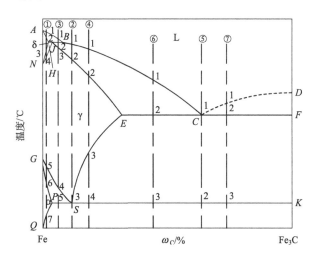

图 3-3　典型铁碳合金冷却时的组织转变过程分析

一、工业纯铁（含碳量小于 0.0218%）

以含碳量为 0.01%的合金①为例，其结晶过程如图 3-4 所示。合金熔液在 1~2 点温度区间内，按匀晶转变结晶出 δ 固溶体；δ 固溶体冷却至 3 点时，开始发生固溶体的同素异构转变 δ→γ；奥氏体的晶核通常优先在 δ 晶界上形成并长大，这一转变在 4 点结束时，δ 固溶体全部变成单相奥氏体；奥氏体冷却到 5 点时又发生同素异构转变 γ→α，同样，铁素体也是在奥氏体晶界上优先形核，然后长大；当温度达到 6 点时，奥氏体全部转变为铁素体；铁素体冷却到 7 点时，碳在铁素体中的溶解量达到饱和，因此，当将铁素体冷却到 7 点以下时，渗碳体将从铁素体中析出。在缓慢冷却条件下，这种渗碳体常沿铁素体晶界呈片状析出，这种从铁素体中析出的渗碳体即为三次渗碳体。工业纯铁的室温组织如图 3-5 所示。

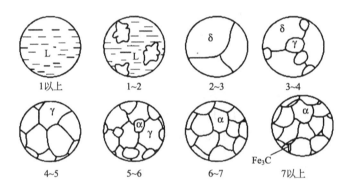

图 3-4　含碳量为 0.0218%的工业纯铁结晶过程示意图

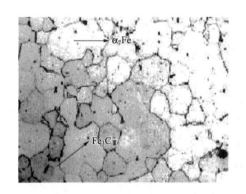

图 3-5　工业纯铁室温组织

二、共析钢（含碳量 0.77%）

共析钢即图 3-3 中的合金②，其结晶过程示意图如图 3-6 所示。在 1~2 点温度区间，合金按匀晶转变结晶成奥氏体；奥氏体冷却到 3 点（727℃），在恒温下发生共析转变

$\gamma\leftrightarrow\alpha+Fe_3C$，转变产物为珠光体，通常用 P 表示。珠光体中的渗碳体称为共析渗碳体。在随后的冷却过程中，铁素体中的含碳量沿 PQ 线变化，于是从珠光体的铁素体相中析出三次渗碳体。在缓慢冷却条件下，三次渗碳体在铁素体与共析渗碳体的晶界上形成，与共析渗碳体联结在一起，在显微镜下难以分辨，同时其数量也很少，对珠光体的组织和性能没有明显影响。

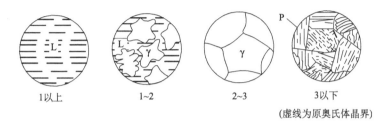

图 3-6 共析钢结晶过程示意图

三、亚共析钢（含碳量 0.0218%~0.77%）

以含碳量为 0.40% 的碳钢为例，对应图 3-3 所示的合金③，结晶过程示意图如图 3-7 所示。在结晶过程中，冷却至 1~2 温度区间，合金按匀晶转变结晶出 δ 固溶体。当冷却到 2 点时，δ 固溶体的含碳量为 0.09%，液相的含碳量为 0.53%，此时的温度为 1495℃，于是液相和 δ 固溶体于恒温下发生包晶转变：$L+\delta\leftrightarrow\gamma$，形成奥氏体。但由于钢中的含碳量（0.40%）大于 0.17%，所以包晶转变终了后，仍有液相存在，这些剩余的液相在 2~3 点之间继续按匀晶结晶成奥氏体，此时液相的成分沿 BC 线变化，奥氏体的成分则沿 JE 线变化。温度降至 3 点，合金全部由 0.40% 的奥氏体组成。

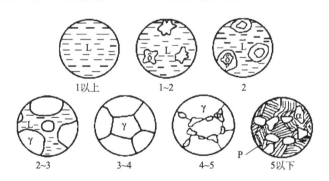

图 3-7 含碳量为 0.40% 的亚共析钢结晶过程示意图

单相的奥氏体冷却到 4 点时，在晶界上开始析出铁素体，随着温度的降低，铁素体的数量不断增多，此时铁素体的成分沿 GP 线变化，而奥氏体的成分则沿 GS 线变化。温度降至 5 点与共析线（727℃）相遇时，奥氏体的成分达到 S 点，即含碳量达到 0.77%，在恒温下发生共析转变：$\gamma\leftrightarrow\alpha+Fe_3C$，形成珠光体。在 5 点以下，先共析铁素体以及珠光体中的铁素体都将析出三次渗碳体，但其数量很少，一般可忽略不计。因此，亚共析钢的室温平衡组织由先共析铁素体和珠光体所组成。

四、过共析钢（含碳量 0.77%~2.11%）

以含碳量 1.2%的过共析钢为例，对应图 3-3 所示的合金④，其结晶过程示意图如图 3-8 所示。合金在 1~2 点匀晶转变为单相奥氏体。当冷却至 3 点与 ES 线相遇时，开始从奥氏体中析出二次渗碳体，直到 4 点为止。这种先共析渗碳体一般沿着奥氏体晶界呈网状分布。由于渗碳体的析出，奥氏体中的含碳量沿 ES 线变化，当温度降到 4 点时（727℃），奥氏体的含碳量达到 0.77%，在恒温下发生共析转变，形成珠光体。因此，过共析钢的室温平衡组织为珠光体和二次渗碳体。

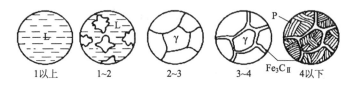

图 3-8　含碳量为 1.2%过共析钢结晶过程示意图

五、共晶白口铸铁（含碳量 4.3%）

共晶白口铸铁的含碳量为 4.3%，对应图 3-3 所示的合金⑤，其结晶过程如图 3-9 所示。液态合金冷却到 1 点（1148℃）时，在恒温下发生共晶转变：$L \leftrightarrow \gamma + Fe_3C$，形成莱氏体（Ld）。当冷却至 1 点以下时，碳在奥氏体中的溶解度不断下降，因此从共晶奥氏体中不断析出二次渗碳体，但由于它依附在共晶渗碳体上析出并长大，所以难以分辨。当温度降至 2 点（727℃）时，共晶奥氏体的含碳量降至 0.77%，在恒温下发生共析转变，即共晶奥氏体转变为珠光体。最后室温平衡组织是珠光体分布在共晶渗碳体的基体上，即室温莱氏体。室温莱氏体保持了高温下共晶转变后所形成的莱氏体的形态特征，但组织组成物和相组成物均发生了改变。因此，常将室温莱氏体称为低温莱氏体或变态莱氏体，用符号 Ld'表示。两种典型的室温平衡组织如图 3-10 所示，其中白色部分为共晶渗碳体基体，黑色部分为奥氏体转变的产物即珠光体。

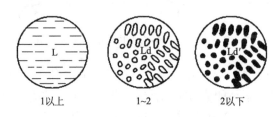

图 3-9　共晶白口铸铁结晶过程示意图

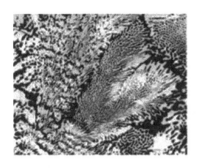

图 3-10　共晶白口铸铁的室温组织

六、亚共晶白口铸铁（含碳量 2.11%~4.3%）

亚共晶白口铸铁的结晶过程要比共晶白口铸铁复杂，以含碳量为 3.0% 的亚共晶白口铸铁为例，对应图 3-3 中的合金⑥，其平衡结晶过程如图 3-11 所示。在其结晶过程中，在 1~2 点之间按匀晶转变结晶出初晶（或先共晶）奥氏体，奥氏体的成分沿 JE 线变化，而液相的成分沿 BC 线变化。当温度降至 2 点时，液相成分到达共晶点 C，在恒温（1148℃）下发生共晶转变，即 $L \leftrightarrow \gamma + Fe_3C$，形成莱氏体。当温度冷却到 2~3 点温度区间时，从初晶奥氏体和共晶奥氏体中都析出二次渗碳体。随着二次渗碳体的析出，奥氏体的成分沿着 ES 线变化，含碳量不断降低。当温度降至 3 点（727℃）时，奥氏体的成分达到共析转变点，于恒温下发生共析转变，所有的奥氏体都转变为珠光体。图 3-12 为其室温显微

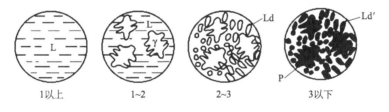

图 3-11　含碳量为 3.0% 的亚共晶白口铸铁结晶过程示意图

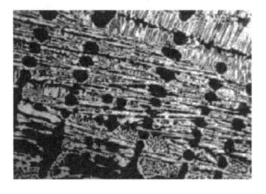

图 3-12　亚共晶白口铸铁的室温组织

组织，图中大块黑色部分是由初晶（先共晶）奥氏体转变成的珠光体，由初晶奥氏体析出的二次渗碳体与共晶渗碳体连成一片，难以分辨。因此，亚共晶白口铸铁的室温平衡组织为珠光体、二次渗碳体和室温莱氏体。

七、过共晶白口铸铁（含碳量 4.3%~6.69%）

以含碳量为 5.0% 的过共晶白口铸铁为例，对应图 3-3 中的合金⑦，其结晶过程如图 3-13 所示。在其结晶过程中，在 1~2 点温度之间从液相中结晶出粗大的先共晶渗碳体，称为一次渗碳体，常用 Fe_3C_I 表示。随着结晶的继续进行，一次渗碳体数量逐渐增多，液相成分沿着 DC 线变化。当温度降至 2 点时，液相成分达到 4.3%（共晶点 C），剩余液相在恒温（1148℃）下发生共晶转变，形成莱氏体。在继续冷却过程中，共晶奥氏体先析出二次渗碳体（依附于共晶渗碳体长大，无法分辨），奥氏体成分沿 ES 线变化，当温度到 727℃时，奥氏体的成分到达了 S 点，于恒温下发生共析转变，奥氏体转变为珠光体。过共晶白口铸铁的室温平衡组织为一次渗碳体和室温莱氏体，其显微组织如图 3-14 所示。

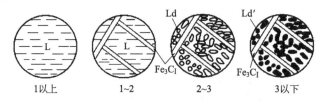

图 3-13　过共晶白口铸铁结晶过程示意图

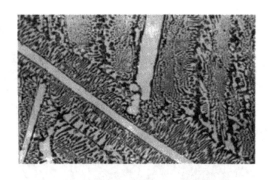

图 3-14　过共晶白口铸铁的室温组织

第四节　碳的质量分数对铁碳合金组织与性能的影响

图 3-15 表示了铁碳合金的成分与组织的关系。由铁碳合金相图可知，随着碳质量分数的增加，不仅铁碳合金组织中渗碳体的数量相应增加，而且渗碳体的形态、分布也随之发生变化。渗碳体开始在珠光体中以层片状分布，继而以网状分布，最后形成莱氏体时渗碳体又成为主要组成物且以针状分布。这表明，不同的碳质量分数，形成不同的组

织，这就决定了其组织的复杂性，同时也决定了其性能的复杂性。

根据测试，当钢中碳的质量分数小于 0.9% 时，随着钢中碳质量分数的增加，钢的强度和硬度不断增加，而塑性与韧性不断降低。当钢中碳的质量分数大于 0.9% 时，由于网状渗碳体的存在，不仅钢的塑性与韧性进一步下降，而且强度也明显下降。因此，为保证常用的钢具有一定的塑性与韧性，钢中碳的质量分数一般不超过 1.3%。碳的质量分数超过 2.11% 的白口铸铁，其性能硬而脆，难以切削加工，工业上应用很少。

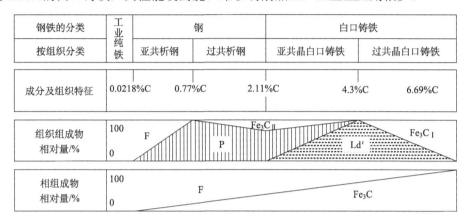

图 3-15 铁碳合金的成分与组织的关系

习 题

1. 分析 $\omega_C=3.5\%$、$\omega_C=4.7\%$ 的铁碳合金从液态到室温的平衡结晶过程，画出冷却曲线和组织变化示意图，并计算室温下的组织组成物和相组成物的质量比。

2. 计算铁碳合金中二次渗碳体和三次渗碳体最大可能含量。

3. 分别计算莱氏体中共晶渗碳体、二次渗碳体、共析渗碳体的含量。

4. 利用 Fe-Fe₃C 相图说明铁碳合金的成分、组织与性能之间的关系。

5. Fe-Fe₃C 相图有哪些应用又有哪些局限？

第四章　金属的热处理

热处理是一种重要的金属加工工艺，它是指金属材料在固态下加热、保温、冷却，以改变其组织，从而获得所需性能的一种热加工工艺。热处理的主要目的是为了改善金属材料的性能，即改善钢的工艺性能和提高钢的使用性能包括机械性能。通过热处理可以改善金属材料的性能，所以绝大多数机械零件都要经过热处理以提高产品的质量，延长使用寿命。据统计，拖拉机、汽车零件的70%~80%需要进行热处理；各种刀具、量具和模具100%要进行热处理。要了解各种热处理对钢组织与性能的影响，必须研究钢在加热和冷却过程中的相变规律。

钢的热处理工艺是指根据钢在加热和冷却过程中的组织转变规律所制定的钢在热处理时具体的加热、保温和冷却的工艺参数。热处理工艺种类很多，根据加热、冷却方式及获得组织和性能的不同，钢的热处理工艺可分为：普通热处理（退火、正火、淬火和回火）、表面热处理（表面淬火和化学热处理等）及特殊热处理（形变热处理、磁场热处理等）。根据热处理在零件生产工艺流程中的位置和作用，热处理又可分为预备热处理和最终热处理。

第一节　钢在加热时的组织转变

钢的热处理，一般都必须先将钢加热至临界温度以上，获得奥氏体组织，然后再以适当方式（或速度）冷却，以获得所需要的组织和性能。通常把钢加热获得奥氏体的转变过程称为奥氏体化过程。

一、转变温度

在 Fe-Fe$_3$C 相图中，共析钢在加热和冷却过程中经过 PSK 线（A_1）时，发生珠光体与奥氏体之间的相互转变，亚共析钢经过 GS 线（A_3）时，发生铁素体与奥氏体之间的相互转变，过共析钢经过 ES 线（A_{cm}）时，发生渗碳体与奥氏体之间的相互转变。A_1、A_3、A_{cm} 为钢在平衡条件下的临界点。实际热处理生产过程中，加热和冷却不可能极其缓慢，因此上述转变往往会产生不同程度的滞后现象。实际转变温度与平衡临界温度之差称为过热度（加热时）或过冷度（冷却时），过热度或过冷度随加热或冷却速度的增大而增大。通常把加热时的临界温度加注下标"c"，如 A_{c1}、A_{c3}、A_{ccm}，而把冷却时的临界温度加注下标"r"，如 A_{r1}、A_{r3}、A_{rcm}，如图 4-1 所示。

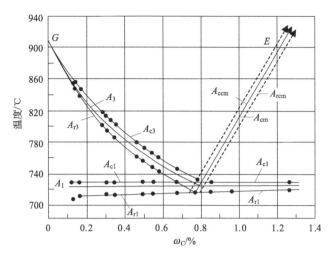

图 4-1　加热和冷却速度（0.125℃/min）对临界转变温度的影响

二、奥氏体的形成

将共析钢加热至 A_{c1} 温度时，便会发生珠光体向奥氏体的转变，其转变过程也是一个形核和长大的过程，一般可以分为四个阶段，如图 4-2 所示。

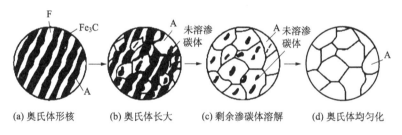

(a) 奥氏体形核　　(b) 奥氏体长大　　(c) 剩余渗碳体溶解　　(d) 奥氏体均匀化

图 4-2　珠光体向奥氏体转变过程示意图

（1）奥氏体的形核。奥氏体晶核优先在铁素体和渗碳体的两相晶界上形成，这是因为相界面处成分不均匀，原子排列不规则，晶格畸变大，能为产生奥氏体晶核提供成分和结构两方面的有利条件。

（2）奥氏体的长大。奥氏体晶核形成后，依靠铁素体的晶格改组和渗碳体的不断溶解，奥氏体晶核不断向铁素体和渗碳体两个方向长大。与此同时，新的奥氏体晶核也不断形成并随之长大，直至铁素体全部转变为奥氏体为止。

（3）残留渗碳体的溶解。铁素体、渗碳体、奥氏体三相比较而言，铁素体的碳浓度和晶体结构与奥氏体相近，所以铁素体先于渗碳体消失。因此，奥氏体形成后，仍有未溶解的渗碳体存在，随着保温时间的延长，未溶渗碳体将继续溶解，直至全部消失。

（4）奥氏体成分均匀化。当残留渗碳体全部溶解后，原渗碳体存在的区域含碳量比原铁素体存在的区域含碳量要高，所以需要继续延长保温时间，让碳原子充分扩散，才能使奥氏体的含碳量均匀化。

三、影响奥氏体转变速度的因素

奥氏体的形成是通过形核和长大过程进行的，整个过程受原子扩散控制。因此，一切影响扩散、影响形核与长大的因素都影响奥氏体的形成速度。主要因素有加热温度、加热速度、原始组织和化学成分等。

（1）加热温度的影响。碳原子扩散速度的提高促进奥氏体化加快，并且与加热温度的提高成正比。

（2）加热速度的影响。加热速度越快，过热度也大，发生转变的温度越高，完成转变的时间越短。

（3）化学成分的影响。碳含量增大，则渗碳体数量增多，铁素体与渗碳体的相界面增大，使奥氏体的核心增多，可以促进奥氏体化进程。常见合金元素能明显影响奥氏体化速度，如 Co、Ni 等有加快转变过程的效果；Cr、Mo、W、V 等有降低转变速度的作用；Si、Al、Mn 等对转变过程基本没有影响。

（4）原始组织的影响。在成分相同的钢材中，珠光体越细，相界面越大，形核机会越多，使得奥氏体形成速度变快。钢的原始组织越细，碳化物弥散度越大，则奥氏体晶粒越细小。

四、奥氏体晶粒长大及其控制措施

钢在加热时，珠光体向奥氏体转变刚刚结束时，奥氏体晶粒是比较细小的。如果继续加热或保温，奥氏体晶粒会变粗大。加热温度越高，保温时间越长，奥氏体晶粒越粗大。粗大的奥氏体晶粒在随后的冷却过程中会得到晶粒粗大的转变产物，从而使得钢的强度、塑性、韧性显著降低。因此，加热时获得细小晶粒的奥氏体对提高热处理效果和钢的性能有重要的意义。

为控制奥氏体晶粒长大，必须选择合理的热加工工艺，即合理的加热温度、保温时间和加热速度等。当加热温度相同时，加热速度越快，保温时间越短，晶粒越细。所以生产中常采用快速加热、短时保温来细化晶粒。

第二节　钢在冷却时的组织转变

钢经过加热奥氏体化后，可以采用不同的方式进行冷却，从而获得所需要的组织和性能。冷却是钢热处理过程的关键工序。在钢的热处理工艺中，奥氏体化后的冷却方式通常有等温冷却和连续冷却两种。等温冷却是将已经奥氏体化后的钢迅速冷却到临界点以下某一温度进行保温，使其在该温度下发生组织转变；连续冷却是将已奥氏体化的钢以一定的冷却速度连续冷却，使其在临界点以下不同温度进行组织转变。

一、过冷奥氏体转变产物的组织与性能

奥氏体在相变点 A_1 以上是稳定相，冷却至 A_1 以下就成了不稳定相，必然要发生转变。但并不是冷却至 A_1 温度以下就立即发生转变，而是在转变前需要停留一段时间，称为孕育期。以共析钢为例，在不同的过冷度下，奥氏体大体将发生三种不同类型组织的转变，即珠光体转变（高温区转变）、贝氏体转变（中温区转变）和马氏体转变（低温区转变）。

1. 珠光体转变

过冷奥氏体在 $A_1 \sim 550℃$ 温度范围内等温时，将发生珠光体转变。由于转变温度较高，原子具有较强的扩散能力，转变产物为铁素体薄层和渗碳体薄层交替重叠的层状组织，即珠光体型组织。等温温度越低，铁素体层和渗碳体层越薄，层间距越小，硬度越高。为区别起见，将这些层间距不同的珠光体型组织分别称为珠光体（P）、索氏体（S）和托氏体（T），它们并无本质区别，也无严格界限，只是形态上不同。

2. 贝氏体转变

过冷奥氏体在 $550℃ \sim M_s$（上马氏体点）温度范围内等温时，将发生贝氏体转变。由于转变温度较低，原子扩散能力较差，渗碳体已经很难聚集长大呈层状。因此，转变产物为由铁素体及其内部分布着的弥散的碳化物所形成的亚稳组织，称为贝氏体，常用符号 B 表示。由于等温温度不同，贝氏体的形态也不同，贝氏体有三种常见的组织形态，即上贝氏体、下贝氏体和粒状贝氏体。

（1）上贝氏体。过冷奥氏体在 350~550℃ 之间转变将得到羽毛状的组织，称此为上贝氏体，用"$B_上$"表示。其硬度为 40~45HRC，强度较低，塑性和韧性较差，其显微组织如图 4-3 所示。

(a) 光学显微组织 500×　　　　　　(b) 电子显微组织 4000×

图 4-3　上贝氏体显微组织

（2）下贝氏体。下贝氏体形成于贝氏体转变区的较低温度范围，中、高碳钢为 $350℃ \sim M_s$ 之间。典型的下贝氏体是由含碳过饱和的片状铁素体及其内部沉淀的碳化物组成的机械混合物。下贝氏体的空间形态呈双凸透镜状，与试样磨面相交呈片状或针状。在光学

显微镜下，当转变量不多时，下贝氏体呈黑色针状或竹叶状，针与针之间呈一定角度，如图 4-4（a）所示。在电子显微镜下可以观察到下贝氏体中碳化物的形态，它们细小、弥散，呈粒状或短条状，沿着与铁素体长轴呈 55°~60°角取向平行排列，如图 4-4（b）所示。弥散强化和固溶强化使下贝氏体具有较高的强度、硬度和良好的塑韧性，具有较优良的综合力学性能。

(a) 光学显微组织500×　　　　　　(b) 电子显微组织12000×

图 4-4　下贝氏体显微组织

（3）粒状贝氏体。粒状贝氏体是近年来在一些低碳或中碳合金钢中发现的一种贝氏体组织。粒状贝氏体形成于上贝氏体转变区上限温度范围内，具有较好的强韧性。粒状贝氏体显微组织如图 4-5 所示。

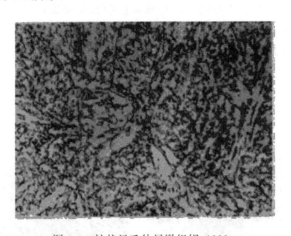

图 4-5　粒状贝氏体显微组织　1000×

3. 马氏体转变

钢从奥氏体化状态快速冷却，抑制其扩散性分解，在较低温度下（低于 M_s 点）发生的转变为马氏体转变。马氏体转变属于低温转变，转变产物为马氏体组织。马氏体是碳在 α-Fe 中的过饱和固溶体，用符号"M"表示。

1）马氏体转变的特点

（1）马氏体转变温度很低，铁和碳原子都不能进行扩散，是典型的非扩散型相变。

铁原子沿奥氏体一定晶面集中地作一定距离的移动，使面心立方晶格转变为体心正方晶格，碳原子原地不动，过饱和地留在新组成的晶胞中，增大了其正方度 c/a，如图 4-6 所示。因此马氏体就是碳在 α-Fe 中的过饱和固溶体。过饱和碳使 α-Fe 的晶格发生很大畸变，形成很强的固溶强化作用。

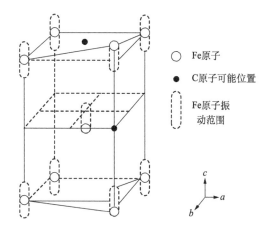

○ Fe原子

● C原子可能位置

┊ Fe原子振动范围

图 4-6　马氏体晶体结构示意图

（2）马氏体晶核的长大速度极快。

（3）马氏体转变的晶体学特点是新相与母相之间保持着一定的位向关系。马氏体是在母相奥氏体点阵的某一晶面上形成的，马氏体的平面或界面常常和母相的某一晶面接近平行，这个面称为惯习面。钢中马氏体的惯习面近于{111}A、{225}A 和{259}A。由于惯习面的不同，常常造成马氏体组织形态的不同。

（4）马氏体转变是在一定温度范围内完成的，马氏体的形成量是温度和时间的函数。在一般合金中，马氏体转变开始后，必须继续降低温度，才能使转变继续进行，如果中断冷却，转变便告停止。但在有些合金中，马氏体转变也可以在等温条件下进行，即转变时间的延长使马氏体转变量增多。在通常冷却条件下马氏体转变开始温度 M_s 与冷却速度无关。当冷却到某一温度以下，马氏体转变不再进行，此即马氏体转变终了温度，也称 M_f 点。

（5）在通常情况下，马氏体转变不能进行到底，也就是说当冷却到 M_f 点温度后还不能获得 100%的马氏体，而在组织中保留有一定数量的未转变的奥氏体，称之为残余奥氏体。残余奥氏体的含量与 M_s、M_f 的位置有关。奥氏体中的碳含量越高，M_s、M_f 就越低（见图 4-7），残余奥氏体的含量就越多（见图 4-8）。

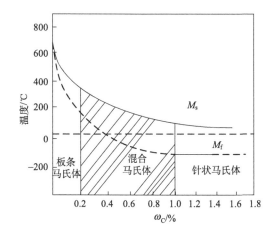

图 4-7　马氏体形态与碳含量的关系

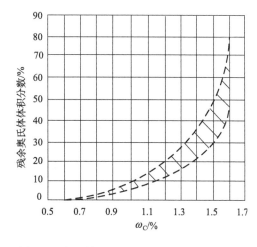

图 4-8　奥氏体的碳含量对残余奥氏体的影响

（6）奥氏体在冷却过程中如在其一温度以下缓冷或中断冷却，常使随后冷却时的马氏体转变量减少，这一现象称为热陈化稳定，也称奥氏体稳定化。能引起热陈化稳定的温度上限称为 M_c 点，高于此点，缓冷或中断冷却不引起热陈化稳定。

（7）在某些铁系合金中发现，奥氏体冷却转变为马氏体后，当重新加热时，已形成的马氏体可以逆转变为奥氏体。这种马氏体转变的可逆性，也称逆转变。通常用 A_s 表示逆转变开始点，A_f 表示逆转变终了点。

2）马氏体的形态与特点

马氏体的组织形态因其成分和形成条件而异，通常分为板条马氏体和片状马氏体。

（1）板条马氏体。板条马氏体是低、中碳钢及马氏体时效钢、不锈钢等铁基合金中形成的一种典型马氏体组织。在光学显微镜下只能看到边缘不规则的块状，故也称为块状马氏体。在高倍透射电镜下可看到板条马氏体内有大量位错缠结的亚结构（见图4-9），所以板条马氏体也称为位错马氏体。

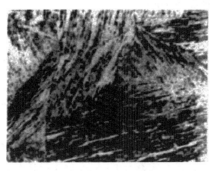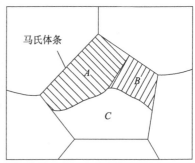

(a) 板条马氏体显微组织100×　　　　　(b) 板条马氏体示意图

图 4-9　低碳马氏体的组织形态

（2）片状马氏体。片状马氏体是在中、高碳钢及 $\omega_{Ni}>29\%$ 的 Fe-Ni 合金中形成的一种典型马氏体组织。高碳钢中典型的片状马氏体组织如图4-10所示。

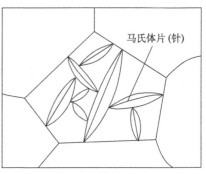

(a) 片状马氏体显微组织1500×　　　　　(b) 片状马氏体示意图

图 4-10　高碳马氏体的组织形态

片状马氏体的空间形态呈双凸透镜状，由于与试样磨面相截，在光学显微镜下则呈针状或竹叶状，故又称为针状马氏体。如果试样磨面恰好与马氏体片平行相切，也可以看到马氏体的片状形态。片状马氏体的最大尺寸取决于原始奥氏体晶粒大小，奥氏体晶粒越粗大，则马氏体片越大。若光学显微镜无法分辨最大尺寸的马氏体片时，则称为隐晶马氏体。

马氏体具有高的强度和硬度，这是马氏体的主要性能特点。马氏体的硬度主要取决于含碳量，而塑性和韧性主要取决于组织。板条马氏体具有较高硬度和强度，以及塑韧匹配良好的综合力学性能。片状马氏体具有比板条马氏体更高的硬度，但脆性较大，塑性和韧性较差。

二、过冷奥氏体的转变图

1. 奥氏体的等温转变

1）奥氏体等温转变图

过冷奥氏体等温转变图是表示过冷奥氏体在不同过冷度下的等温转变过程中，转变温度、时间与产物量之间的关系曲线。因其形状与字母"C"的形状相似，所以也称为"C 曲线"，也称为"TTT"曲线。共析钢的过冷奥氏体等温转变图如图 4-11 所示，A_1 为奥氏体向珠光体转变的相变点，A_1 以上区域为稳定奥氏体区。两条 C 形曲线中，左边的曲线为转变开始线，该线以左区域为过冷奥氏体区；右边的曲线为转变终了线，该线以右区域为转变产物区；两条 C 形曲线之间的区域为过冷奥氏体与转变产物共存区。水平线 M_s 和 M_f 分别为马氏体转变的开始线和终了线。

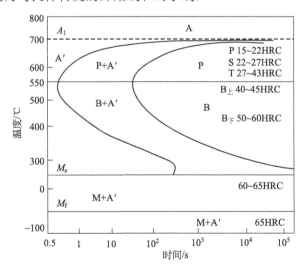

图 4-11　共析钢的过冷奥氏体等温转变图

2）影响等温转变图的因素

（1）含碳量的影响。亚共析钢与过共析钢的过冷奥氏体等温转变曲线分别如图 4-12、图 4-13 所示，由图可知，亚共析钢的 C 曲线比共析钢多一条先共析铁素体析出线，过共析钢的 C 曲线比共析钢多一条二次渗碳体析出线。

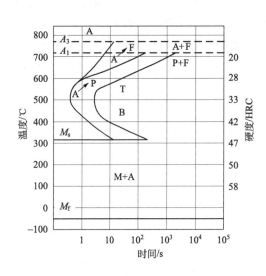 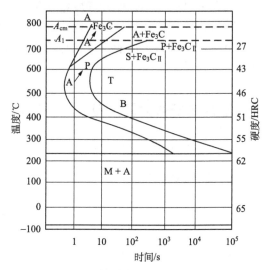

图 4-12　亚共析钢过冷奥氏体等温转变曲线　　　图 4-13　过共析钢过冷奥氏体等温转变曲线

在一般热处理加热条件下，碳使亚共析钢 C 曲线右移，使过共析钢的 C 曲线左移。

（2）合金元素的影响。除 Co 以外，钢中所有合金元素的溶入均会增大过冷奥氏体的稳定性，使 C 曲线右移。不形成碳化物或弱碳化物形成元素，如 Si、Ni、Cu 和 Mn，只改变 C 曲线的位置，不改变 C 曲线的形状；碳化物形成元素如 Mo、W、V、Ti 等，当它们溶入奥氏体以后，不仅使 C 曲线的位置右移，而且使 C 曲线呈两个"鼻子"，即把珠光体转变和贝氏体转变分开，中间出现一过冷奥氏体稳定性较大的区域。

（3）加热温度和保温时间的影响。加热温度越高，保温时间越长，奥氏体越均匀，使得过冷奥氏体的稳定性得到提高，C 曲线右移。

3）过冷奥氏体的连续冷却转变图

过冷奥氏体的连续冷却转变图表示钢经奥氏体化后，在不同冷却速度的连续冷却条件下，过冷奥氏体的转变开始及转变终了时间与转变温度之间的关系曲线。共析钢过冷奥氏体的连续冷却图如图 4-14 所示。

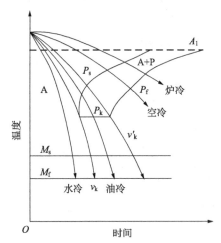

图 4-14　共析钢过冷奥氏体的连续冷却图

图中 P_s、P_f 线分别为珠光体转变开始和转变终了线，P_k 为珠光体转变中止线。当冷却曲线碰到 P_k 为线时，奥氏体向珠光体的转变将终止，残余奥氏体将一直过冷至 M_s 以下转变为马氏体组织。与等温转变图相比，共析钢的连续冷却转变图中珠光体转变开始线和转变终了线的位置均相对右下移，而且只有等温转变图的上半部分，没有中温的贝氏体型转变区。

第三节　钢的普通热处理

普通热处理主要包括退火、正火、淬火和回火，一般也称为热处理的"四把火"。普通热处理是最基本、最重要、应用最为广泛的热处理方式。通常用来改变零件整体的组织和性能。

一、退火

退火是将金属或合金加热到适当温度，保持一定时间，然后缓慢冷却（一般为随炉冷却或埋入石灰中），以获得接近平衡状态组织的热处理工艺。根据钢的成分和退火的目的、要求的不同，退火又可分为完全退火、等温退火、球化退火、再结晶退火、去应力退火等。各种退火的加热温度范围和工艺曲线如图 4-15 所示。

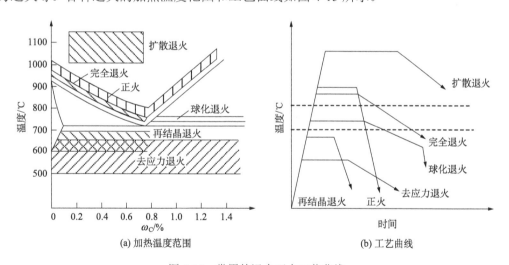

(a) 加热温度范围　　　　　　　(b) 工艺曲线

图 4-15　常用的退火正火工艺曲线

1. 完全退火

将钢件或毛坯加热到 A_{c3} 以上 20~30℃，保温一段时间，使钢中组织完全转变成奥氏体后，缓慢冷却（一般为随炉冷却）到 500~600℃ 以下出炉，在空气中冷却下来。所谓"完全"是指加热时获得完全的奥氏体组织。

完全退火的目的是细化晶粒，消除内应力与组织缺陷，降低硬度，提高塑性，为随后的切削和淬火做好组织准备。

完全退火主要适用于含碳量为 0.25%~0.77%的亚共析成分的碳钢、合金钢和工程铸件、锻件和热轧型材。过共析钢不宜采用完全退火，因为过共析钢加热至 A_{ccm} 以上缓慢冷却时，二次渗碳体会以网状沿奥氏体晶界析出，使钢的强度、塑性和冲击韧性显著下降。

2. 等温退火

将钢件或毛坯加热至 A_{c3}（或 A_{c1}）以上 20~30℃，保温一定时间后，较快地冷却至过冷奥氏体等温转变曲线"鼻尖"温度附近并保温（珠光体转变区），使奥氏体转变为珠光体后，再缓慢冷却下来，这种热处理方式为等温退火。

等温退火的目的与完全退火相同，但是等温退火时的转变容易控制，能获得均匀的预期组织，对于大型制件及合金钢制件较适宜，可大大缩短退火周期。

3. 球化退火

球化退火是将钢件或毛坯加热到略高于 A_{c1} 的温度，经长时间保温，使钢中二次渗碳体自发转变为颗粒状（或称球状）渗碳体，然后以缓慢的速度冷却到室温的工艺方法。

球化退火的目的是降低硬度，均匀组织，改善切削加工性能，为淬火作准备。球化退火主要适用于碳素工具钢、合金弹簧钢、滚动轴承钢和合金工具钢等共析钢和过共析钢（含碳量大于 0.77%）。

4. 扩散退火

为减少钢锭、铸件的化学成分和组织的不均匀性，将其加热到略低于固相线温度，长时间保温并缓冷，使钢锭的化学成分和组织均匀化。由于扩散退火加热温度高，因此退火后晶粒粗大，可用完全退火或正火细化晶粒。

5. 去应力退火

去应力退火又称低温退火。它是将钢加热到 400~500℃（A_{c1} 温度以下），保温一段时间，然后缓慢冷却到室温的工艺方法。其目的是为了消除铸件、锻件和焊接件以及冷变形等加工中所造成的内应力。因去应力退火温度低、不改变工件原来的组织，故应用广泛。

6. 再结晶退火

再结晶退火是主要用于消除冷变形加工（如无冷轧、冷拉、冷冲）产生的畸变组织、消除加工硬化而进行的低温退火。加热温度为再结晶温度（使变形晶粒再次结晶为无变形晶粒的温度）以上 150~250℃。再结晶退火可使冷变形后被拉长的晶粒重新形核长大为均匀的等轴晶，从而消除加工硬化效果。

二、正火

正火是将钢加热到 A_{c3}（亚共析钢）和 A_{ccm}（过共析钢）以上 30~50℃，保温一段时间后，在空气中或在强制流动的空气中冷却到室温的工艺方法。

正火与退火的主要区别在于冷却速度不同，正火冷却速度较快，获得的珠光体组织较细，强度和硬度也较高。正火生产效率高，成本低，因此在工业生产中应尽量用正火代替退火。

为改善钢的可加工性，低碳钢宜用正火；共析钢和过共析钢宜用球化退火，且过共析钢在球化退火前采用正火消除网状二次渗碳体；中碳钢最好采用退火，但也可以采用正火。

三、淬火

淬火是指将钢加热到临界温度以上，保温后以大于临界冷却速度的速度进行冷却，使奥氏体转变为马氏体的热处理工艺。因此，淬火的目的就是为了获得马氏体，并与适当的回火工艺相配合，以提高钢的力学性能。

1. 淬火加热温度

亚共析钢淬火加热温度为 A_{c3} 以上 30~50℃；共析、过共析钢淬火加热温度为 A_{c1} 以上 30~50℃。钢的淬火温度范围如图 4-16 所示。

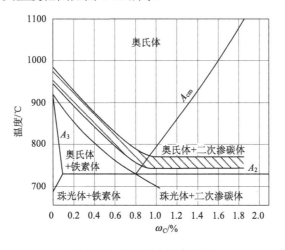

图 4-16　钢的淬火温度范围

亚共析钢在上述淬火温度加热，是为了获得晶粒细小的奥氏体，淬火后可获得细小的马氏体组织。若加热温度过高，则引起奥氏体晶粒粗化，淬火后得到的马氏体组织也粗大，从而使钢严重脆化。若加热温度过低，则会在淬火组织中出现铁素体，造成淬火钢硬度不足。

共析钢和过共析钢的淬火加热温度为 A_{c1} 以上 30~50℃。淬火后，共析钢组织为均匀细小的马氏体和少量残余奥氏体；过共析钢则可获得均匀细小的马氏体加粒状二次渗碳体和少量残余奥氏体的混合组织。过共析钢的这种正常淬火组织，有利于获得最佳硬度和耐磨性。若过共析钢的淬火加热温度过高，则会得到较粗大的马氏体和较多的残余奥氏体，这不仅降低了淬火钢的硬度和耐磨性，而且还会增大淬火变形和开裂倾向。

2. 淬火加热保温时间

加热保温时间的影响因素比较多，它与加热炉的类型、钢种、工件尺寸大小等有关，一般根据热处理手册中的经验公式确定。

3. 淬火冷却介质

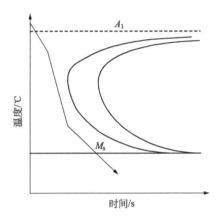

图 4-17　钢的理想淬火冷却曲线

冷却是淬火的关键，冷却的好坏直接决定了钢淬火后的组织和性能。冷却介质应保证：工件得到马氏体，同时变形小，不开裂。理想的淬火曲线为650℃以上缓冷，以降低热应力；650~400℃快速冷却，保证全部奥氏体不分解；400℃以下缓冷，减少马氏体转变时的相变应力。图 4-17 所示为钢的理想淬火冷却曲线。

目前工厂中常用的淬火冷却介质主要是水、油。

水在 650~550℃ 高温区冷却能力较强，在300~200℃低温区冷却能力也强。淬火零件易变形开裂，因而适用于形状简单、截面较大的碳钢零件的淬火。此外，水温对水的冷却特性影响很大，水温升高，水在高温区的冷却能力显著下降，而低温区的冷却能力仍然很强。因此淬火时水温不应超过 30℃，通过加强水循环和工件的搅动可以提高工件在高温区的冷却速度。

在水中加入盐、碱，其冷却能力比清水更强。例如浓度为 10%NaCl 或 10%NaOH 的水溶液可使高温区（650~550℃）的冷却能力显著提高，10%NaCl 水溶液较纯水的冷却能力提高 10 倍以上，而 10%NaOH 的水溶液的冷却能力更高。但这两种水基淬火介质在低温区（300~200℃）的冷却速度亦很快。因此适用于低碳钢和中碳钢的淬火。

油是一种冷却能力较弱的淬火冷却介质。淬火用油主要为各种矿物油，如机油、柴油等。油在高温区冷却速度不够，不利于非合金钢的淬硬，但有利于减少工件的变形。因此，在实际生产中，油主要用作过冷奥氏体稳定性好的合金钢和尺寸小的非合金钢零件的淬火冷却介质。

4. 淬火冷却方法

淬火方法的选择，主要以获得马氏体和减少内应力、减少工件的变形和开裂为依据。常用的淬火方法有：单介质淬火、双介质淬火、分级淬火、等温淬火。图4-18所示为不同淬火方法示意图。

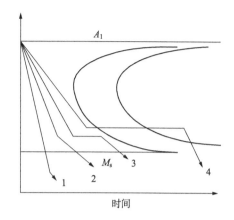

图4-18　不同淬火方法示意图

1—单介质淬火　2—双介质淬火　3—分级淬火　4—等温淬火

（1）单介质淬火。工件在一种介质中冷却，如水淬、油淬。优点是操作简单，易于实现机械化，应用广泛。缺点是在水中淬火应力大，工件容易变形开裂；在油中淬火，冷却速度小，淬透直径小，大型工件不易淬透。

（2）双液淬火法。工件先在较强冷却能力介质中冷却到300℃左右，再在一种冷却能力较弱的介质中冷却，如先水后油、先水后空气等。这种淬火法利用了两种介质的优点，获得了较为理想的冷却条件，在保证工件获得马氏体组织的同时，减小了淬火应力，能有效地防止工件变形或开裂。

（3）分级淬火法。工件在低温盐浴或碱浴炉中淬火，盐浴或碱浴的温度在 M_s 点附近，工件在这一温度停留2~5min，然后取出空冷，这种冷却方式叫分级淬火。分级淬火法可使工件内外温度较为均匀，同时进行马氏体转变，可以大大减小淬火应力，防止变形开裂。

（4）等温淬火法。工件在等温盐浴中淬火，盐浴温度在贝氏体区的下部（稍高于 M_s），工件等温停留较长时间，直到贝氏体转变结束，取出空冷。等温淬火用于中碳以上的钢，目的是为了获得下贝氏体，以提高强度、硬度、韧性和耐磨性。低碳钢一般不采用等温淬火。

四、回火

1. 钢的回火及回火时组织和性能的变化

将淬火后的零件加热到低于 A_{c1} 的某一温度并保温，然后冷却到室温的热处理工艺称为回火。回火是紧接淬火的一道热处理工艺，大多数淬火钢都要进行回火。回火的目的是为了稳定工件组织和尺寸，减小或消除淬火应力，提高钢的塑性和韧性，获得工件所需的力学性能，以满足不同工件的性能要求。

钢在淬火后，得到的马氏体和残余奥氏体组织是不稳定的，存在着自发向稳定组织转变的倾向。回火加热可加速这种自发转变过程。根据转变发生的过程和形成的组织，回火可分为四个阶段。

第一阶段（200℃以下）：马氏体分解。

第二阶段（200~300℃）：残余奥氏体分解。

第三阶段（250~400℃）：碳化物的转变。

第四阶段（400℃以上）：渗碳体的聚集长大与α相的再结晶。

2. 回火的种类及应用

生产中根据工件所要求的力学性能、所用的回火温度的高低，可将回火分为低温、中温和高温回火。

（1）低温回火。低温回火温度范围一般为150~250℃，得到回火马氏体组织。其目的是在保持高硬度（58~64HRC）、强度和耐磨性的情况下，适当提高淬火钢的韧性，同时显著降低钢的淬火应力和脆性。在生产中低温回火大量应用于工具、量具、滚动轴承、渗碳工件、表面淬火工件等。

（2）中温回火。中温回火温度一般为350~500℃，回火组织是在铁素体基体上大量弥散分布着细粒状渗碳体，即回火托氏体组织。其目的是获得高的屈服比、弹性极限和较高的韧性。因此，它主要用于各种弹簧和模具的处理，回火后硬度一般为（35~45HRC）。

（3）高温回火。高温回火温度为500~650℃，通常将淬火和随后的高温回火相结合的热处理工艺称为调质处理。高温回火的组织为回火索氏体，即细粒状渗碳体和铁素体。高温回火后钢具有强度、塑性和韧性都较好的综合力学性能。因此，广泛应用于汽车、拖拉机、机床等的重要结构零件，如连杆、螺栓等。回火后硬度一般为200~330HBW。

3. 回火脆性

钢在回火时会产生回火脆性现象，即在250~400℃和450~650℃两个温度区间回火后，钢的冲击韧性明显下降（见图4-19）。这种脆化现象称为回火脆性。根据脆化现象产生的机理和温度区间，回火脆性可分为两类。

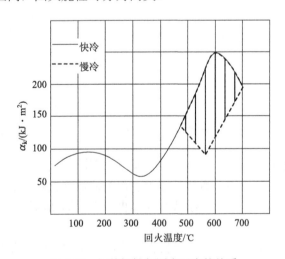

图4-19 钢的韧性与回火温度的关系

（1）第一类回火脆性（低温回火脆性）。钢淬火后在300℃左右回火时所产生的回火脆性称为第一类回火脆性，也称为低温回火脆性或不可逆回火脆性，几乎所有的淬火钢在该温度范围内回火时，都产生不同程度的回火脆性。第一类回火脆性一旦产生就无法消除，因此生产中一般不在此温度范围内回火。

（2）第二类回火脆性（高温回火脆性）。有些合金钢尤其是含 Cr、Ni、Mn 等元素的合金钢，在 450~650℃高温回火后缓冷时，会使冲击韧性下降，而回火后快冷则不出现脆性。这种脆性称为高温回火脆性，有时也称可逆回火脆性。这种脆性的产生与加热和冷却条件有关。

五、钢的淬透性

1. 淬透性的基本概念

淬透性是钢的固有属性，它是选材和制定热处理工艺的重要依据之一。淬透性是指钢在淬火时获得马氏体的能力，其大小用钢在一定条件下淬火所获得的淬透层深度来表示。同样形状和尺寸的工件，用不同的钢材制造，在相同的条件下淬火，淬透层较深的钢，其淬透性较好。

淬透层的深度规定为由工件表面至半马氏体区的深度。半马氏体区的组织是由50%马氏体和50%分解产物组成的。这样规定是因为半马氏体区的硬度变化显著，同时组织变化明显，并且在酸蚀的断面上有明显的分界线，很容易测试。

淬透性主要取决于钢的临界冷却速度，取决于过冷奥氏体的稳定性。钢的淬透性与淬硬性是两个不同的概念，后者是指钢淬火后形成的马氏体组织所能达到的硬度，它主要取决于马氏体中的含碳量。

2. 影响淬透性的因素

（1）含碳量。在碳钢中，共析钢的临界冷却速度最小，淬透性最好；亚共析钢随含碳量增加，临界冷却速度减小，淬透性提高；过共析钢随含碳量增加，临界冷却速度增加，淬透性降低。

（2）合金元素。除 Co 以外，其余合金元素溶于奥氏体后，会降低临界冷却速度，使过冷奥氏体的转变曲线右移，提高钢的淬透性，因此合金钢的淬透性往往比碳钢要好。

（3）奥氏体化温度。提高钢材的奥氏体化温度，将使奥氏体成分均匀、晶粒长大，因而可减少珠光体的形核率，降低钢的临界冷却速度，增加其淬透性。但奥氏体晶粒长大，生成的马氏体也会比较粗大，会降低钢材常温下的力学性能。

（4）钢中未溶第二相。钢加热奥氏体化时，未溶入奥氏体中的碳化物、氮化物及其他非金属夹杂物，会成为奥氏体分解的非自发形核核心，使临界冷却速度增大，降低淬透性。淬透性好的钢材经调质处理后，整个截面都是回火索氏体，力学性能均匀，强度高，韧性好；而淬透性差的钢表层为回火索氏体，心部为片状索氏体+铁素体，心部强韧性差。因此，钢材的淬透性是影响工件选材和热处理强化效果的重要因素。图4-20为淬透性不同的钢调质后力学性能的比较。

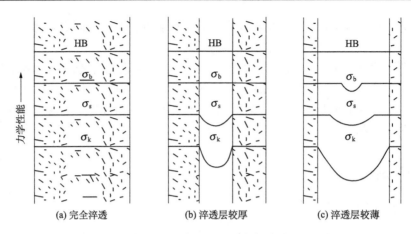

图 4-20　淬透性不同的钢调质后力学性能的比较

第四节　钢的表面热处理

许多机器零件，如齿轮、凸轮、曲轴等是在弯曲、扭转载荷下工作的，同时受到强烈的摩擦、磨损和冲击。这时应力沿工件断面的分布是不均匀的，越靠近表面应力越大，越靠近心部应力越小。这种工件只需要一定厚度的表层得到强化，表层硬而耐磨，心部仍可保留高韧性状态。要同时满足这些要求，仅仅依靠选材是比较困难的，用普通的热处理也无法实现。这时可通过表面热处理的手段来满足工件的使用要求。

仅对钢的表面快速加热、冷却，把表层淬成马氏体，心部组织不变的热处理工艺称为表面热处理。按照加热方式，较常用的表面热处理方法有：感应加热表面淬火、火焰加热表面淬火和激光淬火等。

一、感应加热表面热处理

利用感应电流通过工件所产生的热量，使工件表面、局部或整体加热并进行快速冷却的淬火工艺称为感应淬火。

1. 基本原理

感应加热是利用电磁感应原理。将工件置于用铜管制成的感应圈中，向感应圈中通交流电时，在它的内部和周围将产生一个与电流频率相同的交变磁场，若把工件置于磁场中，则在工件（导体）内部产生感应电流，由于电阻的作用工件被加热。由于交流电的"集肤效应"，靠近工件表面电流密度最大，而工件心部电流几乎为零。几秒内工件表面温度就可以达到 800~1000℃，而心部仍接近室温。当表层温度升高至淬火温度时，立即喷液冷却使工件表面淬火。图 4-21 为感应加热表面淬火示意图。

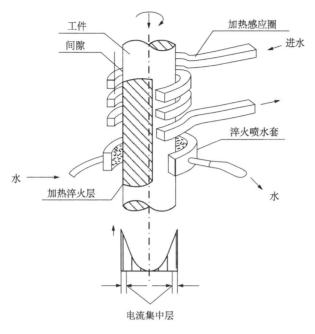

图 4-21　感应加热表面淬火示意图

根据所用电流频率的不同，感应加热可分为高频感应加热、中频感应加热和工频感应加热三种。电流透入工件表层的深度主要与电流频率有关，频率越高，透入层深度越小，淬硬层深度越薄。其关系如表 4-1 所示。

表 4-1　电流频率与淬硬层深度的关系

电流频率	淬硬层深度/mm	应用
高频（200~300kHz）	0.5~2.0	中小零件，如小模数齿轮/中小直径轴类零件
中频（2500~8000Hz）	2~5	大模数齿轮、大直径轴类零件
工频（50Hz）	10~15	轧辊、火车车轮等大件

2. 感应加热表面热处理的特点

（1）由于感应加热速度极快，过热度增大，使钢的临界点升高，故感应加热淬火温度（工件表面温度）高于一般淬火温度。

（2）由于感应加热速度快，奥氏体晶粒不易长大，淬火后获得非常细小的隐晶马氏体组织，使工件表层硬度比普通淬火高 2~3HRC，耐磨性也有较大提高。

（3）由于感应加热速度快、时间短，故淬火后无氧化、脱碳现象，且工件变形也很小，易于实现机械化与自动化。

但是其缺点是设备比较昂贵，调整、维修比较困难，对于形状复杂的零件处理比较困难。

二、火焰加热表面热处理

火焰加热表面淬火是一种利用乙炔-氧气或煤气-氧气混合气体的燃烧火焰，将工件表面迅速加热到淬火温度，随后以浸水或喷水方式进行激冷，使工件表层转变为马氏体而心部组织不变的工艺方法。图 4-22 为火焰加热表面热处理示意图。

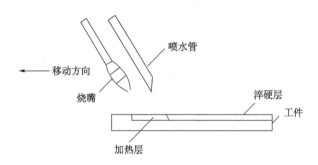

图 4-22　火焰加热表面热处理示意图

火焰加热表面淬火的优点是设备简单、成本低、工件大小不受限制。缺点是淬火硬度和淬透性深度不易控制，常取决于操作工人的技术水平和熟练程度；生产效率低，只适合单件和小批量生产。

第五节　钢的化学热处理

化学热处理是将钢件置于一定温度的活性介质中保温，使介质中的一种或几种元素原子渗入工件表层，以改变钢件表层化学成分和组织，进而达到改进表面性能的目的，满足技术要求的热处理工艺。

表面化学成分改变是通过以下三个基本过程实现的：

（1）化学介质的分解，通过加热使化学介质释放出待渗元素的活性原子；

（2）活性原子被钢件表面吸收和溶解，进入晶格内形成固溶体或化合物；

（3）原子由表面向内部扩散，形成一定的扩散层。

按表面渗入的元素不同，化学热处理可分为渗碳、渗氮、碳氮共渗、渗硼、渗铝等。目前，生产上应用最广的化学热处理是渗碳、渗氮和碳氮共渗。

一、渗碳

将钢放入渗碳的介质中加热并保温，使活性碳原子渗入钢的表层的工艺称为渗碳。其目的是通过渗碳及随后的淬火和低温回火，使工件表面具有高的硬度、耐磨性和良好的抗疲劳性能，而心部具有较高的强度和良好的韧性。渗碳并经淬火加低温回火与表面淬火不同，表面淬火不改变表层的化学成分，而是依靠表面加热淬火来改变表层的组织，从而达到表面强化的目的；而渗碳并经淬火加低温回火则能同时改变表层的化学成分和组织，因而能更有效地提高表层的性能。

1. 渗碳方法

渗碳法有气体渗碳，固体渗碳和液体渗碳。目前，广泛应用的是气体渗碳法。气体渗碳是将低碳钢或低碳合金钢工件置于密封的渗碳炉中，加热至完全奥氏体化温度（奥氏体溶碳量大，有利于碳的渗入），通常是 900~950℃，并通入渗碳介质使工件渗碳。气体渗碳介质可分为两大类：一是液体介质（含有碳氢化合物的有机液体），如煤油、苯、醇类和丙酮等，使用时直接滴入高温炉罐内，经裂解后产生活性碳原子；二是气体介质，如天然气、丙烷气及煤气等，使用时直接通入高温炉罐内，经裂解后用于渗碳。图 4-23 为气体渗碳装置示意图。

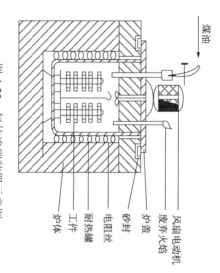

图 4-23　气体渗碳装置示意图

2. 渗碳后的组织

常用于渗碳的钢为低碳钢和低碳合金钢，如 20，20Cr，20CrMnTi，12CrNi3 等。渗碳后缓冷组织中的含碳量自表面最高（约 1.0%），由表及里逐渐降低至原始含碳量。所以渗碳后缓冷组织（珠光体+碳化物），其析组织（珠光体），亚共析组织（珠光体+铁素体）的过渡层，直至心部的原始组织。对于低碳钢，渗碳缓冷后规定其析组织自表层到过渡层一半（50%P+50%F）的厚度。图 4-24 为低碳钢渗碳缓冷后的显微组织。

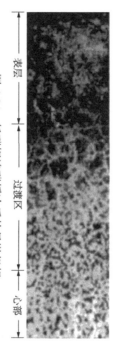

表层　　过渡区　　心部

图 4-24　低碳钢渗碳缓冷后的显微组织

3. 渗碳后的热处理

工作渗碳后的热处理工艺通常为淬火及低温回火。根据工件材料和性能的要求不同，渗碳后的淬火可采用直接淬火或一次淬火。工件经渗碳淬火及低温回火后，表层组织为回火马氏体和细粒状碳化物，表面硬度可高达 58~64HRC；心部组织取决于钢的淬透性，常为低碳马氏体或珠光体+铁素体组织，硬度较低，体积膨胀较小，合在表层产生压应力，有利于提高工件的疲劳强度。因此，工件渗碳淬火及低温回火后表面具有高的硬度和耐磨性，而心部韧性良好。

二、渗氮

渗氮也称氮化，是指在一定温度下使活性氮原子渗入工件表面，形成含氮硬化层的化学热处理工艺。其目的是提高零件表面硬度、耐磨性、疲劳强度、热硬性和耐蚀性等。

常用的渗氮方法有气体渗氮、离子渗氮、氮碳共渗（软氮化）等。生产中应用较多的是气体渗氮。气体渗氮是将氨气通入加热至渗氮温度的密封渗氮炉中，使其分解出活性氮原子（$2NH_3 \rightarrow 3H_2 + 2[N]$）并被钢件表面吸收，扩散形成一定厚度的渗氮层。当达到要求的渗氮层深度后，工件随炉降温到 200℃停止供氮，即可出炉空冷。为保证工件心部的力学性能，渗氮前工艺应进行调制处理。

渗氮主要缺点是工艺时间太长，例如得到 0.3~0.5mm 的渗氮层，一般需要 20~50h，而得到相同厚度的渗碳层只需要 3h 左右。渗氮成本高，渗氮层薄（0.3~0.6mm）而脆。

一般零件氮化工艺路线如下：

锻造→退火→粗加工→调质→精加工→除应力→粗磨→氮化→精磨或研磨。

三、碳氮共渗

碳氮共渗是同时向钢件表面渗入碳和氮原子的化学热处理工艺，也俗称为氰化。碳氮共渗零件的性能介于渗碳与渗氮零件之间。目前中温（780~880℃）气体碳氮共渗和低温（500~600℃）气体氮碳共渗（即气体软氮化）的应用较为广泛。前者主要以渗碳为主，用于提高结构件（如齿轮、蜗轮、轴类件）的硬度、耐磨性和疲劳性；而后者主要以渗氮为主，主要用于提高模具的表面硬度、耐磨性和抗咬合性。

碳氮共渗常选用低碳钢或低碳合金钢，其渗后可直接淬火和低温回火，其渗层组织为：细片（针）回火马氏体加少量粒状碳氮化合物和残余奥氏体，硬度为 58~63HRC；心部组织和硬度取决于钢的成分和淬透性。

第六节 钢的热处理新技术

随着科学技术的迅猛发展，热处理技术也发生着深刻的变化。先进热处理技术正走向定量化、智能化和精确控制的新水平，各种工程和功能新材料、新工艺，为热处理技术提供了更加广阔的应用领域和发展前景。近代热处理技术的主要发展方向可以概括为八个方面,即少无污染、少无畸变、少无质量分散、少无能源浪费、少无氧化、少无脱碳、少无废品、少无人工。

一、可控气氛热处理

在炉气成分可控的热处理炉内进行的热处理称为可控气氛热处理。其目的是为了有效地进行渗碳、碳氮共渗等化学热处理,或防止工件加热时的氧化、脱碳。通过建立气体渗碳数学模型、计算机碳势优化控制及碳势动态控制,可实现渗碳层浓度分布的优化控制、层深的精确控制,大大提高生产效率。

二、真空热处理

真空热处理是在 0.0133~1.33Pa 真空度的真空介质中对工件进行热处理的工艺。真空热处理具有无氧化、无脱碳、无元素贫化的特点,可以实现光亮热处理,可以使零件脱脂、脱气,避免表面污染和氢脆;同时可以实现控制加热和冷却,减少热处理变形,提高材料性能;还具有便于自动化、柔性化和清洁热处理等优点。近年已被广泛采用,并获得迅速发展。

三、形变热处理

形变热处理,就是将形变强化与相变强化综合起来的一种复合强韧化处理方法。从广义上来说,凡是将零件的成形工序与组织改善有效结合起来的工艺都叫形变热处理。

根据形变与相变的关系,形变热处理可分为三种基本类型:在相变前进行形变;在相变中进行形变;在相变后进行形变。这三种类型的形变热处理,都能获得形变强化与相变强化的综合效果。现仅介绍相变前形变的高温形变热处理和中温形变热处理。

1. 高温形变热处理

高温形变热处理是将钢材加热到奥氏体区域后进行塑性变形,然后立即进行淬火和回火,例如热锻淬火和热轧淬火。此工艺能获得较明显的强韧化效果,与普通淬火相比,强度可提高 10%~30%,塑性可提高 40%~50%,韧性成倍提高。图 4-25 为高温形变热处理示意图。

2. 中温形变热处理

中温形变热处理是将工件加热到奥氏体区域后急冷至过冷奥氏体的亚稳定区,立即对过冷奥氏体进行塑性变形(变形量为 70%~80%),然后再进行淬火和回火。此工艺与普通淬火比较,在保持塑性、韧性不降低的情况下,大幅度地提高钢的强度、疲劳强度和耐磨性,特别是强度可提高 300~1000MPa。图 4-26 为中温形变热处理示意图。

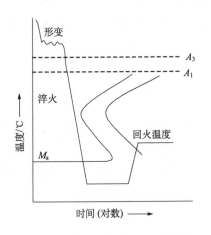
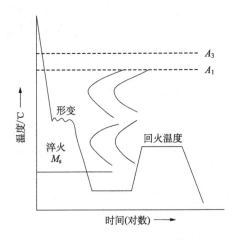

图 4-25　高温形变热处理示意图　　　　　　图 4-26　中温形变热处理示意图

四、表面技术

表面技术是指改变零件的表面质量或表面状态，使其达到耐磨、耐蚀、美观及精度要求的工艺，包括电镀、喷涂、涂装、氧化等。随着社会发展和人类生活需求的提高，产品的外观装饰显得越来越重要，所以表面处理工艺也得到迅速的发展。

1. 化学气相沉积法

化学气相沉积是在高温下将炉内抽成真空或通入氢气，然后通入反应气体并在炉内产生化学反应，使工件表面形成覆层的方法，简称 CVD 法。

CVD 法的反应温度多在 1000℃以上，它包括以下三个过程：

（1）产生挥发性运载化合物，如 CH_4、H_2、$TiCl_4$ 等。

（2）将挥发性化合物输送到沉淀区。

（3）发生化学反应生产固态产物（如 TiC 等）。

这种化学气相沉积方法可进行钛、钽、锆、铌等碳化物和氮化物的沉积。由于化学气相沉积反应温度高，并需要通入大量氢气，操作不当易产生爆炸，而且工件易产生氢脆，排出的废气含有 HCl 危害气体等缺点，近年来发展了物理气相沉积方法。

2. 物理气相沉积法

物理气相沉积是把金属蒸气离子化后在高压静电场中使离子加速并直接沉积于金属表面形成覆层的方法，简称 PVD 法。它具有沉积温度低、沉积速度快、渗层成分和结构可控制、无公害等特点。物理气相沉积方法较多，比较常用的为真空溅射、真空蒸发、离子镀。

习 题

1. 金属固态相变有哪些主要特征？哪些因素构成相变的阻力？

2. 何为奥氏体晶粒度？说明奥氏体晶粒大小对钢的性能的影响。

3. 试比较贝氏体转变与珠光体转变和马氏体转变的异同？

4. 何为魏氏组织？简述魏氏组织的形成条件、对钢的性能的影响以及其消除方法。

5. 比较珠光体、索氏体、托氏体和回火珠光体、回火索氏体和回火托氏体的组织和性能。

6. 阐述获得粒状珠光体的两种方法。

7. 何为钢的退火？退火种类及用途如何？

8. 何为钢的正火？目的如何？有何应用？

9. 淬火的目的是什么？淬火方法有几种？比较几种淬火方法的优缺点？

10. 何为钢的淬透性和淬硬？影响钢的淬透性、淬硬性和淬透层深度的因素是什么？

11. 为了减少淬火冷却过程中的变形和开裂，应当采取什么措施？

12. 何为调质处理？回火索氏体比正火索氏体的力学性能为何较优越？

13. T10 钢经过何种热处理可以获得下列组织？

（1）粗片状珠光体+少量球状渗碳体；

（2）细片状珠光体；

（3）细球状珠光体；

（4）粗球状珠光体。

第五章 工 业 用 钢

钢是一种非常重要的工程材料,在机械制造产品中钢铁材料约占95%以上。按化学成分可分为碳素钢和合金钢两大类。碳钢的主要成分为 Fe、C 除此之外还含有少量的 Mn、Si、S、P 等元素。由于碳钢冶炼较容易,价格较低,又具有良好的工艺性能。可以满足一般工程机械、普通机械零件、工具及日常轻工业产品的使用要求,因此在工业上得到了良好的应用。在我国碳钢的产量约占钢产量的 90%。但是,随着工业的发展,碳钢的性能已不能满足越来越高的要求,所以人们研制了各种合金钢。合金钢是在碳钢的基础上有目的地加入某些元素从而得到多元合金。其性能较碳钢有显著提高,能够满足多种性能多种用途的要求,因此应用日益广泛。

按用途可将钢分为结构钢、工具钢、特殊性能钢三大类:

(1)结构钢。工程结构用钢:主要有碳素结构钢、低合金高强度结构钢等。机械结构用钢:主要有优质碳素结构钢、合金结构钢、弹簧钢及滚动轴承钢等。

(2)工具钢。根据用途不同,可分为刃具钢、模具钢与量具钢。

(3)特殊性能用钢。主要有不锈钢、耐热钢、耐磨钢等。

按钢的冶金质量和钢中有害元素 S、P 含量分类:

(1)普通质量钢。$\omega_P \leqslant 0.035\% \sim 0.045\%$、$\omega_S \leqslant 0.035\% \sim 0.050\%$。

(2)优质钢。ω_P、ω_S 均 $\leqslant 0.035\%$。

(3)高级优质钢。ω_P、ω_S 均 $\leqslant 0.025\%$,牌号后加"A"表示。

按化学成分分类:

(1)碳素钢。按含碳量可分为低碳钢($\omega_C \leqslant 0.25\%$);中碳钢($\omega_C \leqslant 0.25\% \sim 0.6\%$);高碳钢($\omega_C > 0.6\%$)。

(2)合金钢。按合金元素含量又可分为低合金钢($\omega_{Me} < 5\%$);中合金钢($\omega_{Me} = 5\% \sim 10\%$);高合金钢($\omega_{Me} > 10\%$)。

第一节 钢中常存杂质对其性能的影响

钢在冶炼生产(炼铁、炼钢)过程中,不可避免地带入少量的常存元素,如 Mn、Si、S、P 等。这些元素通常是由矿石及冶炼等方面的原因进入钢中的,统称为杂质。它们对钢的质量有较大的影响。

一、锰的影响

锰对碳钢的机械性能具有良好的影响,它能提高钢的强度和硬度,当锰质量分数<0.8%时,可以稍微提高或不降低钢的塑性和韧性。锰提高强度的原因是它溶入铁素体会引起

固溶强化，并使钢材在热轧后冷却时得到片层较细、强度较高的珠光体。

二、硅的影响

硅在钢中是一种有益元素。在室温下，硅能溶于铁素体，对钢有一定的强化作用，但硅质量分数较高时将使钢的塑性和韧性下降。硅在碳钢中的含量一般<0.4%，在沸腾钢中硅的质量分数很低，而镇静钢中的含硅质量分数较高。

三、硫的影响

硫是钢中的有害元素，它是在炼钢时由矿石和燃料带到钢中来的杂质。在固态下，硫在铁中的溶解度极小，主要以 FeS 的形态存在于钢中。硫最大的危害是引起钢在热加工时开裂，这种现象称为热脆。造成热脆的主要原因是由于 FeS 的严重偏析。即使钢中的硫含量不高，也会出现(Fe+FeS)共晶。(Fe+FeS)共晶的融化温度很低(989℃)，当钢加热到约 1200℃进行热压力加工时，晶界上的共晶体已熔化，从而导致热加工时开裂。

防止热脆的方法是往钢中加入适量的锰。锰与硫先形成高熔点（1620℃）的 MnS，并呈粒状分布在晶粒内，它在高温下具有一定的塑性，故不会产生热脆。在一般工业用钢中锰质量分数常为含硫质量分数的 5~10 倍。

通常情况下硫是有害的元素，在钢中应严格控制硫的含量。但硫能够提高钢的切削加工性，在易切削钢中，含硫质量分数通常为 0.08%~0.2%，同时锰含量为 0.5%~1.2%。

四、磷的影响

一般来说，磷是有害的杂质元素，它是由矿石和生铁等炼钢原料带入。磷具有强烈的固溶强化作用，使钢的强度、硬度增加，但塑性、韧性显著降低。这种脆化现象在低温时更为显著，所以称之为冷脆。冷脆对高寒地带工作下的结构件具有严重的危害性。此外，磷的偏析还使钢材在热轧后形成带状组织。

在一定条件下磷也具有一定的有益作用。比如，它可以降低铁素体的韧性，可以用来提高钢的切削加工性。它与铜共存时，可以显著提高钢的抗大气腐蚀能力。

除了上述介绍的四种元素外钢中还有其他杂质元素，比如 O、N、H 等。它们是在炼钢过程中，少量的炉渣、耐火材料及冶金中反应产物所带入的。这些杂质元素的存在也会对钢的性能产生一定的影响。尤其是氢对钢的危害性更大，它使钢变脆（称为氢脆），也可使钢中产生微裂纹（称为白点），严重影响钢的力学性能，使钢容易产生脆断。

第二节 合金元素在钢中的主要作用

加入适当的化学元素来改变金属性能的方法叫做合金化。为了改善和提高钢的力学性能或使之获得某些特殊的物理、化学性能而特定在钢中加入的、含量在一定范围的化学元素称为合金元素，这种钢称之为合金钢。在合金钢中经常加入的合金元素有 Mn、Si、Cr、Ni、W、Mo、V、Ti、Nb、Zr、B 和稀土元素（RE）等。

一、合金元素在钢中的存在形式

根据合金元素的种类、特征、含量和钢的冶炼方法、热处理工艺不同，合金元素的存在形式主要有三种：固溶体、化合物、游离态。

1. 固溶体

合金元素溶入钢中的铁素体、奥氏体和马氏体中，以固溶体的溶质形式存在。此时，合金元素的直接作用是固溶强化，此时钢的强度、硬度升高，而塑性、韧性降低。图 5-1 为钢中常见合金元素对铁素体硬度和韧性的影响，从图中可以看到，P、Si、Mn 的固溶强化效果最显著，但当其含量超过一定量后，铁素体的韧性将急剧下降，所以应限制这些合金元素的含量。特别的是 Ni 元素在增加钢的强度、硬度的同时，韧性不但不降低反而会提高。

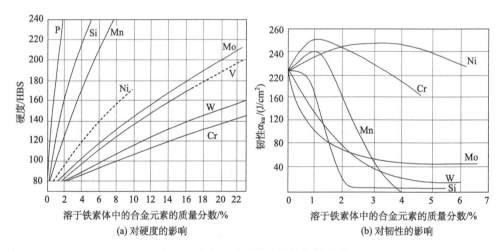

(a) 对硬度的影响   (b) 对韧性的影响

图 5-1 合金元素对铁素体性能的影响

2. 化合物

合金元素与钢中的碳、其他合金元素及常存杂质元素之间可以形成各种化合物，其中以它们和碳之间形成的碳化物最为重要。碳化物的主要形式有合金渗碳体，如

(Fe,Mn)$_3$C 等；特殊碳化物，如 VC、TiC、WC、MoC 等。所以可将合金元素分为两大类：碳化物形成元素，它们比铁具有更强的亲碳能力，在钢中优先形成碳化物，依其强弱顺序为 Zr、Ti、Nb、V、W、Mo、Cr、Mn、Fe 等。非碳化物形成元素，主要包括 Ni、Si、Co、Al 等，它们一般固溶于固溶体中，或生成其他化合物如 AlN。

碳化物一般具有硬而脆的特点，合金元素的亲碳能力越强，所形成的碳化物就越稳定，并具有高硬度、高熔点、高分解温度。合金元素形成碳化物的主要作用是弥散强化，即钢的强度、硬度与耐磨性提高，但塑性、韧性下降，并有可能获得某些特殊性能（如高温热强性）。

在某些高合金钢中，金属元素之间还可能形成金属间化合物，如 FeSi、FeCr、Fe$_2$W、Ni$_3$Al、Ni$_3$Ti 等，它们在钢中的作用类似于碳化合物。而合金元素与钢中常存杂质元素（O、N、S、P 等）所形成的化合物，如 Al$_2$O$_3$、SiO$_2$、TiO$_2$ 等，属于非金属夹杂物，它们在大多数情况下是有害的，主要降低了钢的强度，尤其是降低了韧性与疲劳性能。

3. 游离态

钢中有些元素如 Pb、Cu 等难溶于铁，也不易生成化合物，而是以游离状态存在。在某些条件下钢中的碳也可能以自由状态（石墨）存在。通常情况下，游离态元素将对钢的性能产生不利影响，所以应该避免此种存在形式。

二、合金元素对铁-渗碳体相图的影响

在碳钢中加入合金元素，将使铁-渗碳体相图发生改变。

1. 改变奥氏体区的范围

合金元素对奥氏体区发生两种方式的影响。Ni、Co、Mn 等元素的加入将使奥氏体区扩大，GS 线向左下方移动，使 A_3 及 A_1 温度有所下降[见图 5-2（a）]。但 Cr、W、Mo、V、Ti、Al、Si 等元素则将缩小奥氏体区，GS 线向左上方移动，使 A_3 及 A_1 温度升高[见图 5-2（b）]。

如果钢中含有大量扩大奥氏体区的元素，将会使相图中奥氏体区一直延展到室温以下。所以它在室温下的平衡组织是稳定的单相奥氏体，这种钢被称为奥氏体钢。当钢中加入大量缩小奥氏体区的元素时，可能会使奥氏体区完全消失，此时，钢在室温下的平衡组织是单相的铁素体，这种钢被称为铁素体钢。

2. 改变 S、E 点位置

由图 5-2 可见，只要能扩大奥氏体区的元素，都会使 S、E 点向左下方移动；只要能缩小奥氏体区的元素，都会使 S、E 点向左上方移动。所以，大多数合金元素都会使 S、E 点左移。S 点向左移动，意味着降低了共析点的含碳量，使含碳量相同的碳钢与合金钢具有不同的显微组织。如 ω_C=0.4%碳钢具有亚共析组织，当加入 ω_{Cr}=14%后，会使 S

点左移，该合金钢具有过共析钢的平衡组织。E 点左移，使莱氏体的含碳量降低，如高速钢中 $\omega_C < 2.11\%$，但在铸态组织中却出现合金莱氏体，这种钢称为莱氏体钢。

由于合金元素的影响，要判断合金钢是亚共析钢还是过共析钢，以及确定其热处理加热或缓冷时的相变温度，就不能单纯的根据铁-渗碳体相图，而应根据多元铁基合金系相图来进行分析。

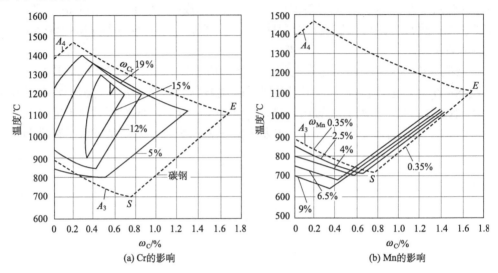

图 5-2　合金元素对 Fe-Fe₃C 相图 γ 相区的影响

三、合金元素对钢相变过程的影响

对于大多数合金钢来说，所要求的性能主要是通过合金元素对相变过程的作用来实现的。因此，合金元素对钢相变过程的影响具有特别重要的意义。

1. 合金元素对奥氏体形成的影响

合金元素对奥氏体形成的影响，主要表现在改变奥氏体的形成速度和阻止奥氏体晶粒长大两个方面。

合金钢在加热时，奥氏体的形成过程基本上与碳钢相同，但奥氏体的形成速度有所不同。由于合金元素的加入会改变碳在钢中的扩散速度，因而也改变奥氏体的形成速度。Ni 和 Co 可提高碳在奥氏体中的扩散速度而增大奥氏体的形成速度；碳化物形成元素 Cr、Mo、W、V 等，则显著降低碳的扩散速度而大大减小奥氏体的形成速度；其他元素如 Si、Al 对奥氏体的形成速度影响不大。

除 Mn、P 外，几乎所有合金元素都能阻止奥氏体晶粒长大，起细化晶粒作用。合金元素形成碳化物的倾向越大，所形成的碳化物的熔点越高、越稳定，在加热时越难溶于奥氏体中，而是存在于奥氏体晶界上，强烈地阻止奥氏体晶粒长大。其中以强碳化物形成元素 Ti、V 等作用最大；弱碳化物形成元素 W、Mo、Cr 等作用中等；非碳化物形成元素 Ni、Si 等作用不大；只有 Mn、P 是促进奥氏体晶粒长大的元素。因此，对于含有强碳化物形成元素的合金钢，即使采用较高淬火温度和较长的保温时间，钢的晶粒也不会粗大。但对于锰钢来说，由于其奥氏体晶粒易于长大，即过热敏感性大，所以，在淬火时应严格控制加热规范。

2. 合金元素对钢冷却转变的影响

1）合金元素对过冷奥氏体等温转变的影响

合金元素（Co 除外）溶入奥氏体后，降低原子扩散速度，使奥氏体稳定性增加，从而使 C 曲线位置右移。

合金元素不仅使 C 曲线位置右移，而且对 C 曲线形状也有影响。非碳化物形成元素及弱碳化物形成元素，使 C 曲线右移。含有这类元素的低合金钢，其 C 曲线形状与碳钢相似，只具有一个鼻尖[见图 5-3(a)]。当碳化物形成元素溶入奥氏体后，由于它们对推迟珠光体转变与贝氏体转变的作用不同，使 C 曲线出现两个鼻尖，曲线分解成珠光体和贝氏体两个转变区，而两区之间，过冷奥氏体具有很大的稳定性[见图 5-3(b)]。

由于合金元素使 C 曲线右移，降低了钢的马氏体临界冷却速度，增大了钢的淬透性。特别是多种元素同时加入，对钢淬透性的提高远比各元素单独加入时大，所以目前淬透性好的钢，多采用"多元少量"的合金化原则。

合金钢淬透性好，这在生产中具有以下的实际意义：合金钢淬火时，大多数可用冷却能力较弱的淬火剂，或采用分级淬火、等温淬火，故可以减少工件变形与开裂的倾向；可增加大截面工件的淬硬深度，从而获得较高的、沿截面均匀的力学性能；某些合金钢（如高速钢、不锈钢）由于含有大量提高淬透性的合金元素，过冷奥氏体非常稳定，甚至空冷后也能形成马氏体，这类钢称为马氏体钢。

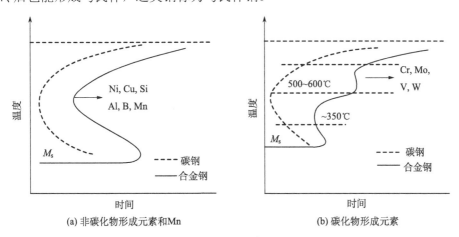

(a) 非碳化物形成元素和Mn　　　　　　(b) 碳化物形成元素

图 5-3　合金元素对 A 体等温转变图的影响

2）合金元素对过冷奥氏体向马氏体转变的影响

合金元素（除 Co、Al 外）溶入奥氏体后，使马氏体转变温度 M_s 及 M_f 降低，其中锰、铬、镍作用较强。实践表明，M_s 愈低，则淬火后钢中残余奥氏体的数量就愈多。因此，凡使 M_s 降低的元素，均使残余奥氏体数量增加。

3. 合金元素对淬火钢回火转变的影响

合金元素对淬火钢的回火转变一般起阻碍作用，与碳钢一样，合金钢回火也经历马氏体分解、残余奥氏体转变、碳化物聚集长大和 α 固溶体的再结晶等阶段。合金元素对回火转变的影响主要表现在以下几点。

1）提高淬火钢的回火稳定性

淬火钢在回火时，抵抗软化的能力称为回火稳定性。不同的钢在相同温度回火后，强度、硬度下降较少的，其回火稳定性较高。

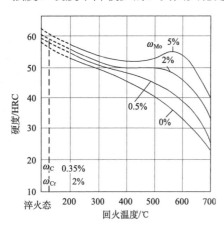

图 5-4　含 Mo 量对钢回火硬度的影响

由于合金元素溶入马氏体，使原子扩散速度减慢，因而在回火过程中马氏体不易分解，碳化物不易析出，析出后也较难聚集长大，使合金钢在相同温度回火后强度、硬度下降较少，即比碳钢具有较高的回火稳定性。图 5-4 为合金元素对钢回火硬度的影响。

合金钢回火稳定性较高，一般是有利的。在达到相同硬度的情况下，合金钢的回火温度比碳钢高，回火时间也应适当增长，可进一步消除残余应力，因而合金钢的塑性、韧性较碳钢好。在同一温度回火时，合金钢的强度、硬度也比碳钢高。

2）回火时产生二次硬化现象

钢在回火时出现硬度回升的现象，称为二次硬化。

造成合金钢在回火时产生二次硬化的原因主要有两点：①回火温度升高到 500~600℃ 时，会从马氏体中析出特殊碳化物，如 W_2C、Mo_2C、VC 等，析出的碳化物高度弥散分布在马氏体基体上，并与马氏体保持共格关系，阻碍位错运动，使钢的硬度反而有所提高。②在某些高合金的钢淬火组织中，残余奥氏体量较多，且十分稳定，当加热到 500~600℃ 时仍不分解，仅是析出一些特殊碳化物，但由于特殊碳化物的析出，使残余奥氏体中碳及合金元素浓度降低，提高了 M_s 温度，故在随后的冷却时就会有部分残余奥氏体转变为马氏体，使钢的硬度提高。二次硬化现象对需要具有较高红硬性的工具钢具有重要意义。

3）回火时产生第二类回火脆性

某些合金钢淬火后在 450~650℃范围内回火时出现的回火脆性，称为第二类回火脆性（高温回火脆性）。

第二类回火脆性的特点是：通常在脆化温度范围内回火后缓冷，才出现脆性。出现这类回火脆性后，再次回火时，采用短期加热并快速冷却的方法，可消除脆性。已经消除了回火脆性的钢，如果重新加热到脆性区温度回火，随后用慢冷，则脆性又出现。这种回火脆性具有可逆性，也称为可逆回火脆性。

产生第二类回火脆性的原因，一般认为与杂质及某些合金元素向晶界偏聚有关。实践证明，各类合金结构钢都有第二类回火脆性倾向，只是程度不同而已。目前减轻或消除第二类回火脆性的方法有：提高钢的纯洁度，减少杂质元素的含量；小截面工件在脆化温度回火后快冷；大截面工件则采用含有钨或钼的合金钢，可使回火后缓冷也不产生回火脆性。

第三节　钢的分类和编号原则

对品种数量极多的钢进行科学的分类与准确合理的表示，不仅关系到钢产品的生产、加工、使用和管理等工作，对学习和掌握正确选用钢材也具有重要的意义。

一、钢的分类

按钢的化学成分，可分为碳素钢与合金钢两大类。其中碳钢按含碳量又可分为低碳钢（$\omega_C \leqslant 0.25\%$）、中碳钢（$\omega_C =0.25\%~0.6\%$）、高碳钢（$\omega_C > 0.6\%$）；合金钢按合金元素含量也可分为低合金钢（$\omega_C \leqslant 5\%$）、中合金钢（$\omega_C=5\%~10\%$）、高合金钢（$\omega_C >10\%$）。

按钢的质量等级分，有普通钢、优质钢和高级优质钢。

按钢的主要用途分为结构钢、工具钢、特殊性能钢、专业用钢等。

二、钢的编号原则

1. 碳素钢的编号方法

（1）碳素结构钢。碳素结构钢牌号表示方法由代表屈服点屈字的汉语拼音字母 Q、屈服点数值、质量等级符号（A、B、C、D）及脱氧方法（F、b、Z、TZ）四个部分按顺序组成。例如 Q235-A.F，即表示屈服点为 235MPa、A 等级质量的沸腾钢。F、b、Z、TZ 依次表示沸腾钢、半镇静钢、镇静钢、特殊镇静钢，一般情况下符号 Z、TZ 在牌号表示中可以省略。

（2）优质碳素结构钢。其牌号用两位数表示。例如 45 钢，表示平均 $\omega_C=0.45\%$；08 钢表示平均 $\omega_C=0.08\%$。优质碳素结构钢按锰的质量分数不同，分为普通锰（$\omega_{Mn}=0.25\%~0.80\%$）较高锰（$\omega_{Mn}=0.70\%~1.20\%$）两组钢。较高锰的优质碳素结构钢牌号数字后加"Mn"，如 45Mn。

（3）碳素工具钢。其牌号前加"T"，后面的数字表示平均碳的质量分数的千倍。碳素工具钢分优质和高级优质两类。若为高级优质钢，在数字后面加"A"字。例如 T8A 钢，表示平均 ω_C=0.8%的高级优质碳素工具钢。对含较高锰的（ω_{Mn}=0.40%~0.60%）的碳素工具钢，则在数字后面加"Mn"，如 T8Mn、T8MnA 等。

（4）铸造碳钢。其牌号用"ZG"，后面第一组数字为屈服点数值（单位：MPa），第二组数字为抗拉强度（单位：MPa）。例如 ZG200-400，表示屈服点 σ_s（或 $\sigma_{0.2}$）≥200MPa，抗拉强度 σ_b≥400MPa 的铸造碳钢件。

2. 合金钢的编号方法

（1）低合金高强度钢。其牌号由汉语拼音字母"Q"、屈服点数值、质量等级符号（A、B、C、D、E）三个部分按顺序排列组成。例如 Q390A，表示屈服点 σ_s=390MPa、质量等级 A 的低合金高强度结构钢。

（2）合金结构钢。其牌号由"两位数字+元素符号+数字"三部分组成。前面两位数字代表钢中平均碳的质量分数的万倍，元素符号表示钢中所含的合金元素，后面的数字表示该元素的平均质量分数的百倍。合金元素的平均质量分数 ω_{Me}<1.5%时，一般只标明元素而不标明数值；当合金元素的平均质量分数≥1.5%、≥2.5%、≥3.5%、…时，则在合金元素的后面相应的标出 2、3、4、…。例如 40Cr，其平均含碳质量分数 ω_C=0.4%，平均 Cr 的质量分数 ω_{Cr}< 1.5%。如果是高级优质钢，则在牌号的末尾加"A"。

合金弹簧钢的牌号表示方法同合金结构钢。例如 60Si2Mn，其平均碳的质量分数 ω_C=0.6%，平均 Si 的质量分数 ω_{Si}=2%，平均 Mn 的质量分数 ω_{Mn}< 1.5%，若为高级优质，也在牌号末尾加"A"。

（3）滚动轴承钢。在牌号前面加"G"后面数字表示铬的质量分数的千倍，其碳的质量分数不标出。例如 GCr15 钢，就是平均 Cr 的质量分数 ω_{Cr}=1.5%的滚动轴承钢。滚动轴承钢都是高级优质钢，但牌号后不加"A"。

（4）合金工具钢。这类钢的编号方法与合金结构钢的区别仅在于：当 ω_C≥1%时，则不予标出。例如 Cr12MoV 钢，其平均碳的质量分数为 ω_C=1.45%~1.75%，所以不标出；Cr 的平均质量分数 ω_{Cr}=12%，Mo 和 V 的质量分数都小于 1.5%，故不标出。又如 9SiCr 钢，其平均 ω_C=0.9%，平均 ω_{Si}、ω_{Cr} 均<1.5%。不过高速工具钢例外，其平均碳的质量分数无论多少均不标出。另外，因合金工具钢及高速工具钢都是高级优质钢，所以它的牌号后面也不必再标"A"。

（5）不锈钢与耐热钢。这类钢牌号前面数字表示碳的质量分数的千倍。例如 3Cr13 钢，表示平均 ω_C=0.3%，平均 ω_{Cr}=13%。当碳的质量分 ω_C≤0.03%及 ω_C≤0.08%时，则在牌号前面分别冠以"00"及"0"表示，例如 00Cr17Ni14Mo2、0Cr19Ni9 钢等。

第四节　结　构　钢

一、碳素结构钢

1. 普通质量碳素结构钢

碳素结构钢的平均 ω_C 在 $0.06\%\sim0.38\%$ 范围内，钢中含有有害元素和非金属夹杂物较多，但性能上能满足一般工程结构及普通零件的要求，因而应用较广。它通常轧制成钢板或各种型材供应。表 5-1、表 5-2 为碳素结构钢牌号、成分与力学性能。

表 5-1　碳素结构钢牌号及化学成分（GB/T 700—1988）

牌　号	等　级	化　学　成　分					脱氧方法
		ω_C/%	ω_{Mn}/%	ω_{Si}/%	ω_S/%	ω_P/%	
					≤		
Q195	—	0.06~0.12	0.25~0.50	0.30	0.050	0.045	F、b、Z
Q215	A	0.09~0.15	0.25~0.55	0.30	0.050	0.045	F、b、Z
	B				0.045		
Q235	A	0.14~0.12	0.30~0.65	0.30	0.050	0.045	F、b、Z
	B	0.12~0.20	0.30~0.70		0.045		
	C	≤0.18	0.35~0.80		0.040	0.040	Z
	D	≤0.17			0.035	0.035	TZ
Q255	A	0.18~0.28	0.40~0.70	0.30	0.050	0.045	Z
	B				0.045		
Q275	—	0.28~0.38	0.50~0.80	0.35	0.050	0.045	Z

注：Q235A、B 级沸腾钢锰含量上限为 0.60%。

碳素结构钢一般以热轧空冷状态供应。Q215、Q235、Q255 牌号的碳素结构钢，当质量等级为"A"、"B"级时，在保证力学性能的要求下，化学成分可根据需求做适当调整。

Q195 钢含碳量很低，强度不高，但具有良好的焊接性能和塑性、韧性，常作铁钉、铁丝及各种薄板，如黑铁皮、白铁皮、马口铁。也可用来代替优质碳素结构钢 08 钢或 10 钢，制造冲压、焊接结构件。

Q275 钢属于中碳钢，强度较高，可代替 30 钢、40 钢用于制造稍重要的某些零件（如齿轮、链轮等），以降低原料成本。

其余三个牌号中 A 级钢，一般用于不经锻压、热处理的工程结构件或普通零件（如制作机器中受力不大的螺钉、螺母等）；有时也可制造不重要的渗碳件。B 级钢常用于制造稍重要的机器零件和作船用钢板，并可替代相应含碳量的优质碳素结构钢。

表 5-2　碳素结构钢力学性能（GB/T 700—1988）

牌号	等级	屈服点 σ_s/MPa 钢材厚度（直径）/mm						抗拉强度 σ_b/MPa	伸长率 δ_5/% 钢材厚度（直径）/mm						冲击试验 V 型冲击吸收功（纵向）	
		≤16 ⩾	>16~40	>40~60	>60~100	>100~150	>150		≤16 ⩾	>16~40	>40~60	>60~100	>100~150	>150	温度 /℃	收功 A_{kv}/J ⩾
Q195	—	(195)	(185)	—	—	—	—	315~390	33	32	—	—	—	—	—	—
Q215	A	215	205	195	185	175	165	335~410	31	30	29	28	27	26	—	—
	B														20	27
Q235	A	235	225	215	205	195	185	375~460	26	25	24	23	22	21	—	—
	B														20	
	C														0	27
	D														-20	
Q255	A	255	245	235	225	215	205	410~510	24	23	22	21	20	19	—	—
	B														20	27
Q275	—	275	265	255	245	235	225	490~610	20	19	18	17	16	15	—	—

2. 优质碳素结构钢

这类钢在供应时，必须同时保证化学成分和力学性能，而且较碳素结构钢规定更严格。其硫磷含量较低，其 ω_S、ω_P 均≤0.035%，通常以热轧材、冷轧材或锻材供应，主要作为机械制造用钢。

其基本性能和应用范围主要取决于钢的含碳量，同时钢中残余锰含量也对其性能和应用范围有一定影响。根据锰含量的不同，分为普通锰含量钢（ω_{Mn}=0.25%~0.80%）和较高锰含量钢（ω_{Mn}=0.70%~1.2%）两组，由于锰能改善钢的淬透性、强化固溶体及抑制硫的热脆作用，因此较高锰含量钢的强度、硬度、耐磨性及淬透性较优，且其塑性、韧性几乎不受影响。表 5-3 为优质碳素结构钢的牌号、力学性能和应用举例。

表 5-3　优质碳素结构钢的力学性能和用途

钢号	力学性能（≥）					应用举例
	σ_s/MPa	σ_b/MPa	δ_5/%	ψ/%	A_k/J	
08F	175	295	35	60	—	低碳钢强度、硬度低，塑性、韧性好，冷塑性加工性和焊接性能优良，切削加工性欠佳，热处理强化效果不够显著。其中碳含量较低的钢如08（F）、10（F）常轧制成薄钢板，广泛用于深冲压和深拉延制品；碳含量较高的钢（15~25）可用作渗碳钢，用于制造表硬心韧的中、小尺寸的耐磨零件
08	195	325	33	60	—	
10F	185	315	33	55	—	
10	205	335	31	55	—	
15F	205	355	29	55	—	
15	225	375	27	55	—	
20	245	410	25	55	—	
25	275	450	23	50	71	
30	295	490	21	50	63	中碳钢的综合力学性能较好，热塑性加工性和切削加工性较佳，冷变形能力和焊接性能中等。多在调制或正火状态下使用，还可用于表面淬火处理以提高零件的疲劳性能和表面耐磨性。其中45钢应用最为广泛
35	315	530	20	45	55	
40	335	570	19	45	47	
45	355	600	16	40	39	
50	375	630	14	40	31	
55	380	645	13	35	—	
60	400	675	12	35	—	高碳钢具有较高的强度、硬度、耐磨性和良好的弹性，切削加工性中等，焊接性能不佳，淬火开裂倾向较大。主要用于制造弹簧、轧辊和凸轮等耐磨件与钢丝绳等，其中65钢是一种常见的弹簧钢
65	410	695	10	30	—	
70	420	715	9	30	—	
75	880	1080	7	30	—	
80	930	1080	6	30	—	
85	980	1130	6	30	—	

续表

钢号	力学性能（≥）					应用举例
	σ_s/MPa	σ_b/MPa	δ_5/%	ψ/%	A_k/J	
15Mn	245	410	26	55	—	
20Mn	275	450	24	50	—	
25Mn	295	490	22	50	71	
30Mn	315	540	20	45	63	
35Mn	335	560	19	45	55	应用范围基本同于对应的普通锰含量钢，但因
40Mn	355	590	17	45	47	淬透性较好、强度较高，可用于制作截面尺寸
45Mn	375	620	15	40	39	较大或强度要求较高的零件，其中以 65Mn 最
50Mn	390	645	13	40	31	常用
60Mn	410	695	11	35	—	
65Mn	430	735	9	30	—	
70Mn	450	785	8	30	—	

注：表中数据摘自 GB/T 699—1998，A_k 为调质处理值，试样毛坯尺寸 25mm。

二、合金结构钢

合金结构钢是指在优质碳素结构钢的基础上加入合金元素（如 Cr、Mn、Si、Ni、B 等）形成的。合金结构钢主要用于制造重要工程结构件和机器零件，它是工业上应用最广、用量最多的钢种。合金结构钢中 ω_C 可在 0.1%~1.1% 范围内变化，碳的质量分数不同，其热处理和用途亦不同，据此将合金结构钢分为低合金高强度结构钢、合金渗碳钢、合金调质钢、合金弹簧钢、高碳轴承钢。

1. 低合金高强度结构钢

低合金高强度结构钢广泛应用于制造在大气和海洋中工作的大型焊接结构件，例如建筑结构、桥梁、车辆、船舶、输油输气管道、压力容器等。

低合金高强度结构钢的牌号由代表屈服点的汉语拼音字母"Q"、屈服点数值、质量等级符号（A、B、C、D、E）三个部分按顺序排列，例如 Q390A。表 5-4 所列为低合金高强度结构钢的牌号、成分、力学性能与用途。

1）化学成分

低合金高强度结构钢含碳量较低，多数 ω_C=0.1%~0.2%，一般以少量的锰（0.8%~1.7%）为主加元素，硅的含量较碳素结构钢高（ω_{Si}≤0.55%）。为改善钢的性能，各牌号 A、B 级钢可加入 V、Nb、Ti、Al 等细化晶粒的元素，Q390、Q460 级钢可加入少量 Mo 元素。有时还在钢中加入少量的稀土元素，以消除钢中的有害杂质，改善夹杂物形状及分布，减弱其冷脆性。

表 5-4 低合金高强度结构钢的牌号、成分、力学性能与用途（GB/T 1591—1994）

牌号	质量等级	化学成分 ω/%								厚度或直径/mm	力学性能				用 途
		C≤	Mn	Si≤	P≤	S≤	V	Nb	Ti		σ_s/MPa	σ_b/MPa	δ_5/%	A_{kv}（纵向）20℃/J ≥	
Q295	A	0.16	0.80~1.50	0.55	0.045	0.045	0.02~0.15	0.015~0.060	0.02~0.20	≤16	295	390~570	23	34	桥梁、车辆、容器、油罐
	B	0.16		0.55	0.040	0.040				>16	275	390~570	23	34	
										~35					
Q345	A	0.20	1.00~1.60	0.55	0.045	0.045	0.02~0.15	0.015~0.060	0.02~0.20	≤16	345	470~630	21	34	桥梁、车辆、船舶、压力容器、建筑结构
	B	0.20		0.55	0.040	0.040							21	34	
	C	0.20		0.55	0.035	0.035				>16	325	470~630	22	34	
	D	0.20		0.55	0.030	0.030				~35			22	34	
	E	0.20		0.55	0.025	0.025							22	34	
Q390	A	0.20	1.00~1.60	0.55	0.045	0.045	0.02~0.20	0.015~0.060	0.02~0.20	≤16	390	490~650	19	34	桥梁、船舶、起重设备、压力容器
	B	0.20		0.55	0.040	0.040							19	34	
	C	0.20		0.55	0.035	0.035				>16	370	490~650	20	34	
	D	0.20		0.55	0.030	0.030				~35			20	34	
	E	0.20		0.55	0.025	0.025							20	34	
Q420	A	0.20	1.00~1.70	0.55	0.045	0.045	0.02~0.20	0.015~0.060	0.02~0.20	≤16	420	520~680	18	34	桥梁、高压容器、大型船舶、电站设备、管道
	B	0.20		0.55	0.040	0.040							18	34	
	C	0.20		0.55	0.035	0.035				>16	400	520~680	19	34	
	D	0.20		0.55	0.030	0.030				~35			19	34	
	E	0.20		0.55	0.025	0.025							19	34	
Q460	C	0.20	1.00~1.60	0.55	0.035	0.035	0.02~0.20	0.015~0.060	0.02~0.20	≤16	460	550~720	17	34	中温高压容器、锅炉、石油化工、高压厚壁容器
	D	0.20		0.55	0.030	0.030				>16	440	550~720	17	34	
	E	0.20		0.55	0.025	0.025				~35			17	34	

2）性能特点

（1）高的屈服点与良好的塑性、韧性。低合金高强度结构钢通过合金元素（主要是 Mn、Si）强化铁素体、细化铁素体晶粒（如 Al、V、Ti 等），增加珠光体数量以及加入能形成碳化物、氮化物的合金元素（V、Nb、Ti），使细小化合物从固溶体中析出，产生弥散强化作用。故低合金高强度结构钢的屈服点较碳素结构钢提高 30%~50%以上，特别是屈强比（σ_s/σ_b）的提高更为明显。

（2）良好的焊接性能。近代钢铁工程结构大都采用焊接结构，所以要求钢材具有良好的可焊性。低合金高强度结构钢的含碳量低、合金元素少、塑性好，不易在焊缝区产生淬火组织及裂纹，且加入 Nb、Ti、V 还可以抑制焊缝区的晶粒长大，故具有良好的可焊性。

（3）较好的耐蚀性。由于低合金高强度结构钢构件截面尺寸较小，又常在室外使用，故要求比碳素结构钢有更高的抵抗大气、海水、土壤腐蚀的能力。在低合金高强度结构钢中加入合金元素，可使耐蚀性明显提高，尤其是 Cu 和 P 复合加入时效果更好。表 5-4 低合金高强度结构钢的牌号、成分、力学性能与用途（GB/T 1591—1994）。

2. 合金渗碳钢

合金渗碳钢是指经过渗碳热处理后使用的低碳合金结构钢，主要用于制造在摩擦力、交变接触应力和冲击条件下工作的零件，如汽车、拖拉机、重型机床中的齿轮，内燃机的凸轮轴等。这些零件表面要求有高的硬度和耐磨性及高的接触疲劳强度，心部则要求有良好的韧性，只有采用经渗碳热处理后得到的合金渗碳钢才能满足上述性能要求。

1）成分及性能特点

渗碳钢的碳含量较低，ω_C 仅为 0.10%~0.25%，这样可以保证零件心部有足够的韧性。常加入的合金元素有 Cr、Ni、Mn、B，这些元素除了提高钢的淬透性，改善零件心部组织与性能外，还能提高渗碳层的强度与韧性，尤其以 Ni 的作用最为显著。此外钢中还加入微量的 V、Ti、W、Mo 等元素以形成特殊碳化物，阻止奥氏体晶粒在渗碳温度下长大，使零件在渗碳后能进行预冷直接淬火，并提高零件表面硬度和韧性。由此可见，渗碳钢具有较高的强度和韧性，较好的淬透性，同时具有优良的工艺性能，即使在 930~950℃高温下渗碳，其奥氏体晶粒也不会长大，这样既能使零件渗碳后表面获得高的硬度和耐磨性，又能使心部有足够的强度和韧性。

2）常用牌号及热处理

根据淬透性高低，将合金渗碳钢分为三类。

（1）低淬透性合金渗碳钢（σ_b=800~1000MPa）。如 20Mn2、20MnV、20Cr、20CrV 等，用于制造尺寸较小的零件，如小齿轮、活塞销等。

（2）中淬透性合金渗碳钢（σ_b=1000~1200MPa）。如 20CrMn、20CrMnTi、20MnTiB、20CrMnMo 等，其中应用最广泛的是 20CrMnTi 钢，用于制造承受高速、中速、冲击和

在剧烈摩擦条件工作的零件，如汽车、拖拉机的变速箱齿轮、离合器轴等。

（3）高淬透性合金渗碳钢（σ_b>1200MPa）。如 18Cr2Ni4WA 等，用于制造大截面、高负荷以及要求高耐磨性及良好韧性的重要零件，如飞机、坦克的曲轴、齿轮及内燃机车的主动牵引齿轮等。

合金渗碳钢的热处理一般都是渗碳后直接进行淬火和低温回火，其表层组织为细针状回火高碳马氏体+粒状碳化物+少量残余奥氏体，硬度为 58~64HRC，心部组织为铁素体（或托氏体）+低碳马氏体，硬度为 35~45HRC。常用合金渗碳钢的牌号、热处理、力学性能和用途见表 5-5。

表 5-5 常用合金渗碳钢的牌号、热处理、力学性能和用途（GB/T 3077—1999）

类别	牌号	热 处 理/℃			力 学 性 能					毛坯尺寸/mm	用 途
		预备处理	淬火	回火	σ_b/MPa	σ_s/MPa	δ_5/%	ψ/%	A_{ku}/J		
低淬透性渗碳钢	15	—	920 空（正火）	—	375	225	27	55	—	25	小轴、活塞销等
	20	—	910 空（正火）	—	410	245	25	55	—	25	活塞销等
	20Mn2	850~870	850 水、油	200	785	590	10	40	47	15	小齿轮、小轴、活塞销等
	20Cr	880 水、油	780~820 水、油	200	835	540	10	40	47	15	齿轮、小轴、活塞等
	20MnVB	—	880 水、油	200	785	590	10	40	55	15	同上，也可作为锅炉、高压容器、管道
	20CrV	880 水、油	880 水、油	200	835	590	12	45	55	15	齿轮、小轴、顶杆、活塞销、耐热垫圈
中淬透性渗碳钢	20CrMnMo	—	850 油	200	1175	885	10	45	55	15	汽车、拖拉机变速箱齿轮等
	20CrMnTi	880 油	870 油	200	1080	835	10	45	55	15	同上
	20MnTiB	—	860 油	200	1100	930	10	45	55	15	代 20CrMnTi
	20SiMnVB	850~880 油	900 油	200	1175	980	10	45	55	15	代 20CrMnTi
高淬透性渗碳钢	18Cr2Ni4WA	950 空	850 空	200	1175	835	12	45	78	15	重型汽车、坦克、飞机的齿轮和轴等
	12Cr2Ni4	860 油	780 油	200	1080	835	10	50	71	15	同上
	20Cr2Ni4	880 油	780 油	200	1175	1080	10	45	63	15	同上

注：优质钢中的硫、磷的质量分数均不大于 0.035%；高级优质钢中硫、磷的质量分数均不大于 0.025%。

3. 合金调质钢

合金调质钢是指经过调质处理（淬火+高温回火）后使用的中碳合金结构钢，主要用于制造受力复杂、要求综合力学性能的重要零件，如精密机床的主轴、汽车的后桥半轴、发动机的曲轴、连杆螺栓、锻床的锤杆等，这些零件在工作中承受弯曲、扭转或拉-拉、拉-压交变载荷与冲击载荷的复合作用，它们需要有高的塑性、韧性，即具有良好的综合力学性能。

1）成分及性能特点

合金调质钢的 ω_C 为 0.25%~0.50%，多为 0.40%左右，以保证钢经调质处理后有足够的强度和塑性、韧性。常加入的合金元素有 Mn、Cr、Si、Ni、B 等，它们的主要作用是增加淬透性，强化铁素体，有时加入微量的 V 以细化晶粒。对于含 Cr、Mn、Cr-Ni、Cr-Mn 的钢，常加入适量的 Mo、W，以防止或减轻第二类回火脆性。因此，合金调质钢淬透性好，调质处理后具有优良的综合力学性能，其力学性能的平均值为 $\sigma_s>800MPa$，$\sigma_b>980MPa$，$\delta>10$，$\psi>45$，$\alpha_k>50J/cm^2$。

2）常用牌号及热处理

根据淬透性将合金调质钢分为三类。

（1）低淬透性合金调质钢。如 40Cr、40MnB 等，用于制造截面尺寸较小或载荷较小的零件，如连杆螺栓、机床主轴等。

（2）中淬透性合金调质钢。如 35CrMo、38CrSi 等，用于制造截面尺寸较大、载荷较大的零件，如火车发动机曲轴、连杆等。

（3）高淬透性合金调质钢。如 38CrMoAlA、40CrNiMoA 等，用于制造截面尺寸大、载荷大的零件，如精密机床主轴、汽轮机主轴、航空发动机曲轴、连杆等。

合金调质钢的热处理为淬火+高温回火，即调质，其组织为回火索氏体，具有良好的综合力学性能。此外，有些调质钢制零件除了要求较高的强度、塑性、韧性配合外，还要求局部区域有良好的耐磨性；并且，经过调质处理后，还要对局部区域进行感应加热表面淬火或渗氮。例如火车内燃机曲轴用 42CrMo 钢制造，调质后再对轴颈进行中频感应加热表面淬火和低温回火；又如精密机床的主轴用 38CrMoAlA 钢制造，调质后再进行表面渗碳处理。对于带有缺口的零件，为了减少缺口引起的应力集中，调质以后在缺口附近再进行喷丸或滚压强化，可以大大提高疲劳抗力，延长使用寿命。常用调质钢的牌号、热处理、性能和用途见表5-6。

4. 合金弹簧钢

合金弹簧钢是用于制造弹簧或其他弹性零件的钢种。在机械及仪表中，弹簧的主要作用是通过弹性变形储存能量，从而传递力和缓和机械的振动与冲击，如汽车、拖拉机和火车上的板弹簧和螺旋弹簧；或使其他零件完成设计规定的动作，如气门弹簧、仪表弹簧。显然，合金弹簧钢应具有高的弹性极限和屈服强度，以保证其能吸收大量的弹性能而不发生塑性变形。此外，合金弹簧钢还应具有较高的疲劳强度和足够的塑性、韧性，以防止弹簧发生疲劳断裂和冲击断裂。

表 5-6　常用调质钢的牌号、热处理、性能和用途

类别	牌号	热处理/℃		力学性能（≥）					用途
		淬火	回火	σ_b/MPa	σ_s/MPa	δ_5/%	ψ/%	A_{ku}/J	
低淬透性调质钢	45	840 水	600 空	600	355	16	40	39	主轴、曲轴、齿轮等
	45Mn2	840 油	550 水、油	885	735	10	45	47	$\Phi<50$ 以下可代 40Cr 作重要螺栓与零件
	35SiMn	900 水	570 水、油	885	735	15	45	47	可代 40Cr 作调质件
	40MnB	850 油	500 水、油	980	785	10	45	47	性能接近 40Cr，可作调质零件
	40Cr	850 油	520 水、油	980	785	9	45	47	重要调质件，如轴类、连杆、螺栓、重要齿轮等
中淬透性调质钢	35CrMo	850 油	550 水、油	980	835	12	45	63	代 40CrNi 作大截面齿轮与轴等
	40CrNi	820 油	500 水、油	980	785	10	45	55	大截面齿轮与轴等
	40CrMn	840 油	550 水、油	980	835	9	45	47	代 42CrMo 节约 Mo
	30CrMnSi	880 油	520 水、油	1080	885	12	45	39	高速砂轮轴，齿轮，轴套等
高淬透性调质钢	37CrNi3	820 油	500 水、油	1130	980	10	50	47	大截面及需要高强度、韧性的零件
	25Cr2Ni4WA	850 油	550 水、油	1080	930	11	45	71	力学性能要求很高的大截面零件
	40CrNiMoA	850 油	600 水、油	980	835	12	55	78	高强度零件，如航空发动机轴及零件
	40CrMnMo	850 油	600 水、油	980	785	10	45	63	相当 40CrNiMo 的高级调质钢
	38CrMoAl	940 水、油	640 水、油	980	835	14	50	71	氮化零件如高压阀门、缸套等

1）成分及性能特点

为保证弹簧具有高强度和高弹性极限，合金弹簧钢中碳的质量分数比合金调质钢高，一般 ω_C 为 0.45%~0.70%。常加入的合金元素有 Si、Mn、Cr、V、Nb、Mo、W，它们的

主要作用是提高钢的淬透性和耐回火性，强化铁素体，提高弹性极限和屈强比（σ_s/σ_b）。另外，Mo、W、V、Nb 还可以降低因 Si 的加入造成的脱碳敏感性。因此，合金弹簧钢的淬透性好、耐回火性好、脱碳敏感性小，具有高的弹性极限、屈服强度、抗拉强度和屈强比及较高的疲劳强度与足够的塑性、韧性。

2）常用牌号及热处理

合金弹簧钢按所含元素大致分为两类。

（1）含 Si、Mn 元素的合金弹簧钢。典型代表为 60Si2Mn，用于制造截面尺寸≤25mm 的弹簧，如汽车、拖拉机、火车的板弹簧和螺旋弹簧等。

（2）含 Cr、V 元素的合金弹簧钢。典型代表为 50CrVA，用于制造截面尺寸≤30mm 并在 350~400℃温度下工作的重载弹簧，如阀门弹簧、内燃机的气阀弹簧等。

合金弹簧钢的热处理为淬火+中温回火，获得回火托氏体组织，其硬度为 43~48HRC，具有最好的弹性。必须指出，弹簧的表面质量对使用寿命影响很大，微小的表面缺陷如脱碳、裂纹、夹杂等均会降低疲劳强度。因此，弹簧在热处理后常采用喷丸处理，使其表面产生残余压应力，以提高疲劳强度，从而提高使用寿命，例如用 60Si2Mn 钢制作的汽车板簧，经喷丸处理后使用寿命提高 5~6 倍。

合金弹簧钢的热处理取决于弹簧的加工成形方法，一般可分为热成形弹簧和冷成形弹簧两大类。

（1）热成形弹簧。对截面尺寸>10mm 的各种大型和形状复杂的弹簧均采用热成形（如热轧、热卷），如汽车、拖拉机、火车的板簧和螺旋弹簧。其加工路线为：扁钢或圆钢下料 → 加热压弯或卷绕 → 淬火中温回火 → 喷丸处理，使用状态组织为回火托氏体。

（2）冷成形弹簧。对于截面尺寸<10mm 的各种小型弹簧可采用冷成形（如冷卷、冷轧），如仪表中的螺旋弹簧、发条及弹簧片等，这类弹簧在成形前先进行冷拉（冷轧）、淬火中温回火或铅浴等温淬火后冷拉（轧）强化；然后再进行冷成形加工，此过程将进一步强化金属，但也产生了较大的内应力和脆性，故在其后应进行低温去应力退火（一般 200~400℃）。常用弹簧钢的牌号、热处理、性能及应用见表 5-7。

表 5-7　常用弹簧钢的牌号、热处理、性能及应用（GB/T 122—1984）

牌号	热处理/℃		力学性能（≥）				应用
	淬火	回火	σ_s/MPa	σ_b/MPa	δ_5/%	ψ/%	
65	840 油	500	800	1000	9	35	截面<12mm 小弹簧
65Mn	830 油	540	800	1000	8	30	截面≤15mm 弹簧
55Si2Mn	870 油	480	1200	1300	6	30	截面≤25mm 机车板簧、缓冲弹簧
60Si2Mn	870 油	480	1200	1300	5	25	
60Si2CrVA	850 油	410	1700	1900	6	20	截面≤30mm 重要弹簧，
50CrVA	850 油	500	1150	1300	10	40	如汽车板簧、≤350℃的耐热弹簧

5. 轴承钢

轴承钢是用于制造滚动轴承的滚珠、滚柱和套圈等的钢种，也可用于制作精密量具、冷冲模机床丝杆及柴油机油泵的精密配件如针阀体、柱塞、柱塞套等。

滚动轴承在工作时，承受高达 3000~5000MPa 的交变接触压应力及很大的摩擦力，还会受到大气、润滑油的浸蚀，它常因接触疲劳引起麻点剥落和过度磨损而失效，有时也因腐蚀而使精度下降。因此，滚动轴承应具有高的接触疲劳强度、高且均匀的硬度和耐磨性及一定的韧性和耐蚀性。

1）成分及性能特点

传统的轴承钢是一种高碳低铬钢，其 ω_C 为 0.95%~1.05%，这样可以保证钢具有高硬度和高强度，ω_{Cr} 为 0.35%~1.95%，可以提高钢的淬透性，并形成合金渗碳体 (Fe·Cr)$_3$C，使钢具有高的接触疲劳强度和耐磨性。对于大型轴承用钢，还需要加入 Si、Mn、Mo 等元素，以进一步提高钢的淬透性、弹性极限与抗拉强度。对于无铬轴承钢中还应加入 V，以形成 VC 提高钢的耐磨性并细化晶粒。另外，轴承钢要求纯度极高，非金属夹杂物及 S、P 含量很低（$\omega_S<0.020\%$、$\omega_P<0.027\%$）。由此可见，轴承钢具有高的硬度、高的弹性极限及高的接触疲劳强度和适当的韧性，并具有一定的耐蚀能力。

2）常用牌号及热处理

轴承钢所含合金元素大致分为两类。

（1）高碳铬轴承钢。如 GCr4、GCr15、GCr15SiMn、GCr15SiMo、GCr18Mo，其中 GCr4、GCr15 的淬透性较低，用于制造中、小型滚动轴承及冷冲模、量具、丝杆等；GCr15SiMn、GCr15SiMo、GCr18Mo 的淬透性高，用于制作大型滚动轴承。

（2）高碳无铬轴承钢。如 GMnMoVRE、GSiMoMnV，其性能和用途与 GCr15 相同，可以节约我国短缺元素 Cr。

轴承钢的热处理主要是球化退火、淬火和低温回火。球化退火的目的是获得球状珠光体，使钢的硬度降低到 207~220HBW，以利于切削加工并为淬火作组织准备。淬火和低温回火是决定轴承钢性能的关键热处理，淬火和低温回火后的组织为细针状回火马氏体+细粒状（或球状）碳化物+少量残余奥氏体，硬度为 62~66HRC。由于低温回火不能彻底消除内应力及残余奥氏体，在长期使用过程中会发生应力松弛和组织转变，引起尺寸变化，所以在生产精密轴承时，在淬火后应立即进行一次冷处理（−60~−80℃），并分别在低温回火和磨削加工后在进行 120~130℃保温 5~10h 的低温时效处理，以进一步减少残余奥氏体和消除内应力，保证尺寸稳定。常用高铬轴承钢的化学成分及轴承零件淬火、回火后的硬度列于表 5-8 中。

表 5-8　常用高铬轴承钢的化学成分及轴承零件淬火、回火后的硬度（GB/T 18254—2002）

牌号	化 学 成 分 ω/%						热 处 理 及 硬 度				应　用
	C	Si	Mn	Cr	P	S	退火硬度/HBS	淬火/℃	回火/℃	硬度/HRC	
GCr6	1.05~1.15	0.15~0.35	0.20~0.40	0.40~0.70	≤0.025	≤0.025	179~207	800~820 水、油	150~160	62~64	Φ<10mm 滚珠
GCr9	1.00~1.10	0.15~0.35	0.25~0.45	0.90~1.20	≤0.025	≤0.025	179~207	810~830 水、油	150~170	62~64	Φ=10~20mm 滚珠
GCr9SiMn	1.00~1.10	0.45~0.75	0.95~1.25	0.90~1.20	≤0.025	≤0.025	179~217	810~830 水、油	150~170	62~64	Φ>20mm 滚珠
GCr15	0.95~1.05	0.15~0.35	0.25~0.45	1.40~1.65	≤0.025	≤0.025	179~207	820~840 油	150~170	62~64	Φ=50mm 滚珠，壁厚 20mm 套圈
GCr15SiMn	0.95~1.05	0.45~0.75	0.95~1.25	1.40~1.65	≤0.025	≤0.025	179~217	820~840 油	150~180	62~64	Φ=50~10mm 滚珠，壁厚 >30mm 套圈

6. 超高强度钢

工程上一般把 σ_b>1500MPa 以上的钢称为超高强度钢，它在航空航天工业中使用较为广泛，主要用来制造飞机起落架、机翼大梁、火箭发动机壳体、液体燃料氧化剂贮箱、高压容器及常规武器的炮筒、枪筒、防弹板等。作为飞行器的构件必须有较轻的自重，有抵抗高速气流的剧烈冲击与耐高温（300~500℃）的能力，还需要有能在强烈的腐蚀介质中工作的能力。

1）成分及性能特点

（1）很高的强度和比强度（其比强度与铝合金接近）。为了保证极高的强度要求，这类钢充分利用了马氏体强化、细晶强化、化合物弥散强化与溶质固溶强化等多种机制的复合强化作用。

（2）足够的韧性。评价超高强度钢韧性的合适指标是断裂韧度，而改善韧性的关键是提高钢的纯净度（降低 S、P 杂质的含量和非金属夹杂物含量）、细化晶粒（如采用形变热处理工艺）并减小对碳的固溶强化的依赖程度（故超高强度钢一般是中低碳钢、甚至是超低碳钢）。

2）常用牌号及热处理

按化学成分和强韧化机制不同，超高强度钢可分为：低合金超高强度钢、二次硬化型超高强度钢、马氏体时效钢和超高强度不锈钢等四类。

（1）低合金超高强度钢。低合金超高强度钢是在合金调质钢的基础上发展起来的，其碳含量 ω_C=0.30%~0.45%、合金元素总量≤5%，常加入 Ni、Cr、Si、Mn、Mo、V 等元素，主要作用是提高淬透性、回火稳定性和固溶强化。常经淬火（或等温淬火）、低温回火处理后，在回火马氏体（或下贝氏体+回火马氏体）组织状态使用。此类钢的生产成本较低、用途广泛,可制作飞机结构件、固体火箭发动机壳体、炮筒高压气瓶和高强度螺栓。典型钢种为 30CrMnSiNi2A。

(2)二次硬化型超高强度钢。这类钢是通过淬火、高温回火处理后,析出特殊合金碳化物而达到弥散强化(即二次硬化)的超高强度钢。主要包括两类:Cr-Mo-V 型中碳中合金马氏体热作模具和高韧性 Ni-Co 型低碳高合金超高强度钢(如 20Ni9CoMo1V 钢)。由于是在高温回火状态下使用,故此类钢还具有良好的耐磨性。

(3)马氏体时效钢。这类钢是超低碳高合金(Ni、Co、Mo)超高强度钢,具有极佳的强韧性。通过高温固溶处理(820℃左右)得到高合金的超低碳单相板条马氏体,然后再进行时效处理(480℃左右)析出金属间化合物(如 Ni_3Mo)起弥散强化作用。这类钢不仅力学性能优良,而且工艺性能良好,但价格昂贵。主要用于固体火箭发动机壳体、高压气瓶等。

(4)超高强度不锈钢。这类钢是在不锈钢的基础上发展起来的超高强度不锈钢,具有较高的强度和耐蚀性。依据其组织和强化机制不同,也可分为马氏体沉淀硬化不锈钢、半奥氏体沉淀硬化不锈钢和马氏体时效不锈钢等。由于其 Cr、Ni 合金元素含量较高,故其价格也很昂贵,通常用于对强度和耐蚀性都有很高要求的零件。表 5-9 列举了部分超高强度钢的牌号、热处理工艺和力学性能。

表 5-9 部分超高强度钢的牌号、热处理工艺和力学性能

种类与钢号		热处理工艺	$\sigma_{0.2}$/MPa	σ_b/MPa	δ_5/%	ψ/%	K_{1C}/(MPa·m$^{1/2}$)
低合金	30CrMnSiNi2A	900℃油淬,260℃回火	1430	1795	11.8	50.2	67.1
超高强度钢	40CrNiMoA	840℃油淬,200℃回火	1605	1960	12.0	39.5	67.7
二次硬化型超	4Cr5MoSiV	1010℃空冷,550℃回火	1570	1960	12	42	37
高强度钢	20Ni9Co4CrMo1V	850℃油淬,550℃回火	1340	1380	15	55	143
马氏体 时效钢	Ni18Co9Mo5TiAl (18Ni)	815℃固溶空冷,480℃时效	1400	1500	15	68	80~180
超高强度 不锈钢	0Cr17Ni4Cu4Nb (17-4PH)	1040℃水冷,480℃时效	1275	1375	14	50	—

三、其他专用结构钢

1. 铸钢

铸钢是冶炼后直接铸造成形而不需要锻轧成形的钢种。一些形状复杂、综合力学性能要求较高的大型零件,在加工时难于用锻轧方法成形,在性能上又不允许用力学性能较差的铸铁制造,即可采用铸钢。目前铸钢在重型机械制造、运输机械、国防工业等部门应用广泛。理论上,凡用于锻件和轧材的钢号均可用于铸钢件,但考虑到铸钢对铸造性能、焊接性能和切削加工性能的良好要求,铸钢的碳含量一般为 ω_C=0.15%~0.60%。为了提高铸钢的性能,也可进行热处理(主要是退火、正火,小型铸钢件还可进行淬火、

回火处理）。生产上的铸钢主要有两大类：碳素铸钢和低合金铸钢。

（1）碳素铸钢。按用途分为一般工程用碳素铸钢和焊接结构用碳素铸钢，后者的焊接性能良好。表 5-10 列举了碳素铸钢的牌号、力学性能和用途。

（2）低合金铸钢。低合金铸钢是在碳素铸钢的基础上，适当提高 Mn、Si 含量，以发挥其合金化的作用，另外还可添加低含量的 Cr、Mo 等合金元素，常用牌号有 ZG40Cr、ZG40Mn、ZG35SiMn、ZG35CrMo 和 ZG35CrMnSi 等。低合金铸钢的综合力学性能明显优于碳素铸钢，大多用于承受较重载荷、冲击和摩擦的机械零部件，如各种高强度齿轮、水压机工作缸、高速列车车钩等。为充分发挥合金元素的作用以提高低合金铸钢的性能，通常应对其进行热处理，如退火、正火、调质和各种表面热处理。

表 5-10　碳素铸钢的牌号、力学性能和用途

种类与钢号		对应旧钢号	力 学 性 能（≥）					用 途 举 例
			σ_s/MPa	σ_b/MPa	δ_5/%	ψ/%	A_{kv}/J	
一般工程用碳素铸钢	ZG200-400	ZG15	200	400	25	40	30	良好的塑性、韧性、焊接性能，用于受力不大，要求高韧性的零件
	ZG230-450	ZG25	230	450	22	32	25	一定的强度和较好的韧性、焊接性能，用于受力不大、要求高韧性的零件
	ZG270-500	ZG35	270	500	18	25	22	较高的强韧性，用于受力较大且有一定韧性要求的零件，如连杆、曲轴
	ZG310-570	ZG45	310	570	15	21	15	较高的强度和较低的韧性，用于载荷较高的零件，如大齿轮、制动轮
	ZG340-640	ZG55	340	640	10	18	10	高的强度、硬度和耐磨性，用于齿轮、棘轮、联轴器、叉头等
焊接结构用碳素铸钢	ZG200-400H	ZG15	200	400	25	40	30	
	ZG230-450H	ZG20	230	450	22	35	25	由于含碳量偏下限，故焊接性能优良，其用途基本同于 ZG200-400、ZG230-450 和 ZG270-500
	ZG275-485H	ZG25	275	585	20	35	22	

2. 易切削钢

易切削钢是具有优良切削加工性能的专用钢种，它是在钢中加入某一种或几种元素，利用其本身或与其他元素形成一种对切削加工有利的夹杂物的作用，从而使切削抗力下降、切屑易断易排、零件表面粗糙度改善且刀具寿命提高。目前使用最广泛的元素是 S、P、Pb、Ca 等，这些元素一方面改善了钢的切削加工性能，但另一方面又不同程度地损坏了钢的力学性能（主要是强度，尤其是韧性）和焊接性能，这就意味着易切削钢一般不作重要零件，如在冲击载荷或疲劳交变应力下工作的零件。

易切削钢主要适用于在高效自动机床上进行大批量生产的非重要零件，如标准件和紧固件（螺栓、螺母）、自行车与照相机零件。国家标准 GB/T 8731—1988 中共列有 9 个钢号的碳素易切削钢，如 Y15、Y15Pb、Y20、Y45Ca、Y40Mn 等。随着合金易切削钢的研制与应用，汽车工业上的齿轮和轴类零件也开始使用这类钢材，如用加 Pb 的 20CrMo 钢制造齿轮，可节省加工时间和加工费用达 30%以上，显示了采用合金易切削刚的优越性。

3. 冷镦钢

在多工位冷镦机上高速高效冷镦成形的标准件和紧固件（如螺栓、螺钉），应采用专用冷镦钢来制造，此类钢多为低、中碳钢（碳钢或低合金钢），其冷镦成形性优良，即屈服强度低、屈强比小、塑性高。为此应控制钢中的 S、P、Si 等元素的含量，通过合适的热处理来改善组织（如采用球化退火获得球状珠光体组织）。国家标准 GB/T 6478 —1986 中列出了我国常用冷镦钢的化学成分和性能，其典型牌号有 ML08、ML20、ML45、ML20Cr、ML15MnVB 等。选用冷镦钢来制造紧固件时，可参照国家标准 GB 3098.1— 1982 中的有关规定。

4. 冷冲压用钢

采用冲压工艺生产零件，便于组织流水生产，材料利用率高，能重制形状复杂、互换性好的零件。以汽车工艺为例，冲压用钢占钢材总量的 50%~70%。适用于冷冲压工艺的钢材要求有优良的冲压成型性能，如低的屈服强度和屈服比、高的塑性、高的形变强化能力和低的时效性等。为此，冷冲压用钢的碳含量应低（一般为低碳或超低碳），氮含量低并加入强碳、氮化合物形成元素 Ti、Nb、Al，并严格控制 S、P 杂质和非金属夹杂物的含量。具有代表性的冷冲压用钢是：08F 钢（第一代冲压用钢），可用作一般的冷冲压零件；08Al 钢（第二代冲压用钢），可用作深冲压零件用钢；IF 钢（第三代冲压用钢），即超低碳无间隙元素钢，用于超深冲压零件用钢。

第五节　工　具　钢

工具钢是用于制造各类工具的一系列高品质钢种。按化学成分分为碳素工具钢和合金工具钢两大类：碳素工具钢虽然价格低廉、易于加工，但其淬透性差、回火稳定性差、综合力学性能不高，多用以制造手动工具或低速机用工具；合金工具钢则可适用于截面尺寸大、形状复杂、承载能力高且要求稳定性好的工具。按工具的使用性质和用途，又可分为刃具钢、模具钢和量具钢三类，但这种分类的界限并不严格，因为某些工具钢（如低合金工具钢 CrWMn）既可做刃具、又可做模具和量具。故在实际应用中，通过分析，只要某种钢能满足某种工具的使用需要，即可用于制造该种工具。

虽然工具的种类繁多，其工作条件也千差万别，它们对所用材料也均有不同的要求，但工具钢具有如下共性要求：硬度与耐磨性高于被加工材料，能耐热、耐冲击且具有较长的使用寿命。

一、刃具钢

刃具钢用来制造切削加工工具，包括各种手动和机用的车刀、铣刀、刨刀、钻头、丝锥和板牙等。刃具在切削过程中，刀刃与工件及切屑之间的强烈摩擦将导致其产生严重的磨损和切削热（这可使刃部温度升至很高）；刃口局部区域极大的切削力及刀具使用过程中过大的冲击与振动，将可能导致刀具崩刃或折断。

1. 性能要求

（1）高的硬度（60~66HRC）和高的耐磨性。

（2）高的热硬性，即钢在高温下（如 500~600℃）保持高硬度（60HRC 左右）的能力，这是高速切削加工工具必备的性能。

（3）适当的韧性。

2. 成分与组织特点

为满足上述性能要求，刃具钢均为高碳钢（碳素钢或合金钢），这是刀具获取高硬度、高耐磨性的基本保证。在合金工具钢中，加入合金元素的主要作用视其种类和数量不同，可提高淬透性和回火稳定性，进一步改善钢的硬度和耐磨性，细化晶粒，改善韧性并使某些合金钢产生热硬性。刃具钢使用状态的组织通常是回火马氏体基体上分布着细小均匀的粒状碳化物。由于下贝氏体组织具有良好的强韧性，故刃具钢采用等温淬火获得以下贝氏体为主的组织，在硬度变化不大的情况下，耐磨性尤其是韧性改善、淬火内应力低、开裂倾向小，用于形状复杂并受冲击载荷较大的刀具可明显提高其使用寿命。

3. 常用刃具钢与热处理特点

1）碳素工具钢

碳素工具钢中碳的质量分数一般为 0.65%~1.35%，随着碳含量的增加（从 T7 到 T13），钢的硬度无明显变化，但耐磨性增加，韧性下降。表 5-11 列出了碳素工具钢的牌号、成分与用途。

碳素工具钢的预先热处理一般为球化退火，其目的是降低硬度（<217HBS）以便于切削加工、并为淬火作组织准备。但若锻造组织不良（如出现网状碳化物缺陷），则应在球化退火之前先进行正火处理，以消除网状碳化物。其最终热处理为淬火+低温回火（回火温度一般 180~200℃），正常组织为隐晶回火马氏体+细粒状渗碳体及少量残余奥氏体。

表 5-11 碳素工具钢的牌号、成分与用途

牌号	化学成分 ω/%			退火状态硬度/HBS（≥）	试样淬火		用途举例
	C	Si	Mn		淬火温度/℃	硬度/HRC（≥）	
T7 T7A	0.65~0.74	≤0.35	≤0.40	187	800~820 水	62	承受冲击、韧性较好、硬度适当的工具，如扁铲、手钳、大锤、改锥、木工工具
T8 T8A	0.75~0.84	≤0.35	≤0.40	187	780~800 水	62	承受冲击、要求较高硬度的工具，如冲头、压缩空气工具、木工工具
T8Mn T8MnA	0.80~0.90	≤0.35	0.40~0.60	187	780~800 水	62	同上，但淬透性较大，可制造截面较大的工具
T9 T9A	0.85~0.94	≤0.35	≤0.40	192	760~780 水	62	韧性中等、硬度高的工具，如冲头、木工工具、凿岩工具
T10 T10A	0.95~1.04	≤0.35	≤0.40	197	760~780 水	62	不受剧烈冲击、高硬度高耐磨的工具，如车刀、刨刀、冲头、丝锥、钻头、手锯条
T11 T11A	1.05~1.14	≤0.35	≤0.40	207	760~780 水	62	不受剧烈冲击、高硬度耐磨的工具，如车刀、刨刀、冲头、丝锥、钻头
T12 T12A	1.15~1.24	≤0.35	≤0.40	207	760~780 水	62	不受冲击、要求高硬度耐磨的工具，如锉刀、刮刀、精车刀、丝锥、量具
T13 T13A	1.25~1.35	≤0.35	≤0.40	217	760~780 水	62	同 T12，要求更耐磨的工具，如刮刀、剃刀

碳素工具钢的优点是：成本低、冷加工工艺性能好，在手用工具和机用低速切削工具上有较为广泛的应用。但碳素工具钢的淬透性低、组织稳定性差且无热硬性、综合力学性能（如耐磨性）欠佳，故一般只用于尺寸不大、形状简单、要求不高的低速切削工具。

2）低合金工具钢

为了弥补碳素工具钢的性能不足，在其基础上添加各种合金元素 Si、Mn、Cr、W、Mo、V 等，并对碳含量作了适当调整，以提高工具钢的综合性能，这就是合金工具钢。低合金工具钢的合金元素总量一般在 5% 以下，其主要作用是提高钢的淬透性和回火稳定性、进一步改善刀具的硬度和耐磨性。强碳化物形成元素（如 W、V 等）所形成的碳化物除对耐磨性有提高作用外，还可细化基体晶粒、改善刀具的强韧性。适用于刃具的高碳低合金工具钢种类很多，根据国家标准 GB/T 1299—1985，表 5-12 列举了部分常用的低合金工具钢的牌号、热处理工艺、性能和用途，其中最典型的钢号有 9SiCr、CrWMn 等。

低合金工具钢的热处理特点基本上同于碳素工具钢，只是由于合金元素的影响，其工艺参数（如加热温度、保温时间、冷却方式等）有所变化。低合金工具钢的淬透性和综合力学性能优于碳素工具钢，故可用于制造尺寸较大、形状复杂、受力要求较高的各种刀具。但由于其内的合金元素主要是淬透性元素，而不是含量较多的强碳化物形成元素（W、Mo、V 等），故仍不具备热硬性特点，刀具刃部的工作温度一般不超过 250℃，否则硬度和耐磨性迅速下降，甚至丧失切削能力，因此这类钢仍然属于低速切削刃具钢。

表 5-12　部分常用低合金工具钢的牌号、热处理工艺、性能和用途

钢 号	试样淬火		退火状态硬度/HBS	性 能 特 点	用 途 举 例
	淬火温度/℃	硬度/HRC（≥）			
Cr06	780~810水	64	241~187	低合金铬工具钢，其差别在于 Cr、C 含量，Cr06 含 C 最高，含 Cr 最低，硬度耐磨性高但较脆；9Cr2 含 C 较低，韧性好	Cr06 可用作锉刀、刮刀、刻刀、剃刀；Cr2 和 9Cr2 除用做刀具外，还可用作量具、模具、轧辊等
Cr2	830~860油	62	229~179		
9Cr2	820~850油	62	217~179		
9SiCr	830~860油	62	241~197	应用最广泛的低合金工具钢，其淬透性较高，回火稳定性较好；8MnSi 可节省 Cr 资源	常用于制造形状复杂、切削速度不高的刀具，如板牙、梳刀、搓丝板、钻头及冷作模具
8MnSi	800~820油	62	≥229		
CrWMn	800~830油	62	255~207	淬透性高、变形小、尺寸稳定性好，是微变形钢。缺点是易形成网状碳化物	可用于尺寸精度要求较高的成形刀具，但主要适用于量具和冷作模具
9CrWMn	800~830油	62	241~197		
W	800~830水	62	229~187	淬透性不高，但耐磨性较好	低速切削硬金属的刀具，如麻花钻、车刀等

3）高速工具钢（高速钢）

为了适应高速切削而发展起来的具有优良热硬性的工具钢就是高速钢，主要用于金属切削刀具材料，也可用作模具材料。高速切削刀具对所用材料的主要性能要求是高的硬度和热硬性。所谓热硬性，是指材料在高温下能保持高硬度（≥60HRC）的一种特性；一般用材料在加热时能保持 ≥60HRC 的最高温度来表示。常用刃具材料的热硬性：合金工具钢为 200~300℃，高速钢为 550~600℃，硬质合金为 800~1000℃。

高速钢之所以具有高的硬度和热硬性，主要取决于钢的化学成分和热处理。常用高速钢的牌号为 W18Cr4V 和 W6Mo5Cr4V2，其化学成分和热处理见表 5-13。

a. 高速钢的化学成分

高速钢属于高碳高合金的莱氏体钢。常用的 W18Cr4V 和 W6Mo5Cr4V2 中 ω_C 为 0.7%~0.9%，并含有总质量分数大于 10%的 W、Cr、Mo、V 等合金元素。碳及合金元素在钢中的作用如下。

碳：一部分在淬火加热时溶入奥氏体中，淬火冷却后形成含碳量较高的马氏体；另一部分形成合金碳化物，从而保证具有高硬度、高耐磨性。

钨和钼：其主要作用是提高钢的热硬性。含有大量 W、Mo 的马氏体具有很高的回火稳定性，并且在 500~600℃回火时产生二次硬化现象，从而使钢具有高的热硬性。钼和钨可以互相代替，大约 1%的 Mo 可以代替 2%的 W。

铬：其主要作用是提高钢的淬透性。在淬火加热时，铬几乎全部溶入奥氏体中，显著提高钢的淬透性，使钢空冷也能形成马氏体；同时，铬还能提高钢的回火稳定性。

钒：其主要作用是提高钢的耐磨性。钒在钢中以稳定的 VC 形式存在，它不仅硬度很高，而且颗粒极细、分布均匀，因此，可显著提高钢的耐磨性，但给磨削加工造成困难。高速钢中的钒含量不能过高，一般 ω_V 为 1%~2%。

b. 高速钢的热处理

高速钢属于莱氏体钢，其中有大量碳化物，如退火状态的 W18Cr4V 中碳化物含量为 30%左右。这些碳化物的分布状态，对钢的性能影响很大。若碳化物分布不均匀，如呈带状、网状、大块状，会降低钢的工艺性能和力学性能，从而导致刀具在淬火时产生变形开裂，在使用时产生崩刃和过早磨损。为提高钢的性能和刀具寿命，高速钢刃具毛坯通常是用锻造制成的，通过锻造来打碎大块碳化物，使之分布均匀。

退火：高速钢刃具毛坯锻造以后，应进行球化退火，来降低钢的硬度，消除残余应力，为切削加工和淬火作准备。退火后得到索氏体和粒状碳化物（见图 5-5），硬度为 207~255HBS。

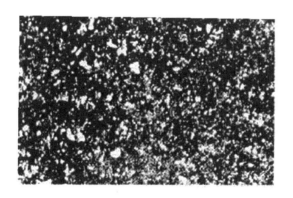

图 5-5　W18Cr4V 钢退火组织

淬火：高速钢刃具的高热硬性，只有在正确的淬火回火后才能获得。高速钢的热硬性，主要取决于马氏体中的钨钼含量。淬火加热温度越高，钨钼碳化物分解得越多，奥氏体中溶解的钨钼量越多，淬火后马氏体中含钨钼量越多，钢的热硬性就越高；但淬火加热温度过高会引起钢过热、过烧，甚至熔化而报废。W18Cr4V 钢淬火加热温度为 1270~1285℃，W6Mo5Cr4V2 为 1210~1230℃。另外，为了防止产生变形开裂，淬火加热以前应进行预热；为了防止产生氧化、脱碳，高速钢刃具常用盐浴炉加热。淬火介质一般采用在盐浴中分级淬火或油冷。高速钢淬火后的组织是隐针马氏体+大量（20%~25%）残余奥氏体+粒状碳化物（见图 5-6），硬度约为 60HRC。

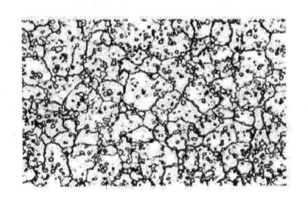

图 5-6　W18Cr4V 刃具钢淬火后的显微组织

回火：为保证获得高硬度和高热硬性，高速钢一般都在二次硬化峰值的温度下回火，W18Cr4V 为 550~570℃，W6Mo5Cr4V2 为 540~560℃。另外，高速钢淬火后的残余奥氏体，在回火过程中很难消除，一般采用三次回火，每次 1h，才能使大部分残余奥氏体转变成马氏体。

W18Cr4V 钢刃具的典型淬火回火工艺曲线如图 5-7 所示。高速钢经淬火+三次回火后，获得回火马氏体+粒状碳化物+少量（1%~2%）残余奥氏体组织，硬度为 63~66HRC。

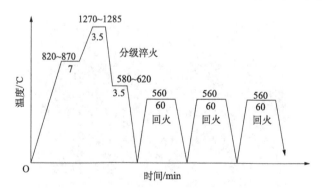

图 5-7　W18Cr4V 刃具钢的典型淬火回火工艺曲线

c. 高速钢的牌号和用途

W18Cr4V 钢，其热硬性较高、过热敏感性小、磨削加工性较好，但其热塑性差、碳化物粗大，适用于制造一般的高速切削刀具，但不适合作薄刃的刃具。W6Mo5Cr4V2 钢，其热塑性良好、碳化物分布均匀、耐磨性高，但热硬性较差、易脱碳和过热，广泛用于制造齿轮铣刀、插齿刀等刃具，对于热成形刃具（如麻花钻头）更为适宜。

W9Mo3Cr4V 钢具有 W18Cr4V 和 W6Mo5Cr4V2 的共同优点，但比 W18Cr4V 有更好的热塑性，钼含量比 W6Mo5Cr4V2 有少一半，符合国内资源条件，又克服了它的脱碳倾向性大的缺点，硬度比较高，因此是很有发展前途的钢种。W18Cr4V2Co8 是在 W18Cr4V 基础上加入质量分数 5%~10%的钴而形成的超硬高速钢，硬度可达 68~70HRC，热硬性达 670℃，但脆性大、价格贵，一般用于制作非标准刃具，用以加工导热性差的奥氏体钢、耐热合金、高强度钢、钛合金等需要刃具高热硬性条件下加工的材料。含铝超硬高速钢 W6Mo5Cr4V2Al 具有与钴高速工具钢相似的性能，但价格便宜且热处理后硬度可达 68~69HRC。含铝高速工具钢刃具主要用于加工难加工的合金和高强度、高硬度的合金钢。表 5-13 列举了部分高速工具钢的牌号、热处理和性能。

表 5-13 部分高速工具钢的牌号、热处理和性能

牌 号	交货硬度/HBS（≤）			试样热处理温度及淬回火硬度				
	其他加工方法	退火	预热温度/℃	淬火温度/℃		淬火剂	回火温度/℃	硬度/HRC（≥）
				盐浴炉	箱式炉			
W18Cr4V	269	255	820~870	1270~1285	1270~1285	油	550~570	63
W6Mo5Cr4V2	262	255	730~840	1210~1230	1210~1230	油	540~560	63（箱式炉） 64（盐浴炉）
W9Mo3Cr4V	269	255	820~870	1210~1230	1220~1240	油	540~560	63（箱式炉） 64（盐浴炉）
W18Cr4V2Co8	302	285	820~870	1270~1290	1280~1300	油	540~560	63
W6Mo5Cr4V2Al	285	269	820~870	1230~1240	1230~1240	油	540~560	63

注：回火温度为 550~570℃时，回火 2 次，每次 1h；回火温度为 540~560℃时，回火 2 次，每次 2h；回火温度为 530~550℃时，回火 3 次，每次 2h。

二、模具钢

模具是用于进行压力加工的工具，根据其工作条件及用途不同，常分为冷作模具、热作模具和成型模具（其中主要是塑料模）等三大类。模具品种繁多，性能要求也多种多样。可用于模具的钢种也很多，如碳素工具钢、（低）合金工具钢、高速钢、滚动轴承钢、不锈钢和某些结构钢等。

1. 冷作模具用钢

1）工作条件与性能要求

冷作模具钢是指在常温下使金属材料变形成型的模具用钢，使用时其工作温度一般不超过 200~300℃。由于在冷态下被加工材料的变形抗力较大且存在加工硬化效应，故模具的工作部分承受很大的载荷及摩擦、冲击作用。模具类型不同，其工作条件也有差

异。冷作模具的正常失效形式是磨损，但若模具选材、设计与处理不当，也会因变形、开裂而出现早期失效。为使冷作模具耐磨损、不易开裂或变形，冷作模具钢应具有高硬度、高耐磨性、高强度和足够的韧性，这是与刃具钢的相同之处。考虑到冷作模具与刃具在工作条件和形状尺寸上的差异，冷作模具对钢的淬透性、耐磨性尤其是韧性方面的要求应高一些，而对热硬性的要求较低或基本上没有要求。据此，冷作模具钢应是高碳成分并多在回火马氏体状态下使用。鉴于下贝氏体的优良强韧性，冷作模具钢通过等温淬火以获得下贝氏体为主的组织，在防止模具崩刃、折断等脆性断裂失效的方面应用越来越受重视。

2）冷作模具钢的类型

通常按化学成分将冷作模具钢分为碳素工具钢、低合金工具钢、高铬与中铬模具钢及高速钢类模具钢等。表 5-14 列举了常用冷作模具钢的牌号、成分及性能。

（1）碳素工具钢。碳素工具钢 T10A 加工性能好、价廉，但淬透性较低、耐磨性差、淬火后变形大、使用寿命低，因此只适用于制造一些尺寸不大、形状简单、工作负荷不高的模具。

（2）低合金的冷作模具钢。低合金的冷作模具钢主要有 9Mn2V、CrWMn 等。CrWMn 钢由于 Mn、W、Cr 等元素的同时加入，使钢具有高淬透性和耐磨性。锰的加入降低了 M_s，淬火后有较多的残余奥氏体，可使钢淬火后的变形很小，故有"微变形钢"之称，适用于制造尺寸较大、形状复杂、易变形、精度高的模具，以及截面较大、切削刃口不剧烈受热、要求变形小、耐磨性高的刃具，如长丝锥、长铰刀、拉刀等。9Mn2V 钢不含 Cr 元素，故价格较低，性能与 CrWMn 钢相近。由于 V 的加入，可克服锰钢易过热的特点，并使碳化物分布均匀，故常用以代替 CrWMn 钢。此外，9Mn2V 钢还常用来制造磨床主轴、精密淬硬丝杠等重要零件。

表 5-14　常用冷作模具钢牌号、成分及性能

类别	牌号	化 学 成 分 ω/%						退火状态 硬度/HBS	试样淬火	
		C	Si	Mn	Cr	Mo	其他		淬火温度/℃	硬度/HRC (≥)
低合金	CrWMn	0.90~1.05	≤0.40	0.80~1.10	0.90~1.20	—	W1.20~1.60	207~255	800~830 油	62
	9Mn2V	0.85~0.95	≤0.40	1.70~2.00	—	—	V0.10~0.25	≤229	780~810 油	62
高碳高铬	Cr12	2.00~2.30	≤0.40	≤0.40	11.50~13.00	—	—	217~269	950~1000 油	60
	Cr12MoV	1.45~1.70	≤0.40	≤0.40	11.00~12.50	0.40~0.60	V0.15~0.30	207~255	950~1000 油	58
高碳中铬	Cr4W2MoV	1.12~1.25	0.40~0.70	≤0.40	3.50~4.00	0.80~1.20	W1.90~2.60 V0.80~1.10	≤269	960~980 油 1020~1040	60
	Cr5Mo1V	0.95~1.05	≤0.50	≤1.00	4.75~5.50	0.90~1.40	V0.15~0.50	≤255	940 油	60
碳钢	T10A	0.95~1.04	≤0.35	≤0.40	—	—	—	≤197	760~780 水	62

（3）高铬和中铬冷作模具钢。相对于碳素工具钢和低合金工具钢，这类钢具有更高的淬透性、耐磨性和承载强度，且淬火变形小，广泛用于制作尺寸大、形状复杂、精度

高的重载冷作模具。这是一种重要的专用冷作模具钢。

高铬模具钢常用的两个牌号：Cr12、Cr12MoV。Cr12 中碳的质量分数高达 2.00%~2.30%，属莱氏体钢，具有优良的淬透性和耐磨性，但韧性较差，目前应用正逐步减少；Cr12MoV 中碳的质量分数降至 1.45%~1.70%，在保持 Cr12 钢优点的基础上，其韧性得以改善，通过二次硬化处理（高温淬火+高温回火）还具有一定的热硬性，在用于对韧性不足而易开裂、崩刃的模具上，已取代 Cr12 钢。

中铬模具钢是针对 Cr12 型高铬模具钢的碳化物多而粗大且分布不均的缺点发展起来的，典型的钢种有 Cr4W2MoV、Cr6WV、Cr5MoV，其中 Cr4W2MoV 最重要。此类钢的碳质量分数进一步降低至 1.00%~1.25%，突出的优点是韧性明显改善，综合力学性能较佳。用于代替 Cr12 型钢制造易崩刃、开裂与折断的冷作模具，其寿命大幅度提高。

2. 热作模具钢

常用的热作模具钢的牌号、化学成分及用途见表 5-15。

表 5-15　常用的热作模具钢的牌号、化学成分及用途

牌 号	化 学 成 分 ω/%								用 途 举 例
	C	Mn	Si	Cr	W	V	Mo	Ni	
5CrMnMo	0.50~0.60	1.20~1.60	0.25~0.60	0.60~0.90	—	—	0.15~0.30	—	中小型锻模
4Cr5W2SiV	0.32~0.42	≤0.40	0.80~1.20	4.50~5.50	1.60~2.40	0.80~1.00	—	—	热挤压模（挤压铝、镁）高速锤锻模
5CrNiMo	0.50~0.60	0.50~0.80	≤0.40	0.50~0.80	—	—	0.15~0.30	1.40~1.80	形状复杂、重载荷的大型锻模
4Cr5MoSiV	0.33~0.43	0.20~0.50	0.80~1.20	4.75~5.50	—	0.30~0.60	1.10~1.60	—	同 4Cr5W2SiV
3Cr2W8V	0.30~0.40	≤0.40	≤0.40	2.20~2.70	7.50~9.00	0.20~0.50	—	—	热挤压模（挤压铜、钢）压铸模

（1）热锻模用钢。热锻模在工作过程中，炽热金属被强制成型时，一方面模面受到强烈的摩擦并承受高达 400~600℃的工作温度，还要承受大的冲击力（或挤压力）；另一方面还要受到喷入型腔冷却剂的急冷作用，于是模具处在时冷时热状态下，导致模具工作表面产生热疲劳裂纹。所以制作热锻模的钢应在 400~600℃高温下有足够的强度、韧性与耐磨性（硬度 40~50HRC），有较好的热疲劳抗力，还要求大型锻模有高的淬透性，以提高模具热处理后整体性能。

热锻模的化学成分与合金调质钢相似，一般均采用中碳（ω_C=0.3%~0.6%），并含有 Cr、Mn、Ni、Si 等合金元素，属亚共析钢。中碳可保证经中、高温回火后具有足够的强度与韧性。合金元素可进一步强化铁素体，特别是 Ni，在强化基体的同时，还能提高其韧性；Cr+Ni 或 Cr+Mn 的配合加入，可大大提高钢的淬透性；Cr、W、Si 的加入可提高钢的相变点，使模面在交替受热与冷却过程中，不发生体积变化较大的相变，从而提高其热疲劳抗力；Mo 主要是提高回火稳定性与防止第二类回火脆性。

　　热锻模经锻造后需进行退火。加工后再进行淬火与回火，以达到高强度、高韧性，并具有一定的硬度与耐磨性。回火温度根据模具大小而定，对模具的不同部位也有不同的硬度要求。一般为避免模尾韧性不足而淬断，回火温度应较高；模面是工作部分，要求硬度较高，故回火温度较低。常用的热锻模钢牌号是 5CrNiMo 及 5CrMnMo。5CrNiMo 具有良好韧性、强度与耐磨性，并在 500~600℃时力学性能几乎不降低。

　　（2）压铸模用钢。压铸是使液体金属在压力下，注入金属模型，以形成精确的、组织致密的铸件。压铸时所用的模具称为压铸模。

　　压铸模工作时，除了应具有与热锻模相似的性能外，还因其与高温金属接触的时间长，应具有更高的热疲劳抗力及抗高温金属液腐蚀，抗高温、高速金属液冲刷的能力。

　　常用的压铸模用钢的牌号为 3Cr2W8V。其 ω_C=0.3%~0.4%，但属于过共析钢。合金元素 Cr、W、V 等可使钢的相变点 A_{c1} 提高到 820~830℃，因而其热疲劳抗力较高。此外，它还具有较高的高温强度，在 600~650℃时其强度可达到 1000~1200MPa。这种钢淬透性也较高，截面在 100mm 以下可在油中淬透。3Cr2W8V 钢适于制造浇注温度较高的铜合金与铝合金的压铸模。

　　压铸模的热处理与热挤压模大体相同。3Cr2W8V 钢的淬火温度为 1050~1150℃。为了减少变形，一般采用 400~500℃及 800~850℃两次预热。淬火冷却可采用空冷、油冷或分级淬火。回火温度根据性能要求和淬火温度的高低，一般在 560~660℃范围内进行 2~3 次回火。淬火、回火后的组织为回火马氏体和粒状碳化物，硬度为 40~48HRC。

3. 塑料模具用钢

　　塑料模具包括塑料模和胶木模等。它们都是用在不超过 200℃的低温加热状态下，将细粉或颗粒状塑料压制成形。塑料模具在工作时，持续受热、受压，并受到一定程度的摩擦和有害气体的腐蚀，因此，塑料模具钢主要要求在 200℃时具有足够的强度和韧性，并具有较高的耐磨性和耐蚀性。

　　目前常用的塑料模具钢主要有 3Cr2Mo。ω_C=0.3%可保证热处理后获得良好的强韧配合及较好的硬度、耐磨性；加入铬可提高钢的淬透性，并能与碳形成合金碳化物，提高模具的耐磨性；少量的钼可细化晶粒、减少变形、防止第二类回火脆性。因此，可广泛应用于中型模具。除此之外，可用作塑料模具的钢主要还有：

　　（1）碳素工具钢。T7~T12、T7A~T12A 价廉，具有一定的耐磨性，但淬火易变形，故用于尺寸较小、形状简单的塑料模。

　　（2）碳素结构钢及合金结构钢。45 钢、40Cr 可加工性好、价廉，热处理后具有较高的强度和韧性，但淬透性较差，适用于生产小型、复杂的塑料模具。

　　（3）合金工具钢。9Mn2V、CrWMn、Cr2 等合金工具钢因合金元素的加入使钢的淬透性提高，并形成碳化物提高了钢的耐磨性，故常用于制造中、大型塑料模具。Cr12、Cr12MoV 等钢由于含有较多的合金元素，大大提高了钢的淬透性、耐磨性，并减少了模具的变形和开裂现象，故适于制造尺寸较大、形状复杂的模具。

三、量具用钢

量具是测量工件尺寸的工具（如游标卡尺、千分尺、塞规、块规、样板等）。对量具的性能要求是高硬度（62~65HRC）、高耐磨性、高的尺寸稳定性。此外，还需有良好的磨削加工性，使量具能达到很小的粗糙度值；形状复杂的量具还要求淬火变形小。通常合金工具钢如 8MnSi、9SiCr、Cr2、W 钢等都可用来制造各种量具。对高精度、形状复杂量具，可采用微变形合金工具钢（如 CrWMn、CrMn 钢）和滚动轴承钢 GCr15 制造；对形状简单、尺寸较小、精度要求不高的量具也可用碳素工具钢 T10A、T12A 制造，或用渗碳钢（15 钢、20 钢、15Cr 钢等）制造，并经渗碳淬火处理；对要求耐蚀的量具可用马氏体不锈钢 7Cr17、8Cr17 等制造；对直尺、钢皮尺、样板及卡规等量具也可采用中碳钢（如 55、65、60Mn、65Mn 等）制造，并经高频表面淬火处理。

量具热处理基本与刃具一样，须进行球化退火及淬火、低温回火处理。未获得高的硬度与耐磨性，其回火温度较低。量具热处理主要问题是保证尺寸稳定性。

量具尺寸不稳定的原因有三：残余奥氏体转变引起尺寸膨胀；马氏体在室温下继续分解引起尺寸收缩；淬火及磨削中产生的残余应力未消除彻底而引起变形。这些所引起的尺寸变化虽然很小，但对高精度量具是不允许的。

为了提高量具尺寸的稳定性，可在淬火后立即进行低温回火（150~160℃）。高精度量具（如块规等）在淬火、低温回火后，还要进行一次稳定化处理（110~150℃，24~36h），以尽量使淬火组织转变成稳定的回火马氏体，使残余奥氏体稳定化，且在精磨后再进行一次稳定化处理（110~120℃，2~3h），以消除磨削应力。最后才能研磨，从而保证量具尺寸的稳定性。

此外，量具淬火时一般不采用分级或等温淬火，淬火加热温度也尽可能低一些，以免增加残余奥氏体的数量而降低尺寸稳定性。

第六节 特殊性能钢

特殊性能钢是指以某些特殊物理、化学或力学性能为主的钢种，其类型很多，在工程上常用的主要有不锈钢、耐热钢和耐磨钢。

一、不锈钢

零件在各种腐蚀环境下造成的不同形态的表面腐蚀损害，是其失效的主要原因之一。为了提高工程材料在不同腐蚀条件下的耐蚀能力，开发了低合金耐蚀钢、不锈钢和耐蚀合金。不锈钢通常是不锈钢（耐大气、蒸汽和水等弱腐蚀介质腐蚀的钢）和耐酸钢（耐酸、碱、盐等强腐蚀介质腐蚀的钢）的统称，全称不锈耐酸钢，广泛用于化工、石油、卫生、食品、建筑、航空、原子能等行业。

1. 性能要求

（1）优良的耐蚀性。耐蚀性是不锈钢最重要的性能。应指出的是，不锈钢的耐蚀性对介质具有选择性，即某种不锈钢在特定的介质中具有耐蚀性，而在另外一种介质中则不一定耐蚀，故应根据零件的工作介质来选择不锈钢的类型。

（2）合适的力学性能。

（3）良好的工艺性能，如冷塑性加工、切削加工、焊接性能等。

2. 成分特点

1）碳含量

不锈钢的碳含量很宽，$\omega_C=0.03\%\sim0.95\%$。从耐蚀性角度考虑，碳含量越低越好，因为碳易与铬生成碳化物（如 $Cr_{23}C_6$），这样将降低基体的铬含量进而降低电极电位并增加微电池数量，从而降低了耐蚀性，故大多数不锈钢中碳的质量分数约为 0.1%~0.2%；若从力学性能角度考虑，增加碳含量虽然损害了耐蚀性，但可提高钢的强度、硬度和耐磨性，可用于制造要求耐蚀的刃具、量具和滚动轴承。

2）合金元素

不锈钢是高合金钢，其合金元素主要是提高钢基体的电极电位、在基体表面形成钝化膜及影响基体组织类型等，这些是不锈钢具有高耐蚀性的根本原因。

（1）提高基体电极电位。铬元素是不锈钢中最主要元素，研究结果表明，当钢基体中 $\omega_{Cr}>11.7\%$ 时，钢基体电极电位由 $-0.56V$ 突增至 $+0.12V$，耐蚀性显著提高；而基体中 $\omega_{Cr}<11.7\%$ 时，钢的电极电位、耐蚀性提高不明显。因此若不考虑碳与铬的相互作用，则不锈钢的铬的质量分数极限值不低于 11.7%，由于碳可能会与铬生成碳化物，故不锈钢中铬的质量分数一般应超过 13%。

（2）基体表面形成钝化膜。合金元素 Cr、Al、Si 可在钢表面生成致密的钝化膜 Cr_2O_3、Al_2O_3、SiO_2，其中以 Cr 最有效；Mo 与 Cu 元素可进一步增强不锈钢的这种钝化作用，加入少量的 Mo 与 Cu 便可显著改善不锈钢在某些腐蚀介质中的耐蚀性。

（3）影响基体组织类型。钢基体组织是获得良好耐蚀性和力学性能的保证，若使用状态下不锈钢具有单相组织（如单相奥氏体、铁素体等），则微电池数目可减少，钢的耐蚀性提高。C、Ni、Mn、N 是奥氏体形成元素，由于 C 损害了不锈钢的耐蚀性，通常情况下采用 Ni 来保证不锈钢在使用状态下为单相奥氏体组织。为了节约 Ni 资源，以 Mn、N 代 Ni 的 Cr-Mn-N 不锈钢已有一定范围的应用。Cr、Si、Ti、Nb、Mo 是铁素体形成元素，其中 Cr 的作用最显著。

3. 不锈钢分类与常用牌号

不锈钢按其正火组织不同可分为马氏体型、铁素体型、奥氏体型、双相型及沉淀硬化型等五类，其中奥氏体型不锈钢应用最广泛，它约占不锈钢总量的 70%左右。表 5-16

列举了常用主要不锈钢的类型、牌号、主要化学成分、力学性能及应用举例。

表 5-16　常用主要不锈钢的类型、牌号、主要化学成分、力学性能及应用举例

类别	钢号	主要化学成分 ω/%			热处理/℃	力学性能				硬度/HRC	应用举例
		C	Cr	Ni		σ_s/MPa	σ_b/MPa	δ/%	ψ/%		
马氏体型	1Cr13	0.08~0.15	12~14	—	1000~1050 油或水淬 700~790 回火	≥600	≥420	≥20	≥60		制作能抗腐蚀性介质、能承受冲击载荷的零件，如汽车轮机叶片、水压机阀、结构架、螺栓、螺母等
	2Cr13	0.16~0.24	12~14	—	1000~1050 油或水淬 700~790 回火	≥660	≥450	≥16	≥55		
	3Cr13	0.25~0.34	12~14	—	1000~1050 油或水淬 200~300 回火	—	—	—	—	48	制作具有较高硬度和耐磨性的医疗工具、量具、滚珠轴承等
	4Cr13	0.35~0.45	12~14	—	1000~1050 油或水淬 200~300 回火	—	—	—	—	50	
	9Cr18	0.90~1.00	17~19	—	950~1050 油或水淬 200~300 回火	—	—	—	—	55	不锈切片、机械刃具剪切刃具、手术刀片、高耐磨耐蚀件
铁素体型	1Cr17	≤0.12	16~18	—	750~800 空冷	≥400	≥250	≥20	≥50		制作硝酸工厂设备，如吸收塔、热交换器、酸槽、输送管道，以及食品工厂设备等
奥氏体型	0Cr18Ni9	≤0.08	17~19	8~12	1050~1100 水淬（固溶处理）	≥500	≥180	≥40	≥60		具有良好的耐蚀及耐晶间腐蚀性能，为化学工业的良好耐蚀材料
	1Cr18Ni9	≤0.14	17~19	8~12	1100~1150 水淬（固溶处理）	≥560	≥200	≥45	≥50	—	制作耐硝酸、冷磷酸、有机酸及盐、碱溶液腐蚀的设备零件
	1Cr18Ni9Ti	≤0.12	17~19	8~11	1100~1150 水淬（固溶处理）	≥560	≥200	≥40	≥55		耐酸容器及设备衬里，抗磁仪表，医疗器械，具有较好的耐晶间腐蚀性
双相钢	1Cr21Ni5Ti	0.09~0.14	20~22	4.8~5.8	950~1000 水、空冷	600	350	20	40		硝酸及硝铵工业设备及管道
	1Cr18Mn10Ni5Mo3N	≤0.10	17~19	4.00~6.00	1100~1150 水淬	700	350	45	65	—	尿素及维尼纶生产的设备与零件
沉淀硬化型	0Cr17Ni7Al	≤0.09	16~18	6.50~7.50	1050 水、空冷 565 时效	1160	980	5	25	—	制作高强度、高硬度且又耐蚀的化工机械设备与零件，如轴、弹簧、齿轮、螺栓等
	0Cr15Ni7Mo3Al	≤0.09	14~16	6.50~7.50	1050 水、空冷 565 时效	1230	1120	7	25	—	

1）马氏体不锈钢

这类钢的碳含量范围较宽，碳的质量分数为 0.1%~1.0%，铬的质量分数为 12%~18%。由于合金元素单一，故此类钢只在氧化性介质中（如大气、海水、氧化性酸）耐蚀，而非氧化性介质中（如盐酸、碱溶液等）耐蚀性很差。钢的耐蚀性随铬含量的降低和碳含量的增加而受到损害，但钢的强度、硬度和耐磨性则随碳的增加而改善。实际应用时，应根据具体零件对耐蚀性和力学性能的不同要求，来选择不同 Cr、C 含量的不锈钢。

常见的马氏体不锈钢有低、中碳的 Cr13 型（如 1Cr13、2Cr13、3Cr13、4Cr13）和高碳的 Cr18 型（如 9Cr18、9Cr18MoV 等）。此类钢的淬透性良好，空冷或油冷便可得到马氏体，锻造后须经退火处理来改善其切削加工性。工程上一般将 1Cr13、2Cr13 进行调质处理，得到回火索氏体组织，作为结构钢使用（如汽轮机叶片、水压机阀等）；对 3Cr13、4Cr13 及 9Cr18 进行淬火+低温回火处理，获得回火马氏体，用以制造高硬度、高耐磨性和高耐蚀性结合的零件或工具（如医疗器械、量具、塑料模及滚动轴承等）。

马氏体不锈钢与其他类型的不锈钢相比，具有价格最低、可热处理强化（即力学性能较好）的优点，但其耐蚀性较低，塑型加工与焊接性能较差。

2）铁素体不锈钢

这类钢的碳含量较低（$\omega_C < 0.15\%$）、铬含量较高（$\omega_{Cr}=12\%\sim30\%$）。此外 Cr 是铁素体形成元素，致使此类钢从室温到高温（1000℃左右）均为单相铁素体，这一方面可进一步改善耐蚀性，另一方面说明它不可进行热处理强化，故强度与硬度低于马氏体不锈钢，而塑性加工性、切削加工性和焊接性能较优。因此铁素体不锈钢主要用于力学性能要求不高、而对耐蚀性和抗氧化性有较高要求的零件，如耐硝酸、磷酸结构和抗氧化结构。

常见的铁素体不锈钢有 0Cr13、1Cr17、1Cr28 等。为进一步提高其耐蚀性，也可加入 Mo、Ti、Cu 等其他合金元素（如 1Cr17Mo2Ti）。铁素体不锈钢一般是在退火或正火状态使用。热处理或其他热加工过程中（焊接与锻造）应注意的主要问题是其脆性问题（如晶粒粗大导致的脆性，σ 相析出脆性，475℃脆性等）。

铁素体不锈钢的成本虽略高于马氏体不锈钢，但因其不含有贵金属元素 Ni，故其价格远低于奥氏体不锈钢，经济性较佳，适用于民用设备，其应用仅次于奥氏体不锈钢。

3）奥氏体不锈钢

这类钢原是在 Cr18Ni8 基础上发展起来的，具有低碳（绝大多数钢 $\omega_C < 0.12\%$）、高铬（$\omega_{Cr} > 17\%\sim25\%$）和较高镍（$\omega_{Ni}=8\%\sim29\%$）的成分特点。据此可知，此类钢具有最佳的耐蚀性，但相应地价格也较高。Ni 的存在使钢在室温下为单相奥氏体组织，这不仅可以进一步改善钢的耐蚀性，而且还赋予了奥氏体不锈钢优良的低温韧性、高的加工硬化能力、耐热性和无磁性等特性，其冷塑性加工性和焊接性能较好，但切削加工性稍差。

奥氏体不锈钢的品种很多，其中以 Cr18Ni8 普通型奥氏体不锈钢用量最大。典型牌号有 1Cr18Ni9、1Cr18Ni9Ti 及 0Cr18Ni9 等。加 Mo、Cu、Si 等合金元素，可显著改善不锈钢在某些特殊腐蚀条件下的耐蚀性，如 00Cr17Ni12Mo2。因 Mn、N 与 Ni 同为奥氏体形成元素，为了节约 Ni 资源，国内外研制了许多镍型和无镍型奥氏体不锈钢，如无镍型的 Cr-Mn 不锈钢 1Cr17Mn9、Cr-Mn-N 不锈钢 0Cr17Mn13Mo2N 和节 Ni 型的 Cr-Mn-Ni-N 不锈钢 1Cr18Mn10Ni5Mo3N 等。因奥氏体不锈钢的切削加工性较差，为此还发展了改善切削加工性的易切削不锈钢 Y1Cr18Ni9、Y1Cr18Ni9Se 等。

奥氏体不锈钢的主要缺点是：

强度低。奥氏体不锈钢退火组织为奥氏体+碳化物（该组织不仅强度低，而且耐蚀性也有所下降），其正常使用状态组织为单相奥氏体，即固溶处理（高温加热、快速冷却）组织，其强度很低（$\sigma_b \approx 600 MPa$），限制了它作为结构材料的使用。奥氏体不锈钢虽然不可热处理（淬火）强化，但因其具有较强的加工硬化能力，故可通过冷变形方法使之显著强化（σ_b 升至 1200~1400MPa），随后必须进行去应力退火（300~350℃加热空冷），以防止应力腐蚀现象。

晶间腐蚀倾向大。奥氏体不锈钢的晶间腐蚀是指在 450~850℃ 范围内加热时，因晶界上析出了 $Cr_{23}C_6$ 碳化物，造成了晶界附近区域贫铬（$\omega_{Cr} < 12\%$），当受到腐蚀介质作用时，便沿晶界贫铬区产生腐蚀的现象。此时若稍许受力，就会导致突然的脆性断裂，危害极大。防止晶间腐蚀的主要措施有二：其一是降低钢中的碳含量（如 $\omega_C < 0.06\%$），使之不形成铬的碳化物；其二是加入适量的强碳化物形成元素 Ti 和 Nb，在稳定化处理时优先生成 TiC 和 NbC，而不形成 $Cr_{23}C_6$ 等铬的碳化物，即不产生贫铬区（此举对防止铁素体不锈钢的晶间腐蚀同样有效）。此外，在焊接、热处理等热加工冷却过程中，应注意以较快的速度通过 850~450℃温度区间，以抑制 $Cr_{23}C_6$ 的析出。

4）双相不锈钢

主要指奥氏体-铁素体双相不锈钢，它是在 Cr18Ni8 的基础上调整 Cr、Ni 含量，并加入适量的 Mn、Mo、W、Cu、N 等合金元素，通过合适的热处理而形成奥氏体-铁素体双相组织。双相不锈钢兼有奥氏体不锈钢和铁素体不锈钢的优点，如良好的韧性、焊接性能、较高的屈服强度和优良的耐蚀性，是近十年来发展很快的钢种。常用典型不锈钢有 1Cr21Ni5Ti、1Cr18Mn10Ni5Mo3N 等。

5）沉淀硬化不锈钢

前述马氏体不锈钢虽然具有较高的强度，但低碳型（1Cr13、2Cr13）的强度仍不够高，而中、高碳型（3Cr13、4Cr13、9Cr18）的韧性又太低；奥氏体不锈钢虽可通过冷变形予以强化，但对尺寸较大、形状复杂的零件，冷变形强化的难度较大，效果欠佳。为了解决以上问题，在各类不锈钢中单独或复合加入硬化元素（如 Ti、Al、Mo、Nb、Cu 等），并通过适当的热处理（固溶处理后时效处理）获得高的强度、韧性并具有较好的耐蚀性，这就是沉淀硬化不锈钢，包括马氏体沉淀硬化不锈钢（由 Cr13 型不锈钢发展而来，如 0Cr17Ni4Nb）、马氏体时效不锈钢、奥氏体-马氏体沉淀硬化不锈钢（由 18-8 型不锈钢发展而来，如 0Cr17Ni7Al）。

4. 耐蚀合金简介

为了解决一般不锈钢无法解决的工程腐蚀问题，研制开发了耐蚀合金，如 Model 合金（Ni70Cu30）可算是最早的耐蚀合金。

按主要化学成分不同，耐蚀合金可分为三大类：

（1）镍基耐蚀合金。指以 Ni 为基体，能在某些介质中耐腐蚀的合金，如 Ni-Cu 合金（Ni70Cu28Fe）在氢氟酸中、Ni-Mo 合金（00Ni70Mo28）在盐酸中、Ni-Cr-Mo 合金（0Cr16Ni60Mo17W4）在氧化性介质和还原介质中，均具有优良的耐蚀性。

（2）镍-铁基耐蚀合金。指 ω_{Ni}>30%、（ω_{Ni}+ω_{Fe}）>50%的耐蚀合金，如 0Cr22Ni46Fe17，较高的 Fe 含量可适当降低耐蚀合金的成本。

（3）钛基耐蚀合金。如 Ti-6Al-4V、Ti-5Mo-5V-8Cr-3Al 等，在中性介质、氧化性介质、尤其是在海水中，其耐蚀性优于各种不锈钢，甚至超过了镍基耐蚀合金，是目前对上述介质耐蚀性能最好的金属材料，但相应的成本也是最高的。

二、耐热钢

在高温下具有高的热化学稳定性和热强性的特殊钢称为耐热钢，它广泛用于制造工业加热炉、热工动力机械（如内燃机）、石油及化工机械与设备等高温条件工作的零件。

1. 性能要求

（1）高的热化学稳定性。指钢在高温下对各类介质的化学腐蚀抗力，其中最基本且最重要的是抗氧化性。所谓抗氧化性则是指材料表面在高温下迅速氧化后能形成连续而致密的牢固的氧化膜，以保护其内部金属不再继续被氧化。

（2）高的热强性（高温强度）。指钢在高温下抵抗塑性变形和断裂的能力。高温零件长时间承受载荷时，一般而言强度大大下降。与室温力学性能相比，高温力学性能还要受温度和时间的影响。常用的高温力学性能指标有：蠕变极限，指材料在高温长期载荷下对缓慢塑性变形（即蠕变）的抗力；持久强度，即材料在高温长期载荷下对断裂的抗力。

2. 成分与组织特点

成分合金化和组织稳定性是保证耐热钢上述两个主要性能的关键。

1）提高抗氧化性

（1）Cr、Al、Si 是常用的抗氧化性元素；因其在钢表面生成致密、稳定、连续而牢固的 Cr_2O_3、Al_2O_3、SiO_2 氧化膜。其中 Al、Si 会明显增加钢的脆性，故而很少单独加入，而常与 Cr 一起加入。Cr 是最主要的元素，实验证明，当 ω_{Cr}=5%时，耐热钢工作温度可达 600~650℃；当 ω_{Cr}=28%时，耐热钢工作温度可达 1100℃。

（2）微量稀土（RE）元素如钇（Y）、镧（La）等，因其能防止高温晶界的优先氧化现象，可明显改善耐热钢的抗氧化性。

（3）渗金属表面处理（如渗 Cr、Al、Si）是提高钢抗氧化性的有效途径。

2）提高热强性

（1）基体固溶强化元素 Cr、Ni、W、Mo 等，其主要作用是固溶强化、形成单相组织并提高再结晶温度（增加基体组织稳定性）。

（2）第二相沉淀强化元素 V、Ti、Nb、Al 等，起作用是形成细小弥散分布的稳定碳化物（如 VC、TiC、NbC 等）或稳定性更高的金属间化合物（如 Ni_3Ti、Ni_3Nb、Ni_3Al 等），获得第二相沉淀强化效果并提高组织稳定性。

（3）微量晶界强化元素硼（B）与稀土（RE）元素，起净化晶界或填充晶界空位的作用。

3．耐热钢的分类与常用钢号

按使用性不同，耐热钢分为抗氧化钢和热强钢；按组织不同，耐热钢又可分为铁素体类耐热钢和奥氏体类耐热钢。

1）抗氧化性钢

又称不起皮钢，指高温下有较好抗氧化性并有适当强度的耐热钢，主要用于制作在高温下长期工作且承受载荷不大的零件，如热交换器和炉用构件等。

（1）铁素体型抗氧化钢。这类钢是在铁素体不锈钢的基础上加入了适量的 Si、Al 而发展起来的。其特点是抗氧化性强，但高温强度低、焊接性能差、脆性大。根据 GB/T 4239—1994，按抗氧化性或使用温度不同，分为四小类：低中 Cr 型，如 1Cr3Si、1Cr6Si2Ti，工作温度 800℃以下；Cr13 型，如 1Cr13SiAl，工作温度 800~1000℃；Cr18 型，如 1Cr18Si2，工作温度 1000℃左右；Cr25 型，如 1Cr25Si2，工作温度 1050~1100℃。

（2）奥氏体型抗氧化钢。这类钢是在奥氏体不锈钢的基础上加入适量的 Si、Al 等元素而发展起来的。其特点是比铁素体的热强性高，工艺性能改善，因而可在高温下承受一定的载荷。典型钢号有 Cr-Ni 型（如 3Cr18Ni25Si2，工作温度 1100℃）、节 Ni 型（如 2Cr20Mn9Ni2Si2N，工作温度 850~1050℃）及无 Cr-Ni 型（如 6Mn18Al5Si2Ti，工作温度低于 950℃）。奥氏体抗氧化性钢多在铸态下使用（此时为铸钢，如 ZG3Cr18Ni25Si2），但也可制作锻件。

2）热强钢

指高温下不仅具有较高的抗氧化性（包括其他耐蚀性），还应有较高的强度（即热强性）的耐热钢。一般情况下，耐热钢多是指热强钢，主要用于制造热工动力机械的转子、叶片、气缸、进气与排气阀等既要求抗氧性又要求高温强度的零件。

热强钢主要包括三类。

（1）珠光体热强钢。此类钢在正火状态下的组织为细片珠光体+铁素体，广泛用于在 600℃以下工作的热工动力机械和石油化工设备。其碳含量为低、中碳，ω_C=0.10~0.40%；

常加入耐热性合金元素 Cr、Mo、W、V、Ti、Nb 等，其主要作用是强化铁素体并防止碳化物的球化、聚集长大乃至石墨化现象，以保证热强性。典型钢种有低碳珠光体钢，如 12CrMo、15CrMoV，具有优良的冷热加工性能，主要用于锅炉管线等（故又称锅炉管子用钢），常在正火状态下使用；中碳珠光体钢，如 35CrMo、35CrMoV 等，在调制状态下使用，具有优良的高温综合力学性能，主要用于耐热的紧固件和汽轮机转子（主轴、叶轮等），故又称紧固件和汽轮转子用钢。

（2）马氏体热强钢。此类钢淬透性良好，空冷即可形成马氏体，常在淬火+高温回火状态下使用。包括两小类：低碳高铬型，它是在 Cr13 型马氏体不锈钢的基础上加入 Mo、W、V、Ti、Nb 等合金元素而形成，常用牌号有 1Cr11MoV、1Cr12WMoV 等，因这种钢还具有优良的消震性，最适宜制造工作温度在 600℃ 以下的汽轮叶片，故又称叶片钢；中碳铬硅钢，常用牌号有 4Cr9Si2、4Cr10Si2Mo 等，这种钢既有良好的高温抗氧化性和热强性，还有较高的硬度和耐磨性，最适合制造工作温度在 750℃ 以下的发动机排气阀，故又称气阀钢。

（3）奥氏体热强钢。此类钢是在奥氏体不锈钢的基础上加入了热强元素 W、Mo、V、Ti、Nb、Al 等，它们强化了奥氏体并能形成稳定的特殊碳化物或金属间化合物。具有比珠光体热强钢和马氏体热强钢更高的热强性和抗氧化性，此外还有高的塑性、韧性及良好的焊接性能、冷塑成形性。常用牌号有 1Cr18Ni12Ti、4Cr14Ni14W2Mo 等，主要用于工作温度高达 800℃ 的各类紧固件与汽轮机叶片、发动机气阀，使用状态为固溶处理状态或时效处理状态。

4. 耐热合金（高温合金）

耐热钢在较高载荷下的最高使用温度一般是在 800℃ 以下，而对航空、航天工业的某些耐热零构件（如喷气式发动机）却是在 800℃ 以上的高温下长期承受一定的工作载荷，耐热钢已不能满足抗氧化性尤其是热强性要求，此时便应采用高温合金，它包括铁基、镍基、钴基和难熔金属（如 Ta、Mo、Nb 等）基。以下简介铁基和镍基两类高温合金。

（1）铁基高温合金。此类合金是在奥氏体不锈钢的基础上增加了 Cr 或 Ni 含量并加入了 W、Mo、Ti、V、Nb、Al 等合金元素而形成的，铁基高温合金具有更高的抗氧化性和热强性，并有良好的塑性加工性和焊接性能，用于制造形状复杂的、需经冷压和焊接成形的、工作温度高达 800~900℃ 的零件，使用状态为固溶或固溶+时效。常用牌号如 GH1131，其主要合金元素含量为 ω_{Cr}=20%、ω_{Ni}=28%、ω_W=5%、ω_{Mo}=4%左右。

（2）镍基高温合金。此类合金是以 Ni 为基，加入 Cr、W、Mo、Co、V、Ti、Nb、Al 等耐热合金元素形成以 Ni 为基的面心立方晶格的固溶体（也称奥氏体）。其基本性能与热处理类似于铁基高温合金，但热强性和组织稳定性稍优。其缺点是价格昂贵。典型牌号如 GH3030，含有质量分数高达 20%的 Cr、微量的 Ti、Al 等元素。常用耐热钢的牌号、成分、热处理及用途见表 5-17。

表 5-17　常用耐热钢的牌号、成分、热处理及用途（GB/T 1221—1992）

类型	牌号	热处理/℃	拉伸试验				硬度/HBS	应用举例
			$\sigma_{0.2}$/MPa	σ_b/MPa	δ_5/%	ψ/%		
珠光体型	15CrMo	900~950 油(正火) 630~700 空(回火)	295	440	22	60	≤179	≤530℃高温炉的受热管子、中高压蒸汽导管、联箱等
	12CrMoV	960~980 空(正火) 700~760 空(回火)	225	440	22	50	≤241	≤540℃汽轮机主气道管、≤570℃的各种过热器管子等
	35CrMoV	900 油(淬火) 630 水、油(回火)	930	1080	10	50	≤241	500~520℃下工作的汽轮机叶轮等
马氏体型	1Cr13	950~1000 油(淬火) 700~750 快冷(回火)	345	540	25	55	≥159	≤480℃的汽轮机叶片、<800℃的耐氧化部件
	2Cr13	920~980 油(淬火) 600~750 快冷(回火)	440	635	20	50	≥192	汽轮机叶片等
	1Cr13Mo	970~1020 油(淬火) 650~750 快冷(回火)	490	685	20	60	≥192	<800℃的抗氧化部件、高温高压蒸汽用机械部件
	1Cr12WMoV	1000~1050 油(淬火) 680~700 空(回火)	585	735	15	45	—	500~580℃工作的汽轮机轮盘、叶片、紧固件等
	4Cr9Si2	1020~1040 油(淬火) 700~780 油(回火)	590	885	19	50	—	热强性 600~700℃，常用作 700℃以下工作的汽车发动机柴油机的排气阀
	4Cr10Si2Mo	1010~1040 油(淬火) 120~160 空(回火)	685	885	10	35	—	抗氧化 850℃，热强 650℃，适用于能内燃机气阀、轻负荷发动机排气阀
奥氏体型	0Cr18Ni9	1010~1150 快冷(固溶)	205	520	40	60	≤187	<870℃反复加热通用耐氧化钢
	0Cr18Ni10Ti	920~1150 快冷(固溶)	205	520	40	50	≤187	400~900℃腐蚀条件下使用的部件、高温用焊接结构件
	4Cr14Ni14W2Mo	820~850 快冷(退火)	315	705	20	35	≤248	500~600℃超高参数锅炉和汽轮机零件、内燃机重载荷排气阀

三、耐磨钢

耐磨钢是指用于制造高耐磨性的特殊钢种，这些钢种有高碳铸钢、硅锰结构钢、高碳工具钢以及轴承钢等，但通常是指高锰耐磨钢。

高锰钢的化学成分特点是高碳（ω_C=0.90%~1.50%）、高锰（ω_{Mn}=11%~14%）。其铸态组织为粗大的奥氏体+晶界析出碳化物，此时脆性很大，耐磨性也不高，不能直接使用。经固溶处理（1060~1100℃高温加热、快速水冷）后可得到单相奥氏体组织，此时韧性很高（故又称"水韧处理"）。高锰钢固溶状态硬度虽然不高（~200HBS），但当受到高冲击载荷和高应力摩擦时，表面发生塑性变形而迅速生产强烈的加工硬化并诱发产生马氏体，从而形成硬（>500HBW）而耐磨的表面层（深度 10~20mm），心部仍为高韧性的奥氏体。随着硬化层的逐步磨损，新的硬化层不断向内产生、发展，故能维持良好的耐磨性。而在低冲击载荷和低应力摩擦下，高锰钢的耐磨性并不比相同硬度的其他钢种高。因此高锰钢主要用于耐磨性要求特别好并在高冲击与高压力条件下工作的零件，如坦克、拖拉机、挖掘机的履带板，破碎机牙板，铁路道岔等。

高锰钢的加工硬化能力极强，故冷塑性加工性能和切削加工性能较差；且又因其热裂纹倾向较大、导热性差，故焊接性能也不佳。一般而言，大多数高锰钢零件都是铸造成型的。

表 5-18 列举了常用高锰钢牌号、成分与用途举例。其 Mn/C 不同，力学性能有差异，一般 Mn/C=9~11。对耐磨性较高、冲击韧度较低、形状不复杂的零件，Mn/C 取下限（ZGMn13-1、ZGMn13-2）；反之，Mn/C 取上限。为适应不同工况的要求，可通过调整基本成分和加入其他合金元素提高耐磨性，如 75Mn13、45Mn17Al3 等。

表 5-18　常用高锰钢牌号、成分与用途举例

钢 号	化 学 成 分 ω/%					用途举例
	C	Mn	Si	S	P	
ZGMn13-1	1.00~1.50					用于以耐磨性为主、地冲击的结构
ZGMn13-2	1.00~1.40		0.30~1.00		≤0.090	简单铸件，如衬板、齿板、辊套、铲齿等
		11.00~14.00		≤0.050		
ZGMn13-3	0.90~1.30		0.30~0.80		≤0.080	用于以韧性为主的、高冲击的结构复杂铸件，如带板
ZGMn13-4	0.90~1.20				≤0.070	

习　题

1. 钢中常存的杂质元素有哪些？分析其对钢性能的影响。
2. 合金元素在钢中的存在形式有哪几种？
3. 试分析合金元素对钢相变过程的影响。
4. 什么是回火稳定性？怎样才能提高淬火钢的回火稳定性？
5. 什么是第二类回火脆性？产生原因是什么？
6. 简述低合金高强度结构钢的性能特点。
7. 什么是铸钢？铸钢有哪几种类型？
8. 什么是高速钢？简述 W18Cr4V 的热处理过程。
9. 什么是冷作模具钢？有哪几种类型？
10. 量具用钢需要具备哪些性能特点？
11. 不锈钢按组织不同可分为哪几种？简述铁素体不锈钢的性能特点。
12. 耐热钢的定义是什么？有哪几种类型并简述其性能特点。

第六章 有色金属及其合金

第一节 铝及铝合金

一、工业纯铝

铝是地壳中储量最多的一种元素，其含量约占地壳总量的 8.2%。纯铝具有银白色金属光泽，密度为 2.72g/cm³，熔点为 660.4℃，具有良好的导电性和导热性，其导电性仅次于银、铜。纯铝在空气中比较容易氧化，从而在表面形成一层能阻止内层金属继续被氧化的致密氧化膜，所以铝具有良好的抗大气腐蚀性能。纯铝晶体结构为面心立方，没有同素异构转变。纯铝具有非常好的塑性和较低的强度（纯度为 99.99%时，σ_b=45MPa，δ=50%），良好的低温性能（温度降到−235℃时，塑性和冲击韧度也不降低）。冷变形加工可提高其强度，但塑性降低。纯铝具有优良的工艺性能，易于铸造、切削及冷、热压力加工，具有良好的焊接性能。

工业纯铝中含有的杂质元素有 Fe、Si 等，当杂质含量增加时，其导电性、耐蚀性及塑性都降低。纯铝按纯度分为高纯铝、工业高纯铝、工业纯铝，压力加工产品的牌号用"L"加顺序号表示。高纯铝在顺序号前加"G"，有 LG1~LG5 五种，数字越大，纯度越高；工业纯铝有 L1~L7 七种，数字越小纯度越高。工业纯铝的主要用途是配制铝合金，高纯铝主要用于科学试验和化学工业。除此之外，纯铝还可用来制造导线、包覆材料、耐蚀和生活器皿等。

二、铝合金

纯铝的强度和硬度都很低，不适宜应用于工程结构材料。当向铝中加入适量 Si、Cu、Mg、Zn、Mn 等元素（主加元素）和 Cr、Ti、Zr、B、Ni 等元素（辅加元素），组成铝合金，则可提高其强度并保持纯铝的特性。

1. 铝合金的分类

根据铝合金的成分、生产工艺特点，可将铝合金分为变形铝合金和铸造铝合金两大类。铝合金一般都具有如图 6-1 所示的相图，在此图上可直接划分变形铝合金和铸造铝合金的成分范围。图中成分在 D 点以左的合金，加热至固溶线（DF 线）以上温度可以得到均匀的单相 α 固溶体，塑性好，适于进行锻造、轧制等压力加工，故称为变形铝合金。成分在 D 点以右的合金，存在共晶组织，塑性较差，不宜压力加工，但流动性好，适宜铸造，故称为铸造铝合金。

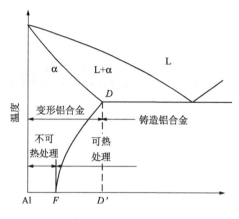

图 6-1　铝合金相图

在变形铝合金中，在 F 点以左成分的合金，固溶体成分不随温度而变化，不能通过热处理方法强化，称为不可热处理强化的铝合金；成分在 FD 之间的合金，固溶体成分随温度而变化，可通过热处理方法进行强化，称为可热处理强化的铝合金。

2. 铝合金的热处理

铝合金主要的热处理工艺方法有退火、淬火和时效。

1）退火

铝合金的退火有下列几种：

（1）再结晶退火。在再结晶温度以上保持一段时间后空冷，用于消除冷变形工件的加工硬化，提高塑性，便于后续的成形加工。

（2）低温退火。其目的是消除内应力，适当增加塑性，通常在 180~300℃保温后空冷。

（3）均匀化退火。其目的是消除铸锭或铸件的成分偏析及内应力，提高塑性，通常在高温长时间保温后空冷。

2）淬火（固溶处理）

将铝合金加热到固相线以上温度保温后快冷，使第二相来不及析出，得到过饱和、不稳定的单一 α 固溶体。淬火后铝合金的强度和硬度不高，但具有很好的塑性。

3）时效

将淬火后铝合金在室温或低温加热下保温一段时间，随着时间的延长，其强度、硬度显著升高而塑性降低的现象，称为时效。在室温下进行的时效称为自然时效；在低温加热下进行的时效称为人工时效。时效的实质是第二相从过饱和、不稳定的单一 α 固溶体中析出和长大，且由于第二相与母相（α 相）的共格程度不同，从而使母相产生晶格畸变而强化。

铝合金时效强化效果与加热温度和保温时间有关，时效温度越高，时效速度越快。

每一种铝合金都具有其最佳时效温度、时效时间，如果时效温度过高或保温时间过长，铝合金反而会软化，称为过时效。

3. 变形铝合金

依据变形铝合金的特点可将其分为防锈铝合金、硬铝合金、超硬铝合金和锻铝合金四种，表 6-1 为常用变形铝合金的牌号、化学成分及力学性能。其中代号为 GB 3190—1982 的铝合金牌号（旧牌号）分别为 LF、LY、LC、LD 加顺序号表示，其中防锈铝合金为不可热处理强化铝合金，其他三种为可热处理强化铝合金。表 6-2 为变形铝合金的产品状态代号。

表 6-1　常用变形铝合金的牌号、化学成分及力学性能（GB/T 3190—1996）

类别	合金系统	牌号（代号）	化学成分 ω/%					产品状态	力学性能		
			Cu	Mg	Mn	Zn	其他		σ_b/MPa	δ/%	硬度/HBS
防锈铝合金	Al-Mg	5A02（LF2）	—	2.0~2.8	0.15~0.40	—	—	O	195	17	47
								HX8	265	3	68
		5A05（LF5）	—	4.0~5.5	0.3~0.6	—	—	O	280	20	70
	Al-Mn	3A21（LF21）	—	—	1.0~1.6	—	—	O	130	20	30
								HX8	190	1	53
硬铝合金	Al-Cu-Mg	2A01（LY1）	2.2~3.0	0.2~0.5	—	—	—	线材 T4	300	24	70
		2A11（LY11）	3.8~4.8	0.4~0.8	0.4~0.8	—	—	包铝板材 T4	420	18	100
		2A12（LY12）	3.8~4.9	1.2~1.8	0.3~0.9	—	—	包铝板材 T4	470	17	105
	Al-Cu-Mn	2A16（LY16）	6.0~7.0	—	0.4~0.8	—	Ti0.1~0.2	包铝板材 T4	400	8	100
超硬铝合金	Al-Zn-Mg-Cu	7A04（LC4）	1.4~2.0	1.8~2.8	0.2~0.6	5.0~7.0	Cr0.10~0.25	包铝板材 T6	600	12	150
		2A09（LC9）	1.2~2.0	2.0~3.0	0.15	7.6~8.6	Cr0.16~0.30	包铝板材 T6	680	7	190
锻铝合金	Al-Cu-Mg-Si	2A50（LD5）	1.8~2.6	0.4~0.8	0.4~0.8	—	Si0.7~1.2	包铝板材 T6	420	13	105
		2A14（LD10）	3.9~4.8	0.4~0.8	0.4~1.0	—	Si0.5~12	包铝板材 T6	480	19	135
	Al-Cu-Mg-Fe-Ni	2A70（LD7）	1.9~2.5	1.4~1.8	—	—	Ti0.02~0.10 Ni0.9~15 Fe0.9~1.5	包铝板材 T6	415	13	120

表 6-2　变形铝合金的产品状态代号（GB/T 16475—1996）

状态名称	旧代号	新代号	状态名称	旧代号	新代号
退火	M	O	冷作硬化	Y	HX8
淬火	C	T	3/4 冷作硬化	Y1	HX9
加工硬化状态	—	H	1/2 冷作硬化	Y2	H112 或 F
自然时效	Z	W	1/3 冷作硬化	Y3	HX6
人工时效	S	—	1/4 冷作硬化	Y4	HX4
淬火+自然时效	CZ	T4	强力冷作硬化	T	HX3
淬火+人工时效	CS	T6	热轧、热挤	R	HX2

1）防锈铝合金

防锈铝合金包括 Al-Mn 系和 Al-Mg 系合金，其主要性能特点是具有很高的塑性、较低或中等的强度、优良的耐蚀性能和良好的焊接性能。防锈铝只能用冷变形来强化，一般在退火态或冷作硬化状态使用。

常用 Al-Mn 系防锈铝合金有 3A21，其耐蚀性能较好，常用来制造需弯曲、冷拉或冲压的零件，如管道、容器、油箱等。

常用 Al-Mg 系防锈铝合金有 5A02、5A03、5A05、5A06 等，此类合金具有较高的疲劳性和抗震性，强度高于 Al-Mn 系合金，但耐热性较差。广泛用于航空航天工业中，如制造油箱、管道、铆钉、飞机行李架等。

2）硬铝合金

硬铝是可热处理强化铝合金中应用最广泛的一种，包括 Al-Cu-Mg 系和 Al-Cu-Mn 系两类。

常用 Al-Cu-Mg 系硬铝可分为低强度硬铝，如 2A01（LY1）、2A10（LY10）等，其强度比较低，但有很高的塑性，主要作为铆钉材料；中强度硬铝，如 2A11（LY11）；高强度硬铝，如 2A12（LY12）。Al-Cu-Mg 系硬铝的焊接性能和耐蚀性较差，对其制品需要进行防腐保护处理，对于板材可包覆一层高纯铝，通常还要进行阳极氧化处理和表面涂装，为提高其耐蚀性，一般采用自然时效。部分 Al-Cu-Mg 系硬铝具有较高的耐热性，如 2A11（LY11）、2A12（LY12），可在较高温度使用。Al-Cu-Mn 系硬铝为超耐热硬铝合金，具有较好的塑性和工艺性能，常用代号有 2A16（LY16）、2A17（LY17）。硬铝合金常制成板材和管材，主要用于飞机构件、蒙皮、螺旋桨、叶片等。

3）超硬铝合金

超硬铝为 Al-Zn-Mg-Cu 系合金，是强度最高的变形铝合金，常用的有 7A04（LC4）、7A09（LC9）等。超硬铝合金具有优良的热塑性，但疲劳性能较差，耐热性和耐蚀性也不高。超硬铝的板材表面通常包覆 $\omega_{Zn}=1\%$ 的铝锌合金，零构件也要进行阳极化防腐蚀处理。超硬铝合金一般采用淬火+人工时效的热处理强化工艺，主要用于工作温度较低、受力较大的结构件，如飞机蒙皮、壁板、大梁、起落架部件等。

4）锻铝合金

锻铝合金有 Al-Cu-Mg-Si 系和 Al-Cu-Mg-Fe-Ni 系两类，锻铝合金热塑性好，可用锻压方法来制造形状较复杂的零件。一般在淬火+人工时效后使用。

Al-Cu-Mg-Si 系锻铝常用牌号有 6A02（LD2）、2A50（LD5）、2B50（LD6）、2A14（LD10）等，主要用于制造要求中等强度、高塑性和耐热性零件的锻件、模锻件，如各种叶轮、导风轮、接头、框架等。

Al-Cu-Mg-Fe-Ni 系锻铝常用牌号有 2A70（LD7）、2A80（LD8）、2A90（LD9）等，此类合金耐热性较好，主要用于 250℃温度下工作的零件，如叶片、超音速飞机蒙皮等。

5）铝锂合金

铝锂合金是一种新型的变形铝合金，它具有密度低、比强度高、比刚度大、疲劳性能良好、耐蚀性及耐热性高等优点，用于制造飞机构件、火箭和导弹的壳体、燃料箱等。

4. 铸造铝合金

铸造铝合金主要有 Al-Si 系、Al-Cu 系、Al-Mg 系、Al-Zn 系四种，其代号分别用 ZL1、ZL2、ZL3、ZL4 加两位数字的顺序号表示；若为铸锭，则在 ZL 后加 D；若为优质，则在代号后加 A；需表示状态时，在合金代号后用短横线连接状态代号；铸造方法代号不写入合金代号中。表 6-3 为常用铸造铝合金的牌号、化学成分及力学性能，表 6-4 为热处理状态代号和铸造方法代号。

表 6-3 常用铸造铝合金的牌号、化学成分及力学性能（GB/T 1173—1995）

类别	牌号	代号	化学成分 ω/%					状态代号	铸造方法	力学性能（≥）		
			Si	Cu	Mg	Mn	其他			σ_b /MPa	δ /%	硬度 /HBS
	ZAlSi12	ZL102	10.0~13.0	—	—	—	—	F	SB	143	4	50
								F	JB	153	2	50
								T2	SB	133	4	50
								T2	J	143	3	50
铝硅合金	ZAlSi9Mg	ZL104	8.0~10.5	—	0.17~0.30	0.2~0.5	—	T1	J	192	1.5	70
								T6	J	231	2	70
	ZAlSi5Cu1Mg	ZL105	4.5~5.5	1.0~1.5	0.4~0.6	—	—	T5	J	231	0.5	70
								T7	J	173	1	65
	ZAlSi2Cu1Mg1Ni1	ZL109	11.0~13.0	0.5~1.5	0.8~13	—	Ni0.8~1.5	T1	J	192	0.5	90
								T6	J	241	—	100

续表

类别	牌号	代号	化学成分 ω/%					状态代号	铸造方法	力学性能（≥）		
			Si	Cu	Mg	Mn	其他			σ_b /MPa	δ /%	硬度 /HBS
铝铜合金	ZAlCu5Mn	ZL201	—	4.5~5.3	—	0.6~1.0	Ti0.10~0.35	T4	S	290	3	70
								T5	S	330	4	90
	ZAlCu10	ZL202	—	9.0~11.0	—	—	—	T6	S	163	—	100
								T6	J	163	—	100
铝镁合金	ZAlMg10	ZL301	—	—	9.5~11.5	—	—	T4	S	280	9	20
	ZAlSi1	ZL303	0.8~1.3	—	4.5~5.5	0.1~0.4	—	F	S J	143	1	55
铝锌合金	ZAlZn11Si7	ZL401	6.0~8.0	—	0.1~0.3	—	Zn9.0~13.0	T1	J	241	1.5	90
	ZAlZn6Mg	ZL402	—	—	0.5~0.65	—	Cr0.4~0.6 Zn5.0~6.0 Ti0.15~0.25	T1	J	231	4	70

表 6-4　铸造铝合金热处理状态代号及铸造方法代号

热处理状态名称	代号	铸造方法名称	代号
铸态	F	砂型铸造	S
不需淬火的人工时效	T1	金属型铸造	J
退火	T2	熔模铸造	R
淬火	T3	壳型铸造	K
淬火+自然时效	T4	变质处理	B
淬火+不完全人工时效	T5		
淬火+完全人工时效	T6		
淬火+稳定化处理	T7		
淬火+软化处理	T8		

1）Al-Si 系铸造铝合金

Al-Si 系铸造铝合金俗称硅铝明；其中 ZL102 为 Al-Si 二元合金，俗称简单硅铝明；其余为 Al-Si 系多元合金，称为复杂硅铝明。铸造铝合金的铸造性能好，密度小，具有优良的耐蚀性、耐热性和焊接性能。简单硅铝明强度较低，不能热处理强化，用于制造形状复杂但强度要求不高的铸件，如飞机、仪表壳体等。复杂硅铝明可通过热处理来强化，常用代号有 ZL101、ZL104、ZL105、ZL109 等，用于制造低、中强度形状复杂的铸件，例如电动机壳体、气缸体、风机叶片、发动机活塞等。

2）Al-Cu 系铸造铝合金

Al-Cu 系铸造铝合金有较高的强度、耐热性，但其密度大、耐蚀性差，铸造性能不好，常用牌号有 ZL201、ZL202、ZL203 等。主要用于制造较高温度下工作的高强度零件，例如内燃机气缸头、增压器导风叶轮等。

3）Al-Mg 系铸造铝合金

Al-Mg 系铸造铝合金的耐蚀性好、强度高、密度小；但铸造性能差、耐热性低。常用代号有 ZL301、ZL303 等，主要用于制造在腐蚀介质下工作的承受一定冲击载荷的形状较为简单的零件，例如舰船配件、氨用泵体等。

4）Al-Zn 系铸造铝合金

Al-Zn 系铸造铝合金铸造性能好、强度较高，但其密度大、耐蚀性较差。常用代号有 ZL401、ZL402 等，主要用于制造受力较小，形状复杂的汽车、飞机等零件。

第二节　铜及铜合金

一、工业纯铜

纯铜俗称紫铜，属于重金属。工业上使用的纯铜，其铜含量为 ω_{Cu}=99.70%~99.95%，它是玫瑰红色的金属，表面形成氧化亚铜 Cu_2O 膜层后呈紫色。纯铜的密度为 $8.96g/cm^3$，熔点为 1083℃，具有面心立方晶格，无同素异构转变。

纯铜的优点是具有优良的导电性、导热性及良好的耐蚀性（抗大气及海水腐蚀），此外还具有抗磁性。纯铜的强度不高（σ_b=230~240MPa），硬度很低（40~50HBS），塑性却很好（δ=45%~50%）。冷塑性变形后，可以使铜的强度 σ_b 提高到 400~500MPa，但伸长率下降到 2%左右。为了满足制作结构件的要求，制成了各种铜合金。因此，纯铜的主要用途是制作各种导电材料、导热材料及配置各种铜合金。

二、铜合金

1. 铜合金分类

1）按化学成分

铜合金可分为黄铜、青铜及白铜三大类。在机械制造中，应用较广的是黄铜和青铜。

黄铜是以锌为主要合金元素的铜-锌合金。其中不含其他合金元素的黄铜称普通黄铜；含有其他合金元素的黄铜称为特殊黄铜。

青铜是除锌和镍以外的其他元素作为主要合金元素的铜合金。按其所含主要合金元素可分为锡青铜、铅青铜、铝青铜、硅青铜等。

2）按生产方法

铜合金可分为压力加工产品和铸造产品两类。

2. 铜合金牌号表示方法

1）加工铜合金

其牌号由数字和汉字组成，为便于使用，常以代号代替牌号。

（1）加工黄铜。普通加工黄铜代号表示方法为"H"+ 铜元素含量（质量分数×100）。例如，H68 表示 ω_{Cu}=68%、余量为锌的黄铜。特殊加工黄铜代号表示方法为"H"+主加元素的化学符号（除锌以外）+铜及各合金元素的含量（质量分数×100）。例如，HPb59-1 表示 ω_{Cu}=59%、ω_{Pb}=1%、余量为锌的加工黄铜。

（2）加工青铜。代号表示方法为"Q"（"青"的汉语拼音字母）+第一主加元素的化学符号及含量（质量分数×100）+其他合金元素含量（质量分数×100）。例如，QAl5 表示 ω_{Al}=5%、余量为铜的加工铝青铜。

2）铸造铜合金

铸造黄铜与铸造青铜的牌号表示方法相同，其代号为"Z"+铜元素化学符号+主元素的化学符号及含量（质量分数×100）+其他合金元素化学符号及含量（质量分数×100）。例如，ZCuZn38，表示 ω_{Zn}=38%、余量为铜的铸造普通黄铜；ZnCuSn10P1 表示 ω_{Sn}=10%、ω_{P}=1%、余量为铜的铸造锡青铜。

3. 黄铜

1）普通黄铜

（1）普通黄铜的组织。工业中应用的普通黄铜，在室温平衡状态下，有 α 及 β' 两个基本相，α 相是锌溶于铜中的固溶体，塑性好，适宜冷、热压力加工。β'相是以电子化合物 CuZn 为基的固溶体，在室温下较硬脆，但加热到 456℃ 以上时，却有良好的塑性，故含有 β'相的黄铜适宜热压力加工。

工业中应用的普通黄铜，按其平衡状态的组织可分为以下两种类型：当 ω_{Zn}<39%时，室温组织为单相 α 固溶体（单相黄铜）；当 ω_{Zn}=39%~45%时，室温下的组织为 α+β'（双相黄铜）。在实际生产条件下，当 ω_{Zn}>32%时，即出现 α+β'组织。

（2）普通黄铜的性能。黄铜的强度和塑性与含锌量有密切的关系。当含锌量增加时，由于固溶强化，使黄铜强度、硬度提高，同时塑性还有所改善。当 ω_{Zn}>32%后出现 β'相，塑性开始下降，但一定数量的 β'相起强化作用，强度继续升高。ω_{Zn}>45%，组织中已全部为脆性的 β'相，导致黄铜强度、塑性急剧下降。

普通黄铜的耐蚀性良好，并与纯铜相近。但当 ω_{Zn}>7%（尤其是大于 20%）并经冷压力加工后的黄铜，在潮湿的大气中，特别是在含氨的气氛中，易产生应力腐蚀破裂现象。防止应力破裂的方法是在 250~300℃ 进行去应力退火。

　　铸造黄铜的铸造性能较好，它的熔点比纯铜低，且结晶温度间隔小，使黄铜具有较好的流动性，较小的偏西倾向，且铸件组织致密。

　　（3）常用的普通黄铜。其牌号、代号、成分、力学性能及用途见表 6-5。

表 6-5　常用及特殊黄铜的代号、成分、力学性能及用途

类别	代号或牌号	化学成分 ω/%		力学性能			主要用途
		Cu	其他	σ_b /MPa	δ/%	硬度 /HBS	
普通黄铜	H90	88.0~91.0	Zn 余量	$\frac{245}{392}$	$\frac{35}{3}$	—	双金属片、供水和排水管、证章、艺术品
	H68	67.0~70.0	Zn 余量	$\frac{294}{392}$	$\frac{40}{13}$	—	复杂的冷冲压件、散热器外壳、弹壳、导管、波纹管、轴套
	H62	60.5~63.5	Zn 余量	$\frac{294}{412}$	$\frac{40}{10}$	—	销钉、铆钉、螺钉、螺母、垫圈、弹簧、夹线板
	ZCuZn38	60.0~63.0	Zn 余量	$\frac{295}{295}$	$\frac{30}{30}$	$\frac{59}{68.5}$	一般结构件如散热器、螺钉、支架等
特殊黄铜	HSn62-1	61.0~63.0	Sn 0.7~1.1 Zn 余量	$\frac{249}{392}$	$\frac{35}{5}$	—	与海水和汽油接触的船舶零件
	HSi80-3	79.0~81.0	Si 2.5~4.5 Zn 余量	$\frac{300}{350}$	$\frac{15}{20}$	—	船舶零件，在海水、淡水和蒸汽（<265℃）条件下工作的零件
	HMn58-2	57.0~60.0	Mn 1.0~2.0 Zn 余量	$\frac{382}{588}$	$\frac{30}{3}$	—	海轮制造业和弱点用零件
	HPb59-1	57.0~60.0	Pb 0.8~1.9 Zn 余量	$\frac{343}{441}$	$\frac{25}{5}$	—	热冲压及切削加工零件，如销、螺钉、螺母、轴套
	ZCuZn40Mn3Fe1	53.0~58.0	Mn 3.0~4.0 Fe 0.5~1.5 Zn 余量	$\frac{440}{490}$	$\frac{18}{15}$	$\frac{98}{108}$	轮廓不复杂的重要零件，海轮上在300℃以下工作的管配件，螺旋桨等大型铸件
	ZCuZn25Al6Fe3Mn3	60.0~66.0	Al 4.5~7 Fe 2~4 Mn 1.5~4.0 Zn 余量	$\frac{725}{745}$	$\frac{7}{7}$	$\frac{166.5}{166.5}$	要求强度耐蚀零件如压紧螺母、重型蜗杆、轴承、衬套

　　注：力学性能中分母的数值，对压力加工黄铜来说是指硬化状态（变形程度 50%）的数值，对铸造黄铜来说是指金属型铸造时的数值；分子数值，对压力加工黄铜为退火状态（600℃）时的数值，对铸造黄铜为砂型铸造时的数值。

　　普通黄铜主要供压力加工用，按加工特点分为冷加工用 α 单相黄铜与热加工用 α+β′ 双相黄铜两类。

　　H90（及 H80 等）。α 单相黄铜，有优良的耐蚀性、导热性和冷变形能力，呈金黄色，故有金色黄铜之称，常用于镀层、艺术装饰品、奖章、散热器等。

　　H68（及 H70）。α 单相黄铜，按成分称为七三黄铜。它具有优良的冷、热塑性变形

能力，适宜用冷冲压制造形状复杂而要求耐蚀的管、套类零件，如弹壳、波纹管等，所以又有弹壳黄铜之称。

H62（及 H59）。α+β'双相黄铜，按成分称为六四黄铜。它的强度较高，并有一定的耐蚀性，广泛用来制作电器上要求导电、耐蚀及适当强度的结构件，如螺栓、螺母、垫圈、弹簧及机器中的轴套等。

2）特殊黄铜

在普通黄铜的基础上，再加入其他合金元素所组成的多元合金称为特殊黄铜。常加入的元素有 Sn、Pb、Al、Si、Mn、Fe 等。合金元素加入黄铜后，一般或多或少地提高其强度。加入 Sn、Al、Mn、Si 还可提高耐蚀性与减少黄铜应力腐蚀破裂的倾向。某些合金元素的加入还可以改善黄铜的工艺性能，如加硅改善铸造性能，加铅改善切削加工性能等。

4. 青铜

根据所加主要合金元素 Sn、Al、Be、Si、Pb 等，青铜分为锡青铜、铝青铜、铍青铜、硅青铜、铅青铜等。加工青铜的代号用"Q"+主加元素符号及含量（质量分数×100）表示，如 QSn4-3 表示含 ω_{Sn}=4%、ω_{Zn}=3%的锡青铜。铸造青铜的牌号表示方法与铸造黄铜相同。表 6-6 为常用青铜的代号（牌号）、力学性能及用途。

表 6-6　常用青铜的代号（牌号）、力学性能及用途

类别	代号或牌号	加工状态或铸造方法	力 学 性 能			用　途
			σ_b/MPa	δ/%	硬度/HBS	
锡青铜	QSn4-3	M	350	40	60	弹性元件，化工设备的耐磨、耐蚀零件，抗磁零件
		Y	550	4	160	
	QSn6.5-0.4	M	400	65	80	造纸业用铜网，弹簧及耐磨零件
		Y	750	10	180	
铝青铜	QAl7	M	420	70	70	弹簧及其他耐蚀弹性元件
		Y	1000	4	154	
	QAl10-4-4	M	650	40	150	高强度耐磨零件和 500℃以下工作的零件及其他重要耐磨耐蚀零件
		Y	1000	10	200	
铍青铜	QBe2	M	500	40	90	重要的弹簧及弹性元件，耐磨零件及在高速、高压、高温下工作的轴承
		Y	1250	3	330	
硅青铜	QSi3-1	M	400	50	80	弹簧及弹性元件，耐蚀零件，及蜗轮、蜗杆、齿轮等耐磨零件
		Y	700	5	180	
铸造青铜	ZCuSn10Pb1	S	220	3	79	高载荷和高滑动速度下工作的耐磨零件，如连杆、轴瓦、衬套、齿轮、蜗轮等
		J	310	2	89	
	ZCuAl9Mn2	S	390	20	84	耐磨、耐蚀零件，形状简单的大型铸件，管路配件
		J	440	20	93	
	ZCuPb15Sn8	S	170	5	59	表面高压且有测压的轴承，冷轧机的铜冷却管，内燃机双金属轴承、轴瓦，活塞销套
		J	200	6	64	

1）锡青铜

以锡为主加元素的铜合金。锡青铜的性能受锡含量的显著影响。$\omega_{Sn}<5\%$的锡青铜塑性好，适于进行冷变形加工；$\omega_{Sn}=5\%\sim7\%$的锡青铜热塑性好，适于进行热加工；$\omega_{Sn}=10\%\sim14\%$的锡青铜塑性较低，适于作铸造合金。锡青铜的铸造流动性差，易形成分散缩孔，铸件致密度低，低合金体积收缩率小，适于铸造外形尺寸要求精确的铸件。锡青铜具有良好的耐蚀性、减摩性、抗磁性和低温韧性，在大气、海水、蒸汽、淡水及无机盐溶液中的耐蚀性比纯铜和黄铜要好，但在亚硝酸钠、酸和氨水中的耐蚀性却较差。常用锡青铜有 QSn4-3、QSn6.5-0.4、ZCuSn10Pb1 等，主要用于制造弹性元件、耐磨零件、抗磁及耐蚀零件，如弹簧、轴承、齿轮、蜗轮等。

2）铝青铜

以铝为主要加入元素的铜合金。铝青铜的性能也受铝含量的显著影响。铝青铜的强度、硬度、耐磨性、耐热性、耐蚀性都比黄铜和锡青铜高，但其铸件体积收缩率比锡青铜大，焊接性能较差。铝青铜是无锡青铜中应用最广泛的一种合金。常用铝青铜有低铝和高铝两种。低铝青铜如 QAl5、QAl7 等，具有一定的强度、较高的塑性和耐蚀性，一般在压力加工状态使用，主要用于制造高耐蚀弹性元件。高铝青铜如 QAl19-4、QAl10-4-4 等，具有较高的强度、耐磨性、耐蚀性，主要用于制造齿轮、轴承、摩擦片、蜗轮、螺旋桨等。

3）铍青铜

铍青铜是铜合金中性能最好的一种铜合金，也是唯一可固溶强化的铜合金。它具有很高的强度、弹性、耐磨性、耐蚀性及耐低温性，具有良好的导电、导热性，无磁性、受冲击时不产生火花，还具有良好的冷、热加工和铸造性能高。常用代号 QBe2、QBe1.9 等，主要用于制造重要的精密弹簧、膜片等弹性元件，高速、高温、高压下工作的轴承等耐磨零件，防爆工具等。

5. 白铜

白铜分为简单白铜和特殊白铜，工业上主要用于耐蚀结构和电工仪表。白铜的组织为单相固溶体，不能通过热处理来强化。

简单白铜为 Cu-Ni 二元合金，代号用"B"+Ni 含量（质量分数×100）表示。常用代号有 B5、B19 等。简单白铜具有较高的耐蚀性和抗腐蚀疲劳性能，优良的冷、热加工性能，主要用于制造在蒸汽和海水环境中工作的精密仪器、仪表零件和冷凝器、蒸馏器及热交换器等。

特殊白铜是在 Cu-Ni 二元合金基础上添加 Zn、Mn、Al 等元素形成的，分别称为锌白铜、锰白铜、铝白铜等。特殊白铜代号用"B"+添加元素化学符号+Ni 含量（质量分数×100）+添加元素含量（质量分数×100）表示，如 BMn40-1.5 表示含 $\omega_{Ni}=40\%$、$\omega_{Mn}=1.5\%$的锰白铜。常用锌白铜代号有 BZn15-20，它具有很高的耐蚀性、强度和塑性，成本也较低，用于制造精密仪器、精密机械零件、医疗器械等。锰白铜具有很高的电阻率、热电势和低的电阻温度系数，用于制造低温热电偶、热电偶补偿导线、变阻器和加热器，常用代号有 BMn40-1.5、BMn43-0.5。

第三节　镁及镁合金

一、工业纯镁

纯镁为银白色，属轻金属，质量比铝小，密度为 $1.74g/cm^3$，具有密排六方结构，熔点为 649℃；在空中易氧化，高温下（熔融态）可燃烧，耐蚀性较差，在潮湿大气、淡水、海水和绝大多数酸、盐溶液中易受腐蚀；弹性模量小，吸振性好，可承受较大的冲击和振动载荷，但强度低、塑性差，不能用作结构材料。纯镁主要用于制造镁合金、铝合金等；也可用作化工槽罐、地下管道及船体等阴极保护的阳极及化工、冶金的还原剂；还可用于制作照明弹、燃烧弹、镁光灯和烟花等。此外，镁还可以制作储能材料 MgH_2，$1m^3 MgH_2$ 可蓄能 $19×10^9J$。工业纯镁的牌号用"镁"字的汉语拼音字母 M（或用其化学符号 Mg）加顺序号表示，如 M1（或 Mg1）、M2（或 Mg2）。

二、镁合金

纯镁强度低、塑性差，不能制作受力零件。在纯镁中加入合金元素制成镁合金，可提高其力学性能。常用合金元素有 Al、Zn、Mn、Zr、Li 及稀土元素（RE）等。Al 和 Zn 既可固溶于镁产生固溶强化，又可与 Mg 形成强化相 $Mg_{17}Al_2$ 和 MgZn，并通过时效强化和第二相强化提高合金的强度和塑性；Mn 可提高合金的耐热性和耐蚀性，改善合金的焊接性能；Zn 和 RE 可以细化晶粒，通过细晶强化提高合金的强度和塑性，并减少热烈倾向，改善铸造性能和焊接性能；Li 可以减少镁合金质量。根据镁合金的成分和工艺特点，将镁合金分为变形镁合金和铸造镁合金两大类。

1. 变形镁合金

变形镁合金均是以压力加工方法制成各种半成品，如板材、棒材、管材、线材供应等，供应状态有退火态、人工时效态等。变形镁合金按化学成分分为 Mg-Mn 系、Mg-Al-Zn 系、Mg-Zn-Zr 系三类，其牌号用"镁变"汉语拼音字母 MB 加顺序号表示，如 MB1、MB2 等八个牌号，其化学成分见表 6-7。

（1）Mg-Mn 系变形镁合金。这类合金具有良好的耐蚀性和焊接性能，可以进行冲压、挤压、锻压等压力加工成形。其牌号为 MB1、MB8，通常在退火状态下使用，板材用于制造飞机和航天器的蒙皮、壁板等焊接结构件，模锻件可制作外形复杂的耐蚀性。

（2）Mg-Al-Zn 系变形镁合金。这类合金强度较高、塑性较好。其牌号为 MB2、MB3、MB5、MB6、MB7，其中 MB2 和 MB3 具有良好的热塑性和耐蚀性，应用较多，而其余三种合金因应力腐蚀倾向较明显，应用受到限制。

（3）Mg-Zn-Zr 系变形镁合金。其牌号为 MB15。该合金经热挤压等热变形加工后直接进行人工时效，其屈服强度 $\sigma_{0.2}$ 可达 275MPa、抗力强度 σ_{b} 可达 329MPa，是航空工业中应用最多的变形镁合金。因其使用温度不能超过 150℃，且焊接性能差，一般不作焊接结构件。

Mg-Li 系变形镁合金，因加入合金元素 Li，使该合金系的密度较原有变形镁合金降低 15%~30%，同时提高了弹性模量和比强度、比模量。另外，Mg-Li 系合金还具有良好的工艺性能，可进行冷加工和焊接机热处理强化。因此，Mg-Li 系合金在航空和航天领域具有良好的应用前景。

表 6-7　加工镁合金及镁合金牌号和化学成分（GB/T 5153—1985）

| 类别 | 合金牌号 | 元素含量 ω/% | | | | | | | | | | | |
		Al	Mn	Zn	Ce	Zr	Cu	Ni	Si	Fe	Be	其他杂质总和	Mg
工业纯镁	Mg1	—	—	—	—	—							99.50
	Mg2	—	—	—	—	—							99.00
变形镁合金	MB1	0.20	1.3~2.5	0.30	—	—	0.05	0.007	0.10	0.05	0.01	0.20	余量
	MB2	3.0~4.0	0.15~0.50	0.20~0.8	—	—	0.05	0.005	0.10	0.05	0.01	0.30	余量
	MB3	3.7~4.7	0.30~0.60	0.8~1.4	—	—	0.05	0.005	0.10	0.05	0.01	0.30	余量
	MB5	5.5~7.0	0.15~0.50	0.50~1.5	—	—	0.05	0.005	0.10	0.05	0.01	0.30	余量
	MB6	5.5~7.0	0.20~0.50	2.0~3.0	—	—	0.05	0.005	0.10	0.05	0.01	0.30	余量
	MB7	7.8~9.2	0.15~0.50	0.20~0.8	—	—	0.05	0.005	0.10	0.05	0.01	0.30	余量
	MB8	0.20	1.3~2.2	0.30	0.15~0.35	—	0.05	0.007	0.10	0.05	0.01	0.30	余量
	MB15	0.05	0.10	5.0~6.0	—	0.30~0.9	0.05	0.005	0.10	0.05	0.01	0.30	余量

注：1. 纯镁 ω_{Mg}=100%－（ω_{Fe}+ω_{Si}）－（质量分数大于 0.01%的其他杂质之和）。

　　2. 表中变形镁合金栏中只有一个数值的为元素上限含量。

2. 铸造镁合金

铸造镁合金分为高强度铸造镁合金和耐热铸造镁合金两大类，其牌号由"Z"（"铸"字汉语拼音字母）+Mg+主要合金元素的化学符号及含量（质量分数×100）组成。如果合金元素的平均质量分数不小于 1，该数字用整数表示；如果合金元素的平均质量分数小于 1，一般不标数字。例如 ZMgZn5Zr 表示 ω_{Zn}=5%、ω_{Zr}<1%的铸造镁合金。铸造镁合金的代号用"铸镁"的汉语拼音字母 ZM 后面加顺序号，如 ZM1、ZM2…八个代号，其化学成分如表 6-8 所示。

（1）高强度铸造镁合金。这类合金有 Mg-Al-Zn 系 ZMgAl8Zn（ZM5）、ZMgAl10Zn（ZM10）和 Mg-Zn-Zr 系的 ZMgZn5Zr（ZM1）、ZMgZn4RE1Zr（ZM2）、ZMgZn8AgZr（ZM7），这些合金具有较高的室温强度、良好的塑性和铸造性能，适于铸造各种类型的零件。其缺点是耐热性差，使用温度不能超过 150℃。航空航天工业应用中应用最广的高强度铸造镁合金是 ZM5（ZMgAl8Zn），在固溶处理或固溶处理加人工时效状态下使用，用于制造飞机、发动机、卫星及导弹仪器舱中承受高载荷的结构件或壳体。

表 6-8　铸造镁合金牌号和化学成分（GB/T 1177—1991）

合金牌号	合金代号	化学成分 ω/%										
		Zn	Al	Zr	RE	Mn	Ag	Si	Cu	Fe	Ni	杂质总量
ZMgZn5Zr	ZM1	3.5~5.5	—	0.5~1.0	—	—	—	—	0.10	—	0.01	0.30
ZMgZn4RE1Zr	ZM2	3.5~5.0	—	0.5~1.0	0.75~1.75	—	—	—	0.10	—	0.01	0.30
ZMgRE3ZnZr	ZM3	0.2~0.7	—	0.4~1.0	2.5~4.0	—	—	—	0.10	—	0.01	0.30
ZMgRE3Zn2Zr	ZM4	2.0~3.0	—	0.5~1.0	2.5~4.0	—	—	—	0.10	—	0.01	0.30
ZMgAl8Zn	ZM5	0.2~0.8	7.5~9.0	—	—	0.15~0.5	—	0.30	0.20	0.05	0.01	0.30
ZMgRE2ZnZr	ZM6	0.2~0.7	—	0.4~1.0	2.0~2.8	—	—	—	0.10	—	0.01	0.30
ZMgZn8AgZr	ZM7	7.5~9.0	—	0.5~1.0	—	—	0.6~1.2	—	0.10	—	0.01	0.30
ZMgAl10Zn	ZM10	0.6~1.2	9.0~10.2	—	—	0.1~0.5	—	0.30	0.20	0.05	0.01	0.50

（2）耐热铸造镁合金。这类合金为 Mg-RE-Zr 系的 ZMgRE3ZnZr（ZM3）、ZMgRE3Zn2Zr（ZM4）、ZMgRE2ZnZr（ZM6），这些合金具有良好的铸造性能，热裂倾向小，铸造致密度高，耐热性好，长期使用温度为 200~250℃，短时使用温度可达 300~350℃。其缺点是室温强度和塑性较低。耐热铸造镁合金主要用于制作飞机和发动机上形状复杂要求耐热性的结构件。

第四节　钛及钛合金

一、工业纯钛

纯钛是灰色白色金属，密度小（4.507g/cm³），熔点高（1688℃），在 882.5℃以下为密排六方结构的 α 相，在 882.5℃以上为体心立方结构 β 相。纯钛的塑性好、强度低，易于冷加工成形，其退火状态的力学性能与纯铁相接近，但钛的比强度高，低温韧性好，在 −253℃（液氮温度）下仍具有较好的综合力学性能，钛的耐蚀性好，其抗氧化能力优于大多数奥氏体不锈钢，但钛的热强性不如铁基合金。

钛的性能受杂质的影响很大，少量的杂质就会使钛的强度激增，塑性显著下降。工业纯钛中长存杂质有 N、H、O、Fe、Mg 等。根据杂质含量，工业纯钛有三个等级牌号 TA1、TA2、TA3，"T"为"钛"字汉语拼音字母，其后顺序数字越大，表示纯度越低。

钛具有良好的加工工艺性，锻压后经退火处理的钛可碾压成 0.2mm 的薄板或冷拔成极细的丝。钛的切削加工性与不锈钢相似，焊接须在氩气中进行，焊后退火。工业纯钛常用于制作 350℃以下工作、强度要求不高的零件及冲压件，如石油化工用热交换器、海水净化装置及舰船零部件。

二、钛合金

1. 钛合金类型及编号

纯钛的强度很低，为提高其强度，常在钛中加入合金元素制成钛合金。不同合金元素对钛的强化作用、同素异构转变温度及相稳定性的影响都不同。有些元素在 α-Ti 中固溶度较大，形成 α 固溶体，并使钛的同素异构转变温度升高，这类元素称为 α 稳定元素，如 Al、C、N、O、B 等；有些元素在 β-Ti 中固溶度较大，形成 β 固溶体，并使钛的同素异构转变温度降低，这类元素称 β 稳定元素，如 Fe、Mo、Mg、Cr、Mn、V 等；还有一些元素在 α-Ti 和 β-Ti 中固溶度都很大，对钛的同素异构转变温度影响不大，这类元素称为中性元素，如 Sn、Zr 等。所以钛合金中均含有铝，就像钢中必须含碳一样。Al 增加合金强度，由于 Al 比 Ti 还轻，加入 Al 后提高钛合金的比强度。Al 还能显著提高钛合金的再结晶温度，加入 $\omega_{Al}=5\%$ 的钛合金，其再结晶温度由 600℃升至 800℃，提高了合金的热稳定性。但当 $\omega_{Al}>8\%$ 时，组织中出现硬脆化合物 Ti_3Al，使合金变脆。

根据退火或淬火状态的组织，将钛合金分为三类：α 型钛合金（用 TA 表示）、β 型钛合金（用 TB 表示）、（α+β）型钛合金（用 TC 表示），其合金牌号是在 TA、TB、TC 后附加顺序号，如 TA4、TB2、TC3 等。常用钛合金的牌号及力学性能见表 6-9。

表 6-9　常用钛合金的牌号及力学性能（GB/T 3620.1—1994）

合金牌号	名义化学成分 ω/%	材料状态（尺寸/mm）	室温力学性能（≥）			高温力学性能（≥）		
			σ_b/MPa	$\sigma_{0.2}$/MPa	δ/%	试验温度/℃	σ_b/MPa	σ_{100}/MPa
TA1	工业纯钛（0.20O，0.03N，0.10C，0.25Fe）	板材，退火（0.3~2.0）	370~530	250	40	—	—	—
TA2	工业纯钛（0.25O，0.05N，0.10C，0.25Fe）	板材，退火（0.3~2.0）	440~620	320	30~35	—	—	—
TA3	工业纯钛（0.30O，0.05N，0.10C，0.40Fe）	板材，退火（0.3~2.0）	540~720	410	25~30	—	—	—
TA4	Ti-3Al	棒材，退火	685	585	15	—	—	—
TA5	Ti-4Al-0.005B	棒材，退火	685	585	15	—	—	—
TA6	Ti-5Al	棒材，退火	685	585	10	350	420	390
TA7	Ti-5Al-2.5Sn	棒材，退火	785	680	10	350	490	440
TB2	Ti-5Mo-5V-8Cr-3Al	板材，固溶+时效（1.0~3.5）	1320	—	8	—	—	—
TB3	Ti-3.5Al-10Mo-8V-1Fe	—	—	—	—	—	—	—
TB4	Ti-4Al-7Mo-10V-2Fe-1Zr	—	—	—	—	—	—	—

合金牌号	名义化学成分 ω/%	材料状态（尺寸/mm）	室温力学性能（≥）			高温力学性能（≥）		
			σ_b /MPa	$\sigma_{0.2}$ /MPa	δ /%	试验温度/℃	σ_b /MPa	σ_{100} /MPa
TC1	Ti-2Al-1.5Mn	棒材，退火	585	460	15	350	345	325
TC4	Ti-6Al-4V	棒材，退火	895	825	10	400	620	570
TC6	Ti-6Al-1.5Cr-2.5Mo	棒材，退火	980	840	10	400	735	665
TC9	Ti-6.5Al-3.5Mo-2.5Sn-0.3Si	棒材，固溶+时效	1060	910	9	500	785	590

2. 常用钛合金

（1）α 型钛合金。钛加入 Al、B 等 α 稳定元素及中性元素 Sn、Zr 等，在室温或使用温度下均处于单相 α 状态，故称 α 型钛合金。工业纯钛可以看作 α 型钛合金。α 型钛合金的室温强度低于 β 型钛合金和（α+β）型钛合金，但高温（500~600℃）强度比后两种钛合金高，并且组织稳定，抗氧化、抗蠕变性能好，焊接性能也很好。这类合金不能进行淬火强化，主要是合金元素的固溶强化，通常在退火状态下使用。

α 型钛合金的牌号有：TA4、TA5、TA6、TA7 等。其中 TA7 是常用的 α 型钛合金，表示成分常写为 Ti-5Al-2.5Sn，即 ω_{Al}=5%、ω_{Sn}=2.5%，其余为 Ti。该合金具有较高的室温强度、高温强度及优越的抗氧化和耐蚀性，还具有优良的低温性能，在 −253℃ 下其力学性能为 σ_b=1575MPa、$\sigma_{0.2}$=1505MPa、δ=12%，主要用于制造使用温度不超过 500℃ 的零件，如航空发动机压气机叶片和管道，导弹的燃料缸，超音速飞机的涡轮机匣及火箭、飞船的高压低温容器等。而 TA4、TA5、TA6 主要用作钛合金的焊丝材料。

（2）β 型钛合金。钛中加 Mo、Cr、V 等 β 稳定元素及少量 Al 等 α 稳定元素，经淬火后得到介稳定的单相 β 组织，故称为 β 型钛合金。其典型代表是 Ti-5Mo-5V-8Cr-3Al 合金（TB2）。淬火后合金的强度不高（σ_b=850~950MPa），塑性好（δ=18%~20%），具有良好的成形性。通过时效处理，从 β 相中析出细小的 α 相粒子，提高合金的强度（480℃时效后，σ_b=1300MPa，δ=5%）。β 型钛合金有 TB2、TB3、TB4 三个牌号，主要用于使用温度在 350℃ 以下的结构零件和紧固件，如压气机叶片、轴、轮盘、飞机、宇航工业的结构材料。

（3）（α+β）型钛合金。在钛合金中同时加入 α 稳定元素和 β 稳定元素，如 Al、V、Mn 等，其室温组织为 α+β，它兼有 α 型钛合金和 β 型钛合金的优点，强度高、塑性好、耐热强度高，耐蚀性和耐低温性能好，具有良好的压力加工性能，并可通过淬火和时效强化，使合金的强度大幅度提高。但热稳定性较差，焊接性能不如 α 型钛合金。

（α+β）型钛合金的牌号有 TC1、TC2、TC3、…、TC10 等，其中以 TC4 用途最广、使用量最大（约占钛总用量的 50% 以上）。其成分表示为 Ti-6Al-4V，V 固溶强化 β 相，Al 固溶强化 α 相。因此，TC4 在退火状态就具有较高的强度和良好的塑性（σ_b=950MPa、δ=10%），经淬火（930℃加热）和时效处理（540℃、2h）后，其 σ_b 可达 1274MPa，σ_s

为 1176MPa，δ>13%，并具有较高的蠕变抗力、低温韧性和耐蚀性良好。TC4 合金适于制造 400℃以下和低温下工作的零件，如火箭发动机外壳、火箭和导弹的液氢燃料箱部件等。钛合金是低温和超低温的重要结构材料。

习 题

1. 根据铝合金的成分、生产工艺特点可将铝合金分为哪两大类？并分析其性能特点。

2. 什么是时效？有哪几种类型？过时效会对铝合金性能产生什么影响？

3. 变形铝合金有哪几种类型？并简述其性能特点。

4. 铜合金按化学成分可分为哪几类？试举例说明单相黄铜的性能及应用。

5. 根据所加主要合金元素青铜可分为哪几类？并分析其性能特点。

6. 纯镁具有哪些性能特点？

7. 根据镁合金的成分和工艺特点可将镁合金分为哪两类？Mg-Mn 系变形镁合金具有哪些性能特点及用途？

8. 什么是钛合金？根据退火或淬火状态的组织分为哪几类？试述 α 型钛合金的性能特点，并举例说明其用途。

第七章 非金属材料及新型材料加工工艺

在相当长的时间内，工程材料以金属材料为主，但金属材料也存在某些缺陷，例如密度大、耐腐蚀性差、电绝缘性差等。近年来为满足各种条件下材料使用的需求，高分子、陶瓷、复合材料等工程材料得到快速发展，在材料的制备和应用方面均有重大的发展，工程材料的某些特殊的性能，正在越来越多地应用于国民生产的各个部门。因此，非金属材料已经不是金属材料的代用品，而是一类独立使用的材料。

其他工程材料，主要是指非金属材料，包括除金属材料以外几乎所有的材料，主要有高分子材料（塑料、橡胶、合成纤维、部分胶粘剂等）、陶瓷材料（各种陶器、瓷器、耐火材料、玻璃、水泥等）和各种复合材料等。本章主要介绍常用的塑料、橡胶、陶瓷和复合材料及其他非金属材料。

第一节 高分子材料

一、高分子材料基本知识

高分子材料又称为高分子化合物或高分子聚合物，简称高聚物。是以高分子化合物为主要组成物的材料，高分子化合物的相对分子质量一般在 10000 以上，包括塑料、橡胶等。因其原料丰富，成本低，加工方便等优点，发展极其迅速，目前在工业上得到广泛应用，并将越来越多地被采用，这类材料大体可细分为图 7-1 所示系列。

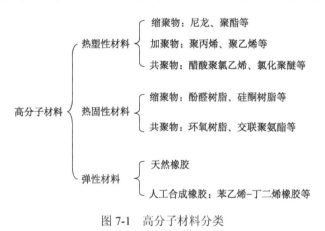

图 7-1　高分子材料分类

高分子材料又分为无机高分子材料和有机高分子材料两类：无机高分子材料是在它们的分子组成中没有碳元素，如硅酸盐材料、玻璃、水泥以及陶瓷；有机高分子材料主要是由 C、H、O、N 等非金属原子的低分子化合物在一定条件下聚合而成，如聚乙烯塑料就是由乙烯聚合而成：

$$n(CH_2 = CH_2) \xrightarrow{\text{聚合反应}} \text{[}CH_2 - CH_2\text{]}_n \tag{7-1}$$

其质量为

$$M = n \cdot \bar{m} \tag{7-2}$$

式中：$\bar{m}$——单体的相对分子质量。

化学上把一些低分子化合物在催化剂的作用下聚合起来形成高分子化合物的过程称为聚合反应。把能够聚合成大分子的低分子化合物称为单体。聚乙烯的单体 $(CH_2=CH_2)$；大分子链还可以由两种或两种以上单体共同聚合而成。所以，单体是人工合成高分子材料的原料。大分子链中的重复结构单元称为链节。聚乙烯分子链的链节为 $\text{[}CH_2 - CH_2\text{]}$。

一个大分子链的链节重复次数称为聚合度。显然，聚合度越大，大分子链中重复排列链节数越多，分子链越长，高分子材料的相对分子质量越大。上述反应式中的 n 即为聚合度。

加聚反应有以下特点：

（1）一旦反映开始，就迅速进行，直到形成最终产物，中间不停留在某一阶段，也无中间产物产生。

（2）产物中链节的化学结构与单体的化学结构相同。

（3）反应中没有小分子附加产物生成。

目前，产量较大的高分子化合物如聚乙烯、聚丙烯、聚苯乙烯和合成橡胶等都是加聚反应的产物。所以，加聚反应是当前高分子合成工业的基础，大约80%的高分子化合物是利用加聚反应生产的。

高分子化合物也可以由缩聚反应得到，缩聚反应和聚合反应很相似，是由具有活泼官能团（—COOH、—OH、—NH$_2$）的相同或不同的低分子物质聚合，在生成聚合物的同时有小分子物质（H$_2$O、NH$_3$）放出的反应。所得的聚合物称为缩聚物。缩聚物与参加反应的单体组成不同。例如二元酸与二元醇的酯化得到聚酯：

$$n\text{HOROH} + n\text{HOOR}'\text{COOH} \xrightarrow{\text{缩聚反应}} \text{HO}\text{[}R-O-\overset{\overset{O}{\|}}{C}-R'-\overset{\overset{O}{\|}}{C}\text{]}_n + (2n-1)\text{H}_2\text{O} \tag{7-3}$$

其质量为

$$M = n \cdot m - (2n-1) \cdot 18 \tag{7-4}$$

式中：m——单体的相对分子质量。

缩聚反应有很大实用价值如涤纶、尼龙、酚醛树脂等重要的高分子化合物都是由缩聚反应合成的。

缩聚反应有以下特点：

（1）缩聚反应是由聚合反应构成的，因此它是逐步进行的，可以得到中间产物。

（2）缩聚产物的链节化学结构与单体的化学结构不完全相同。

（3）缩聚反应有小分子产物伴随产生。

二、高分子聚合物的结构

高分子合成材料是分子量很大的材料，它是由许多单体（低分子）用共价键聚合起来的大分子化合物。所以高分子又称大分子，高分子化合物又称高聚物或聚合物。高聚物的结构可分为两种类型：均聚物（homo-polymer）和共聚物（copolymer）。

（1）均聚物。只含有一种单链节，n 个链节用共价键按一定方式重复连接起来，像一根又细又长的链子一样。这种高聚物结构在拉伸状态或在低温下易呈直线形状如图 7-2（a）所示，而在较高温度或稀溶液中，则呈蜷曲状。这种高聚物的特点是可溶性，即它可以溶解在一定的溶液中，加热时可以熔化。鉴于这一特点，线型高聚物结构的聚合物易于加工，可以反复使用。有些合成纤维、热塑性塑料（聚氯乙烯等）就属于这一类。

支链型高聚物结构好像一根"结上小枝"的枝干一样，如图 7-2（b）所示，主链较长，支链较短，其性质和线型高聚物结构基本相同。

(a) 线型结构　　　　　(b) 支链型结构　　　　　(c) 网状结构

图 7-2　均聚物结构示意图

网状高聚物是在一根长链之间由若干个支链把它们交联起来，构成一种网状形状。如果这种网状的支链向空间发展，得到体型高聚物结构，如图 7-2（c）所示。这种高聚物的结构的特点是在任何情况下都不熔化，也不溶解。成型加工只能在形成网状结构之前进行，一旦形成网状结构，其形状就不能够再改变。这种高聚物在保持形状稳定、耐热及耐溶解方面作用具有优越性。热固性塑料（酚醛、脲醛等）就属于这一类。

（2）共聚物。共聚物是由两种或两种以上不同的单体聚合而成，单体的成分各不相同，共聚物高分子结构排列形式多种多样，分为无规则型、交替型、嵌段型、接枝型。共聚物的高分子结构可用图 7-3 表示。无规则型是两种不同单体在高分子长链中呈无规则排列；交替型是两种单体有规则的交替排列在高分子长链中；镶嵌型是两种链节交替连接；接枝型是一种单体连接成主链，又连接了另一种单体组成的支链。

共聚物在实际生产和应用中具有十分重要的意义。因为共聚物能把两种或多种聚合物的特性综合到一种聚合物中来。因此，共聚物也被称为非金属的"合金"。例如 ABS 树脂是丙烯腈、丁二烯和苯乙烯的三元共聚物，具有较好的耐冲击、耐油、耐腐蚀及易加工等综合性能。

高聚物的聚集态结构是指高聚物材料本体内部高分子链之间的几何排列和堆砌结构，也称为超分子结构。根据分子排列的有序程度分为结晶态和非结晶态两种类型。结晶态聚合物分子排列规则有序，由晶区（分子有规则且紧密排列的区域）和非晶区（分子处于无序状态的区域）组成，如图 7-4 所示。非结晶态聚合物分子排列混乱不规则。

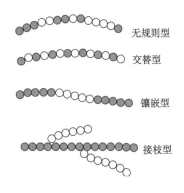

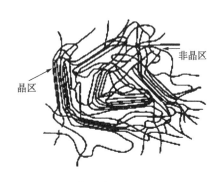

图 7-3　共聚物高分子结构示意图　　　　图 7-4　高聚物的晶区与非晶区

　　晶态与非晶态影响高聚物的性能。结晶态分子紧密排列，分子间作用力增大，使高聚物的密度、强度、硬度、刚度和耐热性、抗液体及气体透过性等性能有所提升；而依赖链节运动有关的性能，如弹性、塑性和韧性较低。

三、工程塑料及加工工艺

　　塑料按其应用可分为通用塑料、工程塑料和特种塑料。工程塑料是指可以作为工程材料或结构材料，能在较广的温度范围内，在承受机械应力和较为苛刻的物理化学环境中使用的高分子材料。与通用塑料相比，工程塑料产量较低，价格较高，但具有优异的机械、化学性能以及耐热、耐磨和尺寸稳定性等，在电子、电器、机械、交通、航空航天等领域获得了广泛应用。

　　工程塑料（engineering plastics）是以高分子化合物为主要成分，添加各种添加剂所组成的多组分材料。根据作用不同，添加剂可分为固化剂、增塑剂、稳定剂、增强剂、润滑剂、着色剂等。

　　固化剂（solidified agent）：其作用是通过交联使树脂具有体型网状结构，成为较稳定和坚硬的塑料制品。

　　增塑剂（plasticzing agent）：其作用是提高塑料在成型加工或使用过程中的流动性、改善制品的柔顺性。常用的为液态或低熔点的固体化合物。

　　稳定剂（stabilizing agent）：其作用是防止塑料在加工或使用过程中因受热、氧、光等因素的作用而产生降解或交联导致产品性能变差。根据作用机理不同可分为热稳定剂（金属皂类）、抗氧剂（胺类）、光稳定剂（苯甲酸酯类）等。

　　增强剂（reinforcing agent）：其作用是为了提高塑料的物理性能和力学性能。如加入石墨、石棉纤维或玻璃纤维，改善塑料的机械性能。

　　工程塑料的成型加工一般可分为混合与混炼和成型加工工序：

1）混合与混炼

为了提高工程塑料产品的性能，成型加工的高分子材料往往由多种工程树脂和添加剂组成，要把这些组分混合成为一个均匀度和分散度较高的整体，就要通过施加力的作用，如搅拌、剪切等来完成，这就是混合与混炼工序的主要目的。

2）成型加工

成型加工是将各种形态的工程塑料（如粒料、溶液或分散体）制成所需要形状的制品或坯件的过程，这是一切工程材料产品或型材生产的必经工序。成型加工方法很多，例如注射成型、挤出成型、中空成型、热成型、压缩模塑、层压与复合、树脂传递模塑成型等。

（1）注射成型（injection molding）。注射成型简称注塑，是聚合物成型加工中一种应用十分广泛而又非常重要的方法。目前注塑产品约占塑料制品总量的20%~30%，尤其是热塑性塑料制品作为工程结构材料以后，注塑制品的用途已从民用扩大到国民生产的各个领域。

注射成型的原理是将坯料或粉状塑料通过注塑机的加料斗送进机筒内，经过加热到塑化的粘流态，利用注塑机的螺杆或柱塞的推动，以较高的压力和速度通过机筒端部的喷嘴注入温度较低的预先合模的模腔中，经冷却固化后，即可保留模腔所赋予的形状，启开模具，顶出制品。整个成型工序是一个循环的过程，每一个成型周期应包括：加料—熔融塑化—施压注塑—充模冷却—起模取件等工序，注射成型示意图如图7-5所示。

注射成型设备由主机和辅助装置两部分组成。主机包括注射成型机、注射模具和温度控制装置；辅助装置的作用是干燥、输送、混合、分离、脱模和后加工等作用。

目前，在普通注射成型技术的基础上又发展了许多新的注射技术，如气体辅助注射成型、电磁动态注射成型、层状注射成型、反应注射成型等。

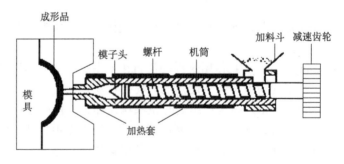

图 7-5　注射成型示意图

注射成型方法有以下优点：能一次成型出外形结构复杂、尺寸精确和带嵌件的产品；可极方便地利用一套模具，成批生产尺寸、形状、性能完全相同的产品，生产性能好，成型周期短，一件制品只需30~60s就可成型，而且易于实现自动化或半自动化生产，具有较高的生产效率和经济效益。

（2）挤出成型（expelling molding）。挤出成型又称挤塑或挤出模塑，是使高分子材料的熔体（黏性流体）在挤出机螺杆或柱塞的挤压力作用下连续通过挤出模的型孔或一定形状的口模，待冷却成型硬化后得到各种断面形状的连续型材制品，其成型原理如图 7-6 所示。一台挤压机只要更换螺杆和机头，就能加工不同品种的塑料和制造不同规格的产品。挤出成型所生产的制品约占所有塑料产品的 1/3 以上，几乎适合所有的热塑性工程塑料，也可以用于热固性工程塑料的成型，但仅限于酚醛树脂等少数几种热固性工程塑料。

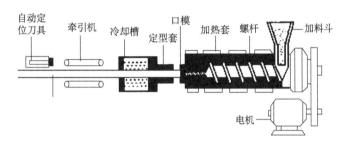

图 7-6　挤出成型原理示意图

挤出模的模口截面形状决定了挤出制品的截面形状，但是挤出后的制品由于冷却、受力等各种因素的影响，制品的截面形状和模口的挤出截面形状并不是完全相同的。例如，若制品是正方形型材[见图 7-7(a)]，则模口形状肯定不是正方形[见图 7-7(b)]；若将模口设计成正方形[见图 7-7(c)]，则挤出的制品就是方鼓形[见图 7-7(d)]。

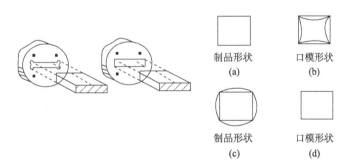

图 7-7　挤出模截面示意图

挤出成型可生产的塑料类型很多，除直接成型管材、薄膜、异型材、电线电缆等制品外，还可用于混合、塑化、造粒、着色和坯料成型等工艺中。挤出成型是塑料加工工业中应用最早、用途最广、适用性最强的成型方法。与其他成型方法相比，挤出成型具有突出的特点：设备成本低，占地面积小，生产环境清洁，劳动条件好；生产效率高；操作简单，工艺过程容易控制，便于实现连续自动化生产；产品质量均匀、致密；可一机多用，进行综合性生产。

（3）中空成型（hollow molding）。中空成型是制造空心塑料制品的方法，借助气体压力使闭合在模具型腔内的处于类橡胶态的新坯吹胀成为中空制品的二次成型技术，也称为中空吹塑。中空吹塑制品的成型可以采用注射—吹塑和挤出—吹塑两种。可用于中空成型的工程塑料品种很多，如聚酰胺、聚碳酸酯等，生产的制品主要用于各种液态物质的包装容器，如各种瓶、桶等。

因工程塑料的成型方法对产品性能有很大影响，关键是根据被加工工程塑料的特点、要求的产品质量和尺寸公差等选择适宜的成型方法。工程塑料经成型后，还要经过后加工工序才能作为成品出厂。后加工工序主要包括机械加工、修饰、装配等。后加工过程通常需要根据制品的要求来选择，不是每种制品都必须完整地经过这些过程。

四、橡胶加工工艺

橡胶是一种具有极高弹性的高分子材料，具有一定的耐磨性，很好的绝缘性和不透气、不透水性，是制造飞机、汽车轮胎所必需的材料。根据来源不同，可分为天然橡胶和合成橡胶，其中合成橡胶是人工合成的高弹性聚合物，以煤、石油、天然气为原料制备而成的。合成橡胶品种很多，根据不同的需要，合成具有特殊性能（耐热、耐寒、耐磨、耐油、耐腐蚀）的橡胶。目前，世界上合成橡胶的总产量已远远超过了天然橡胶。工业橡胶制品的组成如下：

（1）生胶。主要包括天然橡胶和合成橡胶，为橡胶制品的主要组成部分。

（2）橡胶的配合剂。为了改善生胶的性能、降低成本、提高使用价值，需要添加一定的配合剂。配合剂在不同的橡胶中起着不同的作用，也可能在同一种橡胶中起着多方面的作用。橡胶配合剂主要有如下几种：

硫化剂： 在一定条件下能使橡胶发生交联的三维网状结构的物质称为硫化剂。常用的有硫磺、含硫化合物、金属氧化物和过氧化物。

硫化促进物： 凡是能加快橡胶与硫化剂反应速率，缩短硫化时间，降低硫化温度，减少硫化剂使用量，并能改善硫化剂物理机械性能的物质称为硫化促进剂。常用的是胺类。

补强剂和填充剂： 能够提高橡胶物理机械性能的物质称为补强剂。能够在胶料中能增加容积的物质称为填充剂。这两者无明显界限，通常一种物质兼有两类的作用，既能补强又能增容，但在分类上以起主导作用为依据。最常用的补强剂是炭黑。

橡胶制品的加工工艺一般是先准备生胶、配合剂、纤维材料、金属材料，生胶需经烘胶、切胶、塑炼后与粉碎后配好的配合剂混炼，再与纤维材料或金属材料经压延、挤出、裁剪、成型加工、硫化、修整、成品校验后得到各种橡胶制品。橡胶制品生产工艺流程图如图 7-8 所示。

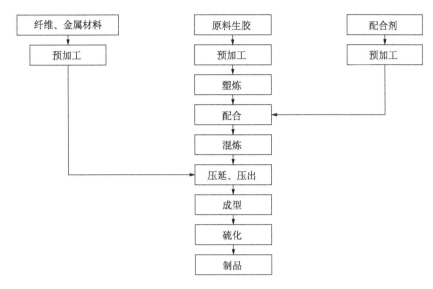

图 7-8　橡胶制品的生产工艺流程图

1. 塑炼（plasticate）

生胶因黏度过高或均匀性较差等原因,往往难于加工。将生胶进行一定的加工处理,使其获得必要的加工性能的过程称为塑炼。通常在炼胶机上进行。塑炼工艺进行之前,需要进行烘胶、切胶、选胶、破胶等加工准备。

生胶塑炼方法很多,但工业化生产采用的多为机械塑炼法。依据设备的不同分为开炼机塑炼、密炼机塑炼和螺杆塑炼机塑炼三种。

（1）开炼机塑炼。生胶在滚筒内凭借前后辊相对速度不同而引起的剪切力及强烈的挤压和拉撕作用,使橡胶分子链被扯断,从而获得可塑性。

（2）密炼机塑炼。生胶经过烘、洗、切加工后,橡胶块经皮带秤称量通过密炼机投料口进入密炼机密炼室内进行塑炼,当达到给定的功率和时间后,就自动排胶,排下的胶块在开炼机或挤出压片机上捣合,并连续压出胶片,然后胶片被涂上隔离剂,挂片风冷,成片折叠,定量切割,停放待用。

（3）螺杆塑炼机塑炼。首先将生胶切成小块,并预热至70~80℃。其次,预热机头、机身与螺杆,使其达到工艺要求的温度。塑炼时,以均匀的速度将胶块填入螺杆机投料口,并逐步加压,这样生胶就由螺杆机机头口型的空隙中不断排出,再用运输带将胶料送至压片冷却停放,以备混炼用。

2. 混炼（mixing）

为提高橡胶制品的性能、改善加工工艺和降低成本,通常在生胶中加入配合剂,在炼胶机上将各种配合剂加入生胶制成混炼胶的过程称为混炼。混炼除了要严格控制温度和时间外,还需要注意加料顺序。混炼越均匀,制品质量越好。

（1）混炼准备工艺:粉碎、干燥、筛选、熔化、过滤和脱水。

（2）混炼方法：开炼机混炼和密炼机混炼。

3. 共混（comixing）

单一种类的橡胶在某种情况下不能满足产品的要求，采用两种或两种以上不同种类的橡胶或塑料相互掺合，能够获得许多优异的性能，从而满足产品的使用性能。采用机械方法将两种或两种以上不同物质的聚合物掺合在一起制成宏观均匀、稳定混合物的过程称为共混。

4. 压延（rolling）

压延是橡胶工业的基本工艺之一，它是指混料、胶料通过压延机两辊之间，利用辊筒间的压力使胶料产生延展变形，制成胶片或胶布半成品的一种加工工艺过程。它主要包括贴胶、擦胶、压片、贴合和压型等操作。

1）压延准备工艺

热炼、供胶、纺织物烘干和压延机辊温控制。

2）压延工艺

（1）压片。压片是将已预热好的胶料用压延机在辊速相等的情况下，压制成一定厚度和宽度胶片的压延工艺。胶片表面应光滑无气泡、不会起皱、厚度一致。

（2）贴合。贴合是通过压延机将两层薄胶片贴合成一层胶片的工艺，通常用于制造较厚、质量较高的胶片以及由两种不同胶料组成的胶片。

（3）压型。压型是将胶料压制成一定断面形状的半成品或表面有花纹的胶片，如胶鞋底、车胎胎面等。

（4）纺织物贴胶和擦胶。纺织物贴胶和擦胶是借助压延机为纺织材料（窗帘、帆布）挂上橡胶涂料或使胶料渗入织物结构的作业。贴胶是用辊筒转速相同的压延机在织物表面挂上胶层；擦胶则是通过辊速不等的辊筒，使胶料渗入纤维组织中。贴胶和擦胶可以单独使用，也可结合使用。

5. 挤出（expelling）

挤出是橡胶工业的基本工艺之一。它是指利用挤出机使胶料在螺杆或柱塞的推动下，连续不断的向前进，然后借助口模挤出各种所需形状的半成品，来完成造型或其他工艺的工艺流程。

（1）喂料挤出工艺。喂入胶料的温度超过环境温度，达到所需温度的挤出操作。

（2）冷喂料挤出工艺。冷喂料挤出即采用冷喂料挤出机进行的挤出。挤出前胶料不热炼可直接供给冷的胶条或黏状胶料进行挤出。

（3）柱塞式挤出机挤出工艺。柱塞式挤出机是最早出现的挤出设备，目前应用范围逐渐缩小。

（4）特殊挤出工艺。剪切机头挤出工艺、取向口型挤出工艺和双辊式机头口型挤出工艺。

6. 裁断（cutting）

裁断是橡胶行业的基本工序之一。轮胎、胶带及其他橡胶制品，常用纤维帘布、钢丝帘线等材料为骨架，使其制品更符合使用要求。裁断工艺分为纤维帘布裁断和钢丝帘布裁断两大类。

7. 硫化（sulfurization）

在加热或辐射的条件下，胶料中的生胶与硫化剂发生化学反应，由线型结构的大分子交联成为立体网状结构的大分子，并使胶料的力学性能及其他性能随之发生根本变化，这一工艺过程称为硫化。硫化是橡胶加工的主要工艺，也是橡胶制品生产过程的最后一道工序，改善胶料力学性能和其他性能，使制品能更好地适应和满足使用要求。硫化方法分为以下 3 种：

（1）室温硫化法。适用于在室温和不加压的条件下进行硫化的方法。如航空和汽车工业应用的一些黏结剂往往要求在现场施工，且要求在室温下快速硫化。

（2）冷硫化法。即一氯化硫溶液硫化法，将制品渗入 2%~5%的一氯化硫溶液中经几秒至几分钟的浸渍即可完成硫化。

（3）热硫化法。热硫化法是橡胶工艺中使用最广泛的硫化方法。加热是增加反应活性、加速交联的一个重要手段。热硫化方法有的先成型加工后硫化，有的是成型加工与硫化同时进行（注压硫化）。

五、合成纤维及加工工艺

合成纤维（synthetic fibre）是化学纤维的一种，它利用石油、天然气、煤及其副产品为原料，经一系列的化学反应，制成高分子化合物，再经精加工而制得。合成纤维是20 世纪 40 年代才发展起来的，由于其具有优良的物理、机械和化学性能，如强度高、密度小、弹性高、电绝缘线良好等，在生活用品、工农业生产和国防、医疗等方面得到了广泛的应用，是一种迅速发展的工程材料。

合成纤维的主要品种如下：

（1）按主链结构可分为碳链合成纤维，如聚丙烯纤维（丙纶）；杂链合成纤维，如聚酰胺纤维（锦纶）、聚对苯二甲酸乙二酯（涤纶）。

（2）按性能用途可以分为耐高温纤维，如聚苯咪唑纤维；耐高温腐蚀纤维，如聚四氟乙烯；高强度纤维，如聚对苯二甲酰对苯二胺；耐辐射纤维，如聚酰亚胺纤维；还有阻燃、高分子光导纤维等。

合成纤维的加工工艺包括单体的制备和聚合、纺丝和后加工三个基本工序:

1)单体的制备和聚合

利用石油、天然气、煤等为原料,经分馏、裂化和分离得到有机低分子化合物。如苯、乙烯、丙烯等单体,在一定温度、压力和催化剂作用下,聚合而成的高聚物即为合成纤维的材料。

2)纺丝

将上步得到的熔体或者浓溶液,用纺丝泵连续、定量而均匀地从喷丝头的毛细孔中挤出,而成为液态细流,再在空气、水或者特定的凝固浴中固化成为初生纤维的过程称作"纤维成型"或"纺丝"。这是合成纤维生产的主要工序。

合成纤维的纺丝方法有三种:熔体纺丝、溶液纺丝和电纺丝。

熔体纺丝过程包括四个阶段:纺丝熔体的制备,喷丝板孔眼压出形成熔体细流,熔体细流被拉长变细并冷却凝固(拉伸和热定型),固态纤维上油和卷绕,如图 7-9 所示。

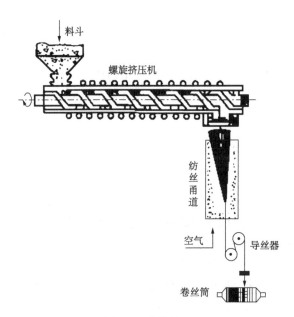

图 7-9　熔体纺丝

溶液纺丝包括以下四个步骤:纺丝液的制备;纺丝液经过纺丝泵计量进入喷丝头的毛细孔压出形成原液细流;原液细流中的溶剂向凝固浴扩散,浴中的沉淀剂向细流扩散,聚合物在凝固浴中析出形成初生纤维;纤维拉伸定型和热定型,上油和卷绕,如图 7-10 所示。

电纺丝(electrospinning)是在电场作用下的纺丝过程或利用高压电场实现的纺丝技

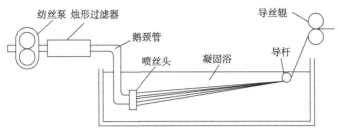

图 7-10 溶液纺丝

术，该技术是制备纳米纤维的一种高效低能耗的方法，如图 7-11 所示。电纺丝设备由纺丝液容器、喷丝口、纤维接收屏和高压发生器等部分组成。在电纺丝过程中，将聚合物熔体或溶液加在几千至几万伏的高压静电，从而在毛细管和接地的接收装置间产生一个强大的电场力。当电场力施加于液体的表面时，将在表面产生电流。相同电荷相斥导致电场力与液体表面张力的方向相反。这样，当电场力施加于液体表面时，将产生一个向

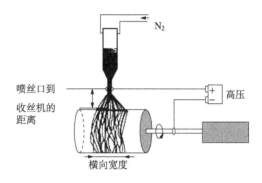

图 7-11 电纺丝

外的力，对于一个半球形状的液滴，这个向外的力就与表面张力相反。如果电场力的大小等于高分子溶液或熔体的表面张力时，带电的液滴就悬挂在毛细管的末端并处于平衡状态。随着电场力的增大，在毛细管末端呈半球状的液滴在电场力的作用下将被拉伸成圆锥状，这就是 Taylor 锥。当电场力超过临界值时，排斥的电场力将克服液滴的表面张力形成射流，而在静电纺丝过程中，液滴通常具有一定的静电压并处于一个电场当中，因此，当射流从毛细管末端向接收装置运动时，都会出现加速现象，这也导致了射流在电场中的拉伸，最终在接收装置上形成无纺布状的纳米纤维。

3）后加工

纺丝成型后得到的初生纤维必须经过一系列的后加工才能用于纺织加工，主要工序是拉伸和热定型。拉伸的目的是提高纤维的断裂强度、耐磨性和疲劳强度，降低断裂伸长率。将拉伸后的纤维使用热介质进行定型处理，以消除纤维的内应力，提高纤维的尺寸稳定性，并且进一步改善物理机械性能。目前，合成纤维的生产正向着高速化、自动化、连续化和大型化的方向发展。

第二节 陶瓷材料及加工工艺

一、陶瓷的结构和性能

陶瓷的显微结构主要包括不同的晶相和玻璃相，晶粒的大小及形状，气孔的尺寸及

数量，微裂纹的存在形式及分布。

1. 晶相（crystal phase）

陶瓷主要由取向各异的晶粒构成，晶相的性能往往能表征材料的特性。陶瓷制品的原料是细颗粒，但由于烧结过程中发生晶粒长大现象，烧结后的成品不一定获得细晶粒。因而陶瓷生产中控制晶粒大小十分重要。保温时间越短、晶粒尺寸越小，强度越高。晶相主要由硅酸盐、氧化物和非氧化物构成。

硅酸盐是陶瓷的主要原料，也是陶瓷中的重要晶相。硅酸盐结构属于复杂的结构，它们是由硅氧四面体[SiO$_4$]为基本结构单元的各种硅氧集团组成的。

氧化物是特种陶瓷中主要晶相。氧化物的结构特点是较大的氧离子紧密排列成晶体结构，而较小的正离子则填充在它们的空隙内。氧化物结构的结合键以离子键为主，分子式为 A$_m$X$_n$。大多数氧化物中氧离子的半径大于阳离子的半径。其结构特点是以大直径离子密堆排列组成面心立方或六方点阵，小直径的离子位于点阵的间隙处。例如 NaCl 型结构、CaF$_2$ 型结构。

非氧化物主要是指各种碳化物、氮化物以及硼化物等，是特种陶瓷的主要组分和晶相。常见的有 VC、WC、TiC、BN 等。陶瓷的性能除主要取决于晶相的结构之外，还受到各相形态所构成的显微组织（见图 7-12）的影响，细化晶粒可以提高陶瓷的强度和韧性。

图 7-12　陶瓷显微组织示意图

2. 玻璃相（glass phase）

玻璃相是陶瓷烧结时各组成物及杂质发生一系列物理、化学反应后形成的一种非晶态物质，其作用是充填晶粒间隙、粘接分散的晶相，降低烧结温度，抑制晶粒长大和填充气孔。由于玻璃相熔点低、热稳定性差，导致陶瓷在高温下产生蠕变，因此一般控制玻璃相含量为 20%~40% 范围内。

3. 气相（gas phase）

气相是指陶瓷孔隙中的气体，是在陶瓷生产过程中形成并被保留下来的。气孔对陶瓷性能的影响是双重的，它使陶瓷密度减小，并能起到减振效果，这是有利的一面；不利的是气孔使陶瓷强度降低，介电耗损增大，电击穿强度下降，绝缘性降低。因此，生产上要控制气孔数量、大小及分布。一般气孔体积分数占 5%~10%，力求气孔细小均匀分布，呈球状。

二、陶瓷材料的性能特点

由于陶瓷材料原子结合主要是离子键和共价键，因此陶瓷材料性能特点是强度高、硬度大、熔点高、化学稳定性好、线膨胀系数小，且多为绝缘体；相应地，其塑性、韧性和可加工性较差。下面主要介绍陶瓷材料的一些主要的性能特点。

（1）强度和硬度。陶瓷材料弹性模量较大，即刚性好；但陶瓷在断裂前无明显塑性变形。因此陶瓷质脆，作为结构材料使用时安全性差。陶瓷材料的高温强度比金属高得多，且当温度升到 $0.5T_m$（T_m 为熔点）以上时陶瓷材料也可发生塑性变形，虽然高温时陶瓷材料强度下降，但其塑性韧性却大大提高，加之陶瓷材料优异的抗氧化性，其可能成为未来高速、高温燃气发动机的主要结构材料。高硬度、高耐磨性是陶瓷材料主要的优良性能之一，因此硬度对陶瓷烧结气孔等缺陷敏感性低。陶瓷硬度随温度升高而降低的程度较强度下降的要快。

（2）脆性与陶瓷增韧。脆性是陶瓷材料的缺点，其直观的性能表征为抗机械冲击和耐热冲击性能差。脆性的本质与陶瓷材料内原子为共价键或离子键的键合特征有关。改善陶瓷脆性主要有三种途径：一是增加陶瓷烧结致密度，降低气孔所占比例和气孔尺寸，尽量减少脆性玻璃相数量，并细化晶粒；二是通过陶瓷的相变增韧，同金属一样，某些陶瓷材料也存在相变和同素异构转变，具有补强效应；三是纤维增韧，利用一些纤维（长纤维或短纤维）的高强度和高模量特性，使之均匀分布于陶瓷基体中，生成一种陶瓷基复合材料。

（3）陶瓷的导电性能。大部分陶瓷是电绝缘体，这是因为陶瓷中组成原子的共价键和离子键具有饱和性。但由于成分因素和环境因素的影响，有些陶瓷可以作半导体或压电材料。

（4）陶瓷的化学性能。陶瓷的组织结构非常稳定，不与介质中的氧发生氧化，即使在高温下也很稳定，所以陶瓷对酸、碱、盐等都有极好的抗腐蚀能力。

（5）陶瓷的耐热性能。陶瓷熔点高，而且有很好的高温强度和抗氧化性，是非常有前途的高温材料，用于制造陶瓷发动机，不仅重量轻、体积小，而且热效率大大提高；陶瓷热传导性差，抗熔融金属侵蚀性好，可用作坩埚热容器；陶瓷线胀系数小，但抗热震性能差。

陶瓷材料还有一些特殊的光学性能、电磁性能、生物相容性以及超导性能等；陶瓷薄膜的力学性能除与其结构因素有关外，还应服从薄膜的力学性能规律以及其独特的光、电、磁等物理化学性能。可开发出具有各种各样功能的材料，有着广泛的应用前景。

三、常用陶瓷材料

1. 普通陶瓷

普通陶瓷也叫传统陶瓷，其主要原料是黏土（$Al_2O_3 \cdot 2SiO_2 \cdot 2H_2O$）、石英（$SiO_2$）和长石（$K_2O \cdot Al_2O_3 \cdot 6SiO_2$），它产量大、应用广，大量用于常用陶器、瓷器、建筑工业、电器绝缘材料、耐蚀要求不很高的化工容器、管道，以及力学性能要求不高的耐磨件（如纺织工业中的纺丝零件）等。成分的配比不同，陶瓷的性能会有所差别。

普通陶瓷通常分为常用陶瓷和工业陶瓷两大类。常用陶瓷主要用作日用器皿和瓷器，一般具有良好的光泽度、透明度、热稳定性和良好的力学强度。工业陶瓷包括建筑用的瓷器，用于装饰板、卫生间及器具等，通常尺寸较大，要求强度和热稳定性好。普通陶瓷的性能见表 7-1。

表 7-1　普通陶瓷的性能

名称	耐酸耐温陶瓷	耐酸陶瓷	工业陶瓷
相对密度	2.1~2.1	2.2~2.3	2.3~2.4
气孔率/%	<12	<5	<3
吸水率/%	<6	<3	<1.5
*耐热冲击性/℃	450	200	200
抗拉强度/MPa	7~8	8~12	26~36
抗弯强度/MPa	30~50	40~60	65~85
抗压强度/MPa	120~140	80~120	460~660
冲击强度/MPa	—	$(1~1.5) \times 10^3$	$(1.5~3) \times 10^3$
弹性模量/MPa	—	450~600	650~850

注：耐热冲击性是指试样从高温（如 200℃或 450℃）（快速）冷却到室温（20℃）条件下测试，并反复 2~4 次不出现裂纹的性能。

2. 特种陶瓷

特种陶瓷也叫现代陶瓷、精细陶瓷，包括特种结构陶瓷和功能陶瓷两大类。工程上最重要的是高温陶瓷，包括氧化物陶瓷、硼化物陶瓷、氮化物陶瓷和碳化物陶瓷。

1）氧化物陶瓷

氧化物陶瓷熔点大多 2000℃以上，烧成温度约 1800℃；单相多晶体结构，有时有少量气相；强度随温度的升高而降低，在 1000℃以下时一直保持较高强度且随温度变化不大；纯氧化物陶瓷任何高温下都不会氧化。

（1）氧化铝（刚玉）陶瓷。这是以 Al_2O_3 为主要成分的陶瓷，另含有少量的 SiO_2。熔点达 2050℃，抗氧化性好，广泛用于耐火材料。根据 Al_2O_3 含量不同又分为 75瓷（含 75%Al_2O_3）、95 瓷（含 95%Al_2O_3）和 99 瓷（含 99%Al_2O_3），Al_2O_3 含量在 90%~99.5%时称为刚玉瓷，氧化铝含量越高性能越好。氧化铝陶瓷耐高温性能很好，在氧化气氛中可使用到 1950℃，其硬度高、电绝缘性能好、耐蚀性和耐磨性也很好，可用作高温器皿、刀具、内燃机火花塞、轴承、化工用泵、阀门等。氧化铝陶瓷的缺点是脆性大，不能承受冲击载荷，抗热震性能差，不适合用于有温度急变的场合。

（2）氧化铍陶瓷。氧化铍陶瓷在还原性气相条件下特别稳定，其导热性极好（与铝相近），故抗热冲击性能好，可用作高频电炉坩埚和高温绝缘子等电子元件，以及用于激光管、晶体管散热片、集成电路基片等；铍的吸收中子截面小，故氧化铍还是核反应堆的中子减速剂和反射材料。但氧化铍粉末及其蒸气有剧毒，生产和应用中应倍加注意。

（3）氧化锆陶瓷。氧化锆陶瓷的熔点在 2700℃以上，耐 2300℃的高温，推荐使用

温度 2000~2200℃；能抵抗熔融金属的侵蚀，可用作铂、锗等金属的冶炼坩埚和 1800℃
以上的发热体及炉子、反应堆绝热材料等；氧化锆做添加剂可大大提高陶瓷材料的强度
和韧性，氧化锆增韧陶瓷可替代金属制造模具、拉丝模、泵叶轮和汽车零件（如凸轮、
推杆、连杆）等。

2）氮化物陶瓷

（1）氮化硅陶瓷。氮化硅（Si_3N_4）陶瓷硬度很高、摩擦因数小、耐磨性和减摩
性好（自润滑性好），是很好的耐磨材料；化学稳定性极好，除氢氟酸外能耐各种酸、
碱的腐蚀，也可抵抗熔融有色金属的侵蚀；同时其还有很好的抗热震性，故可用作腐
蚀介质的机械零件、密封环、高温轴承、燃气轮机叶片、冶金容器和管道以及精加工
刀具等。

（2）氮化硼陶瓷。氮化硼有六方结构和立方结构两种陶瓷。六方氮化硼为六方晶体
结构，也叫做"白色石墨"；硬度低，可进行各种切削加工；导热和抗热性能高，耐热
性好，有自润滑性能；高温下耐腐蚀、绝缘性好；用于高温耐磨材料和电绝缘材料、耐
火润滑剂等。在高压和 1360℃时六方氮化硼转化为立方结构，硬度接近金刚石的硬度，
用作金刚石的代用品，制作耐磨切削刀具、高温模具和磨料等。

3）碳化硅陶瓷

碳化硅（SiC）陶瓷的最大特点是高温强度高，其在 1400℃时抗弯强度仍达
500~600MPa，热压碳化硅是目前高温强度最高的陶瓷。且其导热性好，仅次于氧化铍陶
瓷，热稳定性耐蚀性耐磨性也很好。主要可用于制作热电偶套管、炉管、火箭喷管的喷
嘴，以及高温轴承、高温热交换器、密封圈和核燃料的包封材料等。

4）硼化物陶瓷

硼化物陶瓷有硼化铬、硼化钼、硼化钛、硼化钨和硼化锆等，具有高硬度，同时
具有较好的耐化学侵蚀能力，硼化物陶瓷熔点范围为 1800~2500℃。相比碳化物陶瓷，
硼化物陶瓷具有较高的抗高温氧化性能，使用温度达 1400℃。硼化物陶瓷主要用于高
温轴承、内燃机喷嘴、各种高温器件、处理熔融非铁金属的器件等，还可用作电触点
材料。

陶瓷的种类很多，其具有的性能也是十分广泛的，在所有的工业领域都有这一类材
料的应用，随着材料的发展，其应用必将越来越广泛。而功能陶瓷（尤其是功能性陶瓷
薄膜）的品种和应用也是十分普遍的，发挥的作用也越来越重要。

四、陶瓷材料的加工工艺

1. 干压成型

干压成型又称模压成型（depressing molding），它是将粉料加入少量结合剂（7%~8%）
进行造粒，然后将造粒后的粉料置于钢模中，在压力机上加压成一定形状的坯体，适合

压制形状简单、尺寸较小的制品。

　　干压成型的加压方式、加压速度与保压时间对坯体的致密有不同的影响。如图 7-13 所示，单面加压时坯体上下密度差别大，而双向加压时坯体均匀性增加（中心部位密度较低），并且模具施加润滑剂时，会显著增加坯体密度的均匀性。

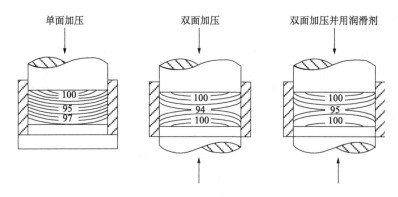

图 7-13　加压方式对坯体密度的影响

　　其特点是黏结剂含量低，坯体可不经过干燥直接进行烧结；坯体收缩率小，密度大，尺寸精确，机械强度高，电性能好；工艺简单，操作方便，周期短，效率高，易于实现自动化生产。但是，模具磨损大，加工复杂，成本高；其次，加压方向只能上，下加压，压力分布不均匀，致密度不均，收缩不均，会产生开裂、分层等现象。

2. 注浆成型

　　注浆成型是将陶瓷颗粒悬浮于液体中，然后注入多孔质模具，由模具的气孔把浆料中的液体吸出，而在模具内留下坯体。工艺过程包括浆料的制备、模具制备和浆料浇注三个阶段。浆料的制备是关键工序，要求是：良好的流动性，足够小的黏度，良好的悬浮性，足够的稳定性。最常用的模具为石膏模浆料浇注入模并吸干其中液体后，拆开模具取出注件，去除多余料，在室温下自然干燥或可调温装置中干燥。

　　该成型方法可制造形状复杂、大型薄壁的产品，另外金属铸造生产的型芯，离心铸造、真空铸造、压力铸造等工艺方法也被应用于注浆成型，并形成了离心注浆、真空注浆、压力注浆的方法，离心注浆适用于大型环状制品，而且坯体壁厚均匀；真空注浆可有效去除浆料中的气体；压力注浆可提高坯体的密度，减少坯体中残留水分，缩短成型时间，减少缺陷，图 7-14 为离心浇注示意图。

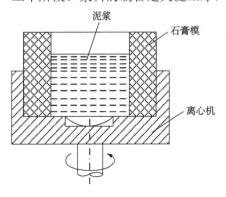

图 7-14　离心浇注示意图

3. 热压铸成型

热压铸成型也是注浆成型，但其不同之处在于，它是利用坯料中混入石蜡，利用石蜡的热流特性，使用金属模具在压力下进行成型，冷凝后获得坯体的方法。热压铸成型工作原理（图 7-15）是将配好的浆料蜡板置于热压主机筒内，加热至熔化成浆料，用压缩空气将筒内浆料通过吸铸口压入模腔，保压一定时间后去掉压力，料浆在模腔内冷却成型，然后脱模，取出坯体进行加工处理，排蜡后的坯体要清理表面的吸附剂，然后进行烧结。

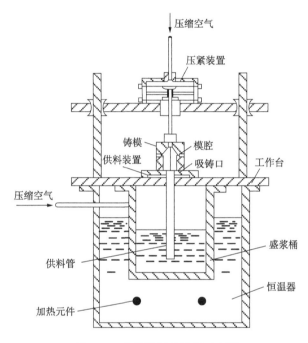

图 7-15　热压铸机的结构示意图

该工艺适合形状复杂，精确度要求高的中小型产品的生产。设备简单，操作方便生产效率高；模具磨损小，寿命长。但该法的工序比较复杂、耗能大、工期长，对于壁薄的大而长的制品，由于不易充满模腔而不太适宜。

4. 注射成型

注射成型是将粉料与有机黏结剂混合后，加热混炼，制成粒状粉料，用注射成型机在 130~300℃温度下注射入金属模具中，冷却后黏结剂固化，取出坯料，经脱脂后就可按常规工艺烧结。此法成型工艺简单、成本低、压坯密度均匀，适合于复杂零件的自动化大规模生产。

5. 挤压成型

挤压成型是将真空炼制的泥料放入挤制机（图 7-16），能挤出各种形状的坯体。也可以直接将挤制嘴直接安装在真空炼泥机上，成为真空炼泥挤压机，挤出的制品性能更好。挤出的坯体，晾干后，可以切割成所需长度的制品。

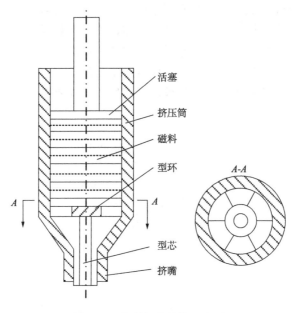

图 7-16　挤制机的结构示意图

6. 等静压成型

等静压成型又称静水压成型，它是利用液体介质不可压缩性和均匀传递压力性的一种成型方法。即处于高压容器中的试样所受到的压力如同处于同一深度的静水中所受到的压力情况，所以叫静水压或等静压。有冷等静压和热等静压两种，冷等静压又分为湿式和干式等静压。

（1）湿式等静压。它是将预压好的坯料包封在弹性的橡胶模或塑料模具内，然后置于高压容器内施加高压液体（压力在 100MPa 以上）来成型坯体，因为处在高压液体中，各个方向受压而成型坯体，所以叫湿式等静压。

（2）干式等静压。成型的模具是半固定式的，坯料的添加和坯件的取出，都是在干燥状态下操作，故称干式等静压。适合形状简单的长形、薄壁、管状制品，如稍加改进可用于连续自动化生产。

第三节　复合材料及加工工艺

复合材料则是在充分利用材料科学理论和材料制作工艺发展的基础上发展起来的一类新型材料。复合材料（Composite Material）是指两种或两种以上的物理、化学性质不同的物质，经一定方法得到的一种新型的多相固体材料。复合材料各组分之间"取长补短"和"协同作用"极大地弥补了单一材料的缺点，创造单一材料不具备的双重或多重功能，或者在不同时间或条件下发挥不同的功能。复合材料和其他工程材料的基本性能见表 7-2。

表 7-2　复合材料与常用工程材料基本性能比较

材料	密度/(g·cm^{-3})	抗拉强度 R_m /MPa	弹性模 E /MPa	比强度 /(kPa·m^3·kg^{-1})	比弹性模量 /(kPa·m^3·kg^{-1})
钢	7.8	1010	206×10^3	129	26
铝	2.3	461	74×10^3	165	26
钛	4.5	942	112×10^3	209	25
玻璃钢	2.0	1040	39×10^3	520	20
碳纤维 II/环氧树脂	1.45	1472	137×10^3	1015	95
碳纤维 I/环氧树脂	1.6	1050	235×10^3	656	147
有机纤维 PRD	1.4	1373	78×10^3	981	56
硼纤维/环氧树脂	2.1	1344	206×10^3	640	98
硼纤维/铝	2.65	981	196×10^3	370	74

一、复合材料的增强机制和复合原则

复合材料由基体与增强材料复合而成，这种复合不是简单的组合，而是两种材料发生相互的物理、化学、力学等作用的复杂过程。

1. 增强机制

对于不同形态的增强材料，其承载方式不同。

颗粒增强复合材料，承受载荷的主要载体是基体，增强材料的作用是阻碍基体中位错的运动或阻碍分子链的运动。复合材料的增强效果与材料的直径、分布、数量有关。一般认为，颗粒相的直径在 0.01~0.1μm 时，增强效果最大；直径太小时，容易被位错绕过，对位错的阻碍作用小，增强效果差；当颗粒直径大于 0.1μm 时，容易造成基体的应力集中，使复合材料强度下降。这种性质与金属中的第二相强化原理相同。

纤维增强复合材料，承受载荷的主要载体是增强纤维，这是因为：第一，增强材料是具有强结合键的材料，增强相的内部一般含有微裂纹，易断裂，表现在性能上就是脆性大，若将其制成细纤维，使纤维断面尺寸缩小，从而降低裂纹长度和出现裂纹的概率，使脆性降低，复合材料的强度明显提高；第二，纤维在基体中的表面得到较好的保护，且纤维彼此分离，不易损伤，在承受载荷时不易产生裂纹，承载能力较大；第三，在承受大的载荷时，部分纤维首先承载，若过载可能发生纤维断裂，但韧性好的基体能有效阻止裂纹的扩展；第四，纤维过载断裂时，一般情况下断口不在一个平面上（图 7-17），复合材料的断裂必须使许多纤维从基体中抽出，即断裂须克服黏结力这个阻力，因而断裂强度很高；第五，在三向应力状态下，即使是脆性组织，复合材料也能表现出明显的塑性，即受力时不表现为脆性断裂。

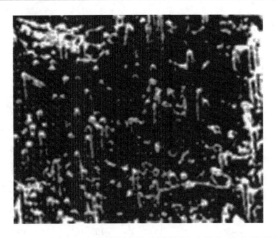

图 7-17　碳纤维环氧树脂断裂时纤维断口的扫描电镜照片

2. 复合原则

1) 颗粒增强复合材料

对于颗粒增强复合材料,集体承受载荷时,颗粒的作用是阻碍分子链或位错的运动。增强的效果同样与颗粒的体积含量、分布、尺寸等密切相关。复合原则:

(1) 颗粒应高度均匀的弥散分布在基体中,从而起到阻碍导致塑性变形的分子链或位错的运动。

(2) 颗粒大小应适当:颗粒过大本身易断裂,引起应力集中,导致材料的强度降低;颗粒过小,位错容易绕过,起不到强化效果。

(3) 颗粒的体积含量应在 20% 以上,否则达不到最佳强化效果。

(4) 颗粒与基体之间有一定的结合强度。

2) 纤维增强复合材料

由纤维增强机制,得出复合原则:

(1) 纤维增强相是材料的主要承载体,纤维应有高的强度和模量,并且高于基体。

(2) 基体起黏结作用,对纤维相有润滑性,从而把纤维有效结合起来,保证把力传递给纤维相,基体相还应有一定的塑性和韧性,防止裂纹的扩展。

(3) 基体与增强相的热膨胀系数相当,以免在热胀冷缩过程中自动削弱相互间的结合强度。

(4) 纤维相必须有合理的含量、尺寸、分布。

(5) 纤维和基体不能发生化学反应,以免引起纤维相性能降低而失去强化作用。

二、复合材料的性能特点

影响复合材料性能的因素很多,主要取决于增强材料的性能、含量及分布状况,基体材料的性能、含量，以及它们之间的界面结合情况，作为产品还与成型工艺和结构设计有关。因此，无论对哪种复合材料，性能不是一个定值，但就常用的工程复合材料而言，与其相应的基体材料相比较，其主要有如下的力学性能特点：

（1）比强度高、比模量高。比强度、比模量是指材料的强度或模量与其密度之比。由于复合材料增强体一般为高强度、高模量、低密度的纤维、晶须、颗粒，从而大大增加了复合材料的比强度比模量。

（2）良好的耐疲劳性能。复合材料中的纤维缺陷少，因而本身抗疲劳能力高；而基体的塑性和韧性好，能够消除或减少应力集中，不易产生微裂纹；大量纤维的存在，使裂纹扩展要经历非常曲折、复杂的路径，促使复合材料疲劳强度的提高。

（3）优越的高温性能。由于各种增强纤维一般在高温下仍可保持高的强度，所以用它们增强的复合材料的高温强度和弹性模量均较高，特别是金属基复合材料。例如7075铝合金，在400℃时，弹性模量接近于零，强度值也从室温时的500MPa降至30~50MPa。而碳或硼纤维增强组成的复合材料，在400℃时，强度和弹性模量可保持接近室温下的水平。碳纤维复合材料在非氧化气氛下在2400~2800℃长期使用。

（4）减振性能。材料的比模量越大，则其自振频率越高，可避免在工作状态下产生共振及由此引起的早期破坏。

（5）断裂安全性。纤维增强复合材料是力学上典型的静不定体系，纤维增强复合材料在每平方厘米截面上，有几千至几万根增强纤维，较大载荷下部分纤维断裂时载荷由韧性好的基体重新分配到未断裂纤维上，构件不会瞬间失去承载能力而断裂。

（6）耐磨性好。金属基复合材料，尤其是陶瓷纤维、晶须、颗粒增强金属基复合材料具有很好的耐磨性。

三、复合材料及加工工艺

复合材料的加工工艺特点主要取决于复合材料的基体。一般情况下其基体材料的加工方法也常常适用于以该类材料为基体的复合材料，特别是以颗粒、晶须和短纤维为增强体的复合材料。而以连续纤维为增强体的复合材料的加工则往往是完全不同的，需要采用改进工艺措施。

金属基复合材料是以金属及其合金为基体，与一种或几种金属或非金属增强相人工结合成的复合材料。金属基体可以是铝、镁、铜及黑色金属。增强材料大多为无机非金属材料，如陶瓷、碳、石墨、硼等，也可也是金属。金属基复合材料制备工艺主要有以下四大类：固态法、液态法、喷射与喷涂沉积法、原位复合法。

1）固态法

包括粉末冶金和热压扩散结合两种方法。

粉末冶金法：粉末冶金是制备金属基复合材料，尤其是非连续增强体金属基复合材料的方法，广泛应用于各种颗粒、片晶、晶须及短纤维增强的铝、铜、钛高温合金等。其工艺首先是将金属粉末或合金粉末和增强体均匀混合，制得复合坯料，经不同固化技术制成锭块，再通过挤压、轧制、锻造等二次加工制成型材。图 7-18 是用粉末冶金法制备短纤维、颗粒或晶须增强金属基复合材料工艺流程图。

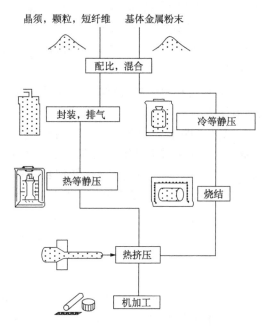

图 7-18　用粉末冶金法制备短纤维、颗粒或晶须增强金属基复合材料工艺流程图

　　热压扩散结合法：热压扩散结合法是连续纤维增强金属基复合材料最具代表性的一种常用固相复合工艺。按照制件形状、纤维体积密度及增强方向要求，将金属基复合材料预制条带及基体金属箔或粉末布，经裁剪、铺设、叠层、组装，然后在低于复合材料基体金属熔点的温度下加压并保持一定时间；基体金属产生蠕变与扩散，使纤维与基体间形成良好的界面结合，得到复合材料制件，工艺流程如图 7-19 所示。

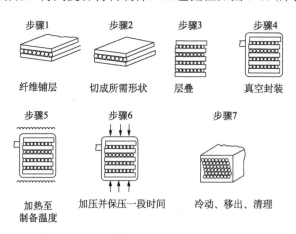

图 7-19　硼纤维增强铝的热压扩散结合工艺流程图

2）液态法

液态法包括压铸、半固态复合铸造、液态渗透以及搅拌法等，这些方法的共同特点是金属基体在制备复合材料时均处于液态或呈半固态。压铸成型是指在压力作用下，将液态或半液态金属基复合材料以一定的速度填充压铸模型腔，在压力下凝固成型而制备金属基复合材料的方法，典型压铸法的工艺如图7-20所示。半固态复合铸造是将颗粒加入处于半固态的金属基体中，通过搅拌使颗粒在金属基体中均匀分布，然后浇注成型。

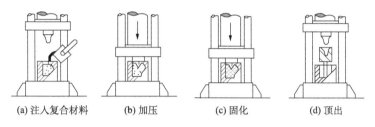

(a) 注入复合材料　　(b) 加压　　(c) 固化　　(d) 顶出

图 7-20　金属基复合材料压铸工艺示意图

3）喷涂沉积法

喷涂沉积法的主要原理是以等离子弧或电弧加热金属粉末或者金属线、然后通过高速气体喷涂到沉积基板上。图 7-21 为电弧或等离子喷涂形成纤维增强金属基复合材料的示意图。首先将增强纤维缠绕在已经包覆一层基体金属并可以转动的滚筒上，基体金属粉末、线或丝通过电弧喷涂枪或等离子喷涂枪加热形成液滴。基体金属熔滴直接喷涂在沉积滚筒上与纤维相结合并快速凝固。

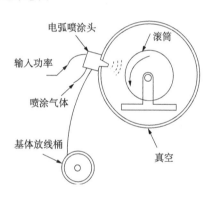

图 7-21　电弧或等离子喷涂形成纤维增强复合材料示意图

4）原位复合法

增强材料与金属基体间的相容性问题往往影响到金属基复合材料的性能和性能稳定问题。如果增强材料能从金属中直接（原位）生成，则上述相容性问题可以得到较好的解决，这就是原位复合材料的由来。因为原位生成的增强相与金属基体界面结合良好，生成相的热力学稳定性好，也不存在增强相与基体的润湿和界面反应等问题。

第四节　纳 米 材 料

纳米材料在自然界一直存在，在广阔的自然界和生物界中早已充满了纳米科学的内涵。例如在坚硬的牙齿表面排列着纳米尺度的微晶；考古学家观察到几千年以前制备的古铜器和古瓷器表面至今完好无损，这些表面均是由纳米级的晶粒所组成。

纳米的发现者是著名的美国物理学家、两次诺贝尔奖获得者 Richardfeymen，他在

20 世纪 60 年代曾预言：如果我们能控制物体微小规模上的排序，将获得很多具有特殊性能的物质。

纳米材料是 20 世纪 80 年代以后迅速发展起来的，具有优越的性能和广阔的应用前景。1984 年 Glecter 采用气体冷凝方法，成功制备铁纳米微粉。随后，美国、德国和日本的科学家先后制成多种纳米材料粉末及烧结块体材料，开创了纳米材料技术的研究时代。

一、纳米科学与技术

纳米（nanometer）是一个长度单位，简写 nm，$1nm=10^{-3}\mu m=10^{-6}mm=10^{-9}m$。纳米是一个非常小的尺寸，它代表了人们认识的一个新层次，从微米到纳米，数量级的不同产生质的飞跃。纳米不仅是空间尺度的概念，而且是一种新的思维方式，它的内容是在纳米尺寸范围内认识和改变材料，使生产过程越来越细，以至于在纳米尺度上直接控制原子、分子的排布，从而制造具有特定功能的产品。

纳米技术的主要功能：

（1）纳米技术能够改变材料制造业的现状，制造出纯度很高的材料。

（2）纳米技术可以回收并提取微量元素，清除废水中的有毒化学物质。

（3）纳米技术可以制造超级嗅觉器，用来检测毒品、炸药、工厂泄漏物质等。

（4）纳米技术可以缩短产品从设计到批量生产所需的时间。

（5）纳米技术可以使传统的装配工艺变成一次成型工艺。

（6）纳米技术工作范围可以从消除发动机零件的腐蚀损坏与细小裂纹到医治患者的病变、修复损坏的器官、进行人体整容等。

（7）纳米技术不仅可以控制单个电子，而且可以控制单个光子，实现通信瞬时化。

纳米科技是一门多学科交叉的、基础研究与应用开发紧密联系的高新技术，如纳米生物学、纳米化学和纳米材料学等。

二、纳米材料的结构和特性

纳米结构材料的特性，是由其组成的微粒尺寸、相组成和界面这三个方面的相互作用决定的。

1. 纳米材料的结构

合成纳米材料具有以下结构特点：

（1）原子畴（晶粒或相）尺寸小于 100nm。

（2）晶界处的原子数比率高，可达 15%~50%。

（3）各畴之间存在相互作用。

纳米材料的结构一般可分为两种，即纳米粒子结构和纳米块体结构。其中纳米块体材料分为纳米粒子压制而成的三维材料、涂层、非晶态固体经过高温烧结而形成的纳米晶粒组成的材料、金属形变造成的晶粒碎化而形成的纳米晶材料，还有用球磨法制成的纳米金属间化合物或合金。

纳米粒子可以由单晶或多晶组成。不同的制备工艺可以制造出不同形状的纳米粒子。纳米材料的结构是有序排列还是无序排列还在研究讨论中，一些学者认为，纳米材料不同于晶态与非晶态，是物质的第三态固体材料。

2. 纳米材料的特性

当颗粒尺寸进入纳米数量级时，其本身和由它构成的固体主要具有小尺寸效应、表面与界面效应、量子尺寸效应等三方面的效应，并由此派生出传统固体所不具备的许多特殊性能。

（1）小尺寸效应。当超微粒子的尺寸小到纳米数量级时，其声、光、电、磁、热力学等特性均会呈现新的尺寸效应。如磁有序转为磁无序，超导相转为正常相，声子谱发生改变等。

（2）表面与界面效应。随纳米微粒尺寸减小，比表面积增大，三维纳米材料中界面占的体积分数增加。如当颗粒直径为 5nm 时，比表面积为 $180m^2/g$，界面体积分数为 50%；而颗粒直径为 2nm 时，则比表面积增加到 $45m^2/g$，体积分数增加到 80%，此时已不能把界面简单地看做是一种缺陷，它已成为纳米固体的基本组分之一，并对纳米材料的性能起着举足轻重的作用。

（3）量子尺寸效应。随粒子尺寸减小，能级间距增大，从而导致磁、光、声、热、电及超导电性与宏观特性显著不同。

由于具有以上几方面的效应，纳米材料具有许多区别于传统材料的特性。陶瓷材料通常呈现脆性，而由纳米超微粒制成的纳米陶瓷材料却具有良好的韧性，这是由于纳米超微粒制成的固体材料具有大的界面，界面原子排列相当混乱。原子在外力作用下易于迁移，从而表现出良好的韧性与一定的延展性，使陶瓷材料具有新奇的力学性能。据美国记者报道，CaF_2 纳米材料在室温下可大幅度弯曲而不断裂，人的牙齿之所以有很高的强度，是因为它是由磷酸钙等纳米材料构成的。当组成相尺寸足够小时，由于在限制的原子系统中的各种弹性和热力学参数的变化，平衡相的关系将被改变。固体物质在粗晶粒尺寸时具有固定的熔点，超微化后则熔点降低。例如块状金的熔点为 1064℃，当颗粒尺寸减到 10nm 时，则降低为 1037℃时变为 327℃；银的熔点为 690℃，而超细银熔点变为 100℃。纳米材料还有许多其他特征，例如纳米微粒对光的反射率低、吸收率高，因此金属纳米微粒几乎全呈黑色；随微粒尺寸减小，其发光颜色依"红色—绿色—蓝色"变化；微粒尺寸为纳米数量级时，金属由良导体变为非导体；纳米金属粒子会在空气中燃烧；纳米材料强度和硬度高、塑性和韧性好，如纳米 SiC 的裂断韧性高于常规同种材料 100 倍。

三、纳米材料的制备

目前，制备纳米材料的工艺方法主要有：物理气相沉积法（PVD）、化学气相沉积法（CVD）、等离子体法、激光诱导法、真空成型法、惰性气体凝聚法、机械合金化法、共沉淀法、水热法、水解法、微孔液法、溶胶-凝胶法等。

纳米材料的制备通常按以下步骤进行：①在纳米尺寸状态中的原子簇拥有成千上万原子，现在使用物理方法或化学方法来制备这些原子簇，再将其组装成材料。②纳米结构材料中的相组成是非常重要的，因为相是传统材料性能的表现。在合成单相纳米结构材料时，纳米材料的纯度是必须控制的。例如制备一种氧化物或一种金属，这意味着要控制掺杂的不纯度、相组成等因素，在控制成分的同时，粒子至少有一维的长度、大小必须保持在100nm之内，这就会使制备工艺变得更加复杂。③控制组成相之间形成的界面性质，亦即交叉界面相互作用的性质。在成分相同有不同取向的晶粒之间，也存在这些晶界，包括多相界面和自由表面。与传统材料相比较，纳米结构材料中存在的界面数目是很大的，因此，对界面形成的控制很重要。

1. 纳米微粒的制备方法

（1）气体冷凝法。在低温的氖、氦等惰性气体中加热金属，使其蒸发后形成纳米微粒。

（2）活性氢-熔融金属反应。含有氢气的等离子体与金属间产生电弧，使金属熔融，电离的 N_2、Ar、H_2 溶入熔融金属，在释放出来，在气体中形成金属纳米粒子。

（3）通电加热蒸发法。使接触的碳棒和金属通电，在高温下金属与碳反应并蒸发形成碳化物纳米粒子。

（4）化学蒸发凝聚法。通过有机高分子热解获得纳米陶瓷粉末。

（5）喷雾法。将溶液通过各种物理手段进行雾化获得超微粒子。

2. 纳米块体、膜的制备方法

1）纳米金属与合金的制备方法

（1）惰性气体蒸发法、原位加压法：将制成的纳米微粒原位收集压制成块。

（2）高能球磨法：即机械合金化。

（3）非晶晶化法：使非晶部分或全部晶化，生成纳米级晶粒。

（4）直接淬火法：通过控制淬火速度获得纳米晶体材料。

（5）形变诱导纳米晶：对非晶条带进行变形再结晶形成纳米晶。

2）纳米陶瓷的制备方法

无压烧结法和加压烧结法。

3）纳米薄膜的制备方法

（1）溶胶-凝胶法。

（2）电沉积法：对非水电解液通电，在电极上沉积成膜。

（3）高速超微粒子沉积法：用蒸发或溅射等方法获得纳米粒子，用一定压力惰性气体作载流子，通过喷嘴，在基板上沉积成膜。

（4）直接沉积法：把纳米粒子直接沉积在低温基板上。

四、纳米材料的应用及发展

纳米技术的广义范围可包括纳米材料技术及纳米加工技术、纳米测量技术、纳米应用技术等方面。其中纳米材料技术着重于纳米功能性材料的生产（超微粉、镀膜、纳米改性材料等）和性能检测技术（化学组成、微结构、表面形态、物、化、电、磁、热及光学等性能）。纳米加工技术包含精密加工技术（能量束加工等）及扫描探针技术。

纳米粒子异于大块物质的原因是在其表面积相对增大，也就是超微粒子的表面布满了阶梯状结构，此结构代表具有高表能的不安定原子。这类原子极易与外来原子吸附键结，同时因粒径缩小而提供了大表面的活性原子。

（1）纳米磁性材料。在实际中应用的纳米材料大多数都是人工制造的。纳米磁性材料具有十分特别的磁学性质，纳米粒子尺寸小，具有单磁畴结构和矫顽力很高的特性，用它制成的磁记录材料不仅音质、图像和信噪比好，而且记录密度比 $\gamma\text{-}Fe_2O_3$ 高几十倍。超顺磁的强磁性纳米颗粒还可制成磁性液体，用于电声器件、阻尼器件、旋转密封及润滑和选矿等领域。

（2）纳米陶瓷材料。传统的陶瓷材料中晶粒不易滑动，材料质脆，烧结温度高。纳米陶瓷的晶粒尺寸小，晶粒容易在其他晶粒上运动，因此，纳米陶瓷材料具有极高的强度和高韧性以及良好的延展性，这些特性使纳米陶瓷材料可在常温或次高温下进行冷加工。如果在次高温下将纳米陶瓷颗粒加工成形，然后做表面退火处理，就可以使纳米材料成为一种表面保持常规陶瓷材料的硬度和化学稳定性，而内部仍具有纳米材料的延展性的高性能陶瓷。

（3）纳米传感器。纳米二氧化锆、氧化镍、二氧化钛等陶瓷对温度变化、红外线以及汽车尾气都十分敏感。因此，可以用它们制作温度传感器、红外线检测仪和汽车尾气检测仪，检测灵敏度比普通的同类陶瓷传感器高得多。

（4）纳米倾斜功能材料。在航天用的氢氧发动机中，燃烧室的内表面需要耐高温，其外表面要与冷却剂接触。因此，内表面要用陶瓷制作，外表面则要用导热性良好的金属制作。但块状陶瓷和金属很难结合在一起。如果制作时在金属和陶瓷之间使其成分逐渐地连续变化，让金属和陶瓷"你中有我，我中有你"，最终便能结合在一起形成倾斜功能材料，它的意思是其中的成分变化像一个倾斜的梯子。当用金属和陶瓷纳米颗粒按其含量逐渐变化的要求混合后烧结成形时，就能达到燃烧室内侧耐高温、外侧有良好导热性的要求。

（5）纳米半导体材料。将硅、砷化镓等半导体材料制成纳米材料，具有许多优异性能。例如，纳米半导体中的量子隧道效应使某些半导体材料的电子输运反常、导电率降低，电导热系数也随颗粒尺寸的减小而下降，甚至出现负值。这些特性在大规模集成电路器件、光电器件等领域发挥重要的作用。利用半导体纳米粒子可以制备出光电转化效率高的、即使在阴雨天也能正常工作的新型太阳能电池。由于纳米半导体粒子受光照射时产生的电子和空穴具有较强的还原和氧化能力，因而它能氧化有毒的无机物，降解大多数有机物，最终生成无毒、无味的二氧化碳、水等，所以，可以借助半导体纳米粒子利用太阳能催化分解无机物和有机物。

（6）纳米催化材料。纳米粒子是一种极好的催化剂，这是由于纳米粒子尺寸小、表面的体积分数较大、表面的化学键状态和电子态与颗粒内部不同、表面原子配位不全，导致表面的活性位置增加，使它具备了作为催化剂的基本条件。镍或铜锌化合物的纳米粒子对某些有机物的氢化反应是极好的催化剂，可替代昂贵的铂或钯催化剂。纳米铂催化剂可以使乙烯的氧化反应的温度从 600℃ 降低到室温。

（7）医疗上的应用。血液中红细胞的大小为 6000~9000nm，而纳米粒子只有几个纳米大小，实际上比红细胞小得多，因此它可以在血液中自由活动。如果把各种有治疗作用的纳米粒子注入人体各个部位，便可以检查病变和进行治疗，其作用要比传统的打针、吃药的效果好。使用纳米技术能使药品生产过程越来越精细，并在纳米材料的尺度上直接利用原子、分子的排布制造具有特定功能的药品。纳米材料粒子将使药物在人体内的传输更为方便，用数层纳米粒子包裹的智能药物进入人体后可主动搜索并攻击癌细胞或修补损伤组织。使用纳米技术的新型诊断仪器只需检测少量血液，就能通过其中的蛋白质和 DNA 诊断出各种疾病。

在纳米功能和结构材料方面，充分利用纳米材料的异常光学特性、电学特性、磁学特性、力学特性、敏感特性、催化与化学特性等开发高技术新产品，以及对传统材料改性；将重点突破各类纳米功能和结构材料的产业化关键技术、检测技术和表征技术。多功能的纳米复合材料、高性能的纳米硬质合金等为化工、建材、轻工、冶金等行业的跨越式发展提供了广泛的机遇。预期各类纳米材料的产业化可能形成一批大型企业或企业集团，将对国民经济产生重要影响；纳米技术的应用逐渐渗透到涉及国计民生的各个领域，将产生新的经济增长点。

经过几十年对纳米技术的研究探索，现在科学家已经能够在实验室操纵单个原子，纳米技术有了飞跃式的发展。纳米技术的应用研究正在半导体芯片、癌症诊断、光学新材料和生物分子追踪四大领域高速发展。可以预测：不久的将来纳米金属氧化物半导体场效应管、平面显示用发光纳米粒子与纳米复合物、纳米光子晶体将应运而生；用于集成电路的单电子晶体管、记忆及逻辑元件、分子化学组装计算机将投入应用；分子、原子簇的控制和自组装、量子逻辑器件、分子电子器件、纳米机器人、集成生物化学传感器等将被研究制造出来。

第五节　超塑性材料

超塑性是指材料在一定的内部（组织）条件（如晶粒形状及尺寸，相变等）和外部（环境）条件下（如温度、应变速率等），呈现出异常低的流变抗力、异常高的流变性能（例如大的延伸率）的现象。

超塑性现象最早的报道是在 1920 年，Rorsenhain 等发现 Zn-4Cu-7Al 合金在低速弯曲时，可以弯曲近 180°。1934 年，C. P. Pearson 发现 Pb-Sn 共晶合金在室温低速拉伸时可以得到 2000%的延伸率。但是由于第二次世界大战，这方面的研究设有进行下去。1945

年 Bochvar 等发现 Zn-Al 共析合金具有异常高的延伸率并提出"超塑性"这一名词。

一、超塑性的定义及机理

所谓超塑性是指合金在一定条件下所表现的具有极大伸长率和很小变形抗力的现象。合金发生超塑性时的断后伸长率通常大于 100%，有的甚至可以超过 1000%。从本质上讲，超塑性是高温蠕变的一种，因而发生超塑性需要一定的温度条件，称超塑性温度 T_s。

根据金属学特征可将超塑性分为细晶超塑性和相变超塑性两大类。细晶超塑性也称等温超塑性，是研究的最早和最多的一类超塑性，目前提到的超塑性合金主要是指具有这一类超塑性的合金。产生细晶超塑性的必要条件是：温度要高，$T_s=(0.4\sim0.7)T_m$；形变速率 ε 要小，$\varepsilon\leqslant10^{-3}\mathrm{s}^{-1}$；材料组织为非常细的等轴晶粒，晶粒直径<5μm。

细晶超塑性合金要求有稳定的超细晶粒组织。细晶组织在热力学上是不稳定的，为了保持细晶组织的稳定性，必须在高温下有两相共存或弥散分布粒子存在。两相共存时，晶粒长大需原子长距离扩散，因而长大速度小，而弥散粒子则对晶界具有钉扎作用。因而细晶超塑性合金多选择共晶或者共析成分的合金或有第二相析出的合金，而且要求两相尺寸（共晶和共析合金）和强度都十分接近。

合金在超塑性温度下流变应力：

$$\sigma = K \cdot \dot{\varepsilon}^m \qquad\qquad (7\text{-}5)$$

式中：K——常数；

　　　m——变形速率敏感指数，$m = \lg\sigma / \lg\dot{\varepsilon}$。

σ 与 $\dot{\varepsilon}$ 的关系如图 7-22 所示。对一般金属，$m\leqslant0.2$，而对于超塑性合金，$m\geqslant0.3$，m 值越接近伸长率越大。由图 7-22 可以看出，只是在一定的变形速度范围内合金才表现出超塑性。

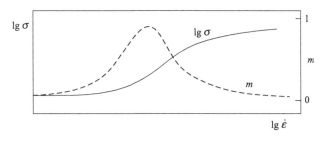

图 7-22　流变应力 σ 与变形速率 $\dot{\varepsilon}$ 关系的示意图

关于细晶超塑性的微观机制，已从各个角度进行了大量的研究，但是目前尚无定论。比较流行的观点认为，超塑性变形主要是通过晶界移动和晶粒的转动造成的。其主要证据是在超塑性流动过程中晶粒仍然保持等轴状，而晶粒的取向却发生明显的变化。晶界的移动和晶粒的转动可通过图 7-23 所示的阿西比（Ashby）机制来完成。经由图 7-23（a）到图 7-23（c）的过程，可以完成 $\varepsilon=0.55$ 的真应变。在这个过程中，不仅要发生晶界的相对滑动，而且要发生由物质转移所造成的晶粒协调变形，图 7-23（d）到图 7-23（e）

即为晶粒 1 和晶粒 2 在由图 7-23（a）过渡到图 7-23（b）时晶内和晶界的扩散过程。无论是晶界移动还是晶粒的协调变形，都是由体扩散和晶界扩散来完成的。由于扩散距离是晶粒尺寸数量级的，所以晶粒越细越有利于上述机制的完成。

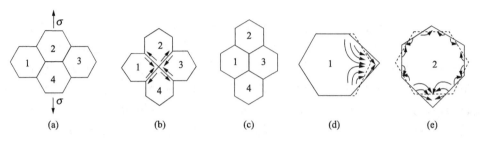

图 7-23　超塑性变形时的晶粒变化及其协调变形时的物质转移示意图

二、超塑性的组织条件

（1）组织超细化。晶粒尺寸应小于 10μm，一般为 0.5~5μm。但也有例外，如 β 钛合金（500μm）、金属间化合物 Fe₃Al（100μm）等。这些合金粗大晶粒时也会出现超塑性。

（2）晶粒等轴化。等轴晶粒有利于晶界在切应力作用下产生晶界滑动。在变形过程中被拉长的晶粒只有通过再结晶变为等轴晶粒时，才能在变形中发生大量的晶界滑动。

（3）晶粒稳定性。在超塑合金中应有第二相存在，因为第二相能在合金的变形过程中有效地控制基体晶粒的长大。准单相合金因为在晶界存在有极少量的第二相粒子或夹杂物、杂质等，对晶界有钉扎作用，因而较单相合金有更好的晶粒稳定性。

（4）对组织中第二相的要求。超塑合金中的第二相强度和硬度应与基体相处于相同的量级上。如果第二相强度和硬度高于基体相，那么在变形应力的作用下在两相界面上易产生孔洞，导致过早断裂。两相强度差越大，超塑性效应越差。若第二相强度和硬度高于基体相时，应使第二相在基体中以更微细化的尺寸呈弥散状的均匀分布；虽然这种粒子也会在基体相的界面上产生显微孔洞，但在连续的变形中，这种孔洞会被粒子周围的各种回复机制所抑制，不致酿成较大孔洞。

（5）对基体晶粒晶界的要求。超塑合金的基体相晶界应具有大角晶界性质。因为大角晶界在切应力作用下很容易发生晶界滑动，而小角晶界不易发生滑动。晶界还应具有易迁移质，当晶界滑动在三角晶界或晶界上的各种障碍处产生应力集中时，晶界迁移能使应力集中松弛。晶界迁移在超塑变形过程中始终存在，它能维持晶粒在变形中的等轴性。

（6）对应变速率敏感性的要求。超塑合金必须具有高的应变速率敏感性，应变速率敏感性指数（m）在 0.3~0.9 范围。m 值较高是微细晶粒组织所固有的特性，所以 m 值能间接反映对组织的要求。

三、超塑性的应用及发展

近年来超塑性在我国和世界上主要的发展方向主要有如下三个方面：

（1）先进材料超塑性的研究。这主要是指金属基复合材料、金属间化合物、陶瓷等材料超塑性的开发，因为这些材料具有若干优异的性能，在高技术领域具有广泛的应用前景。然而这些材料一般加工性能较差，开发这些材料的超塑性对于其应用具有重要意义。

（2）高速超塑性的研究。提高超塑性变形的速率，目的在于提高超塑成形的生产率。

（3）研究非理想超塑材料（例如供货态工业合金）的超塑性变形规律，探讨降低超塑变形材料的苛刻要求，而提高成形件的质量，目的在于扩大超塑性技术的应用范围，使其发挥更大的效益。

1. 热处理方面的应用

主要表现为相变超塑性在热处理方面的应用，例如用于钢材的形变热处理、等温锻造、渗碳、渗氮、渗金属等方面；另外相变超塑性还可以有效的细化晶粒，改善材料品质。

（1）应用相变超塑性改善金属材质。在相变超塑性处理过程中，每一次通过相变点 A_1 或 A_3 的热循环由于新相的形成，晶粒可以得到一次细化。多次以后可以得到极细的晶粒组织。纯铁、亚共析钢、共析钢、过共析钢及铸铁都可以通过快速的循环加热—冷却方式来细化晶粒。

（2）相变超塑性在表面热处理方面的应用。渗碳钢经过循环加热通过相变点 A_1 或 A_3 时，材料处于一种活化状态，具有极大的扩散能力，利用这个特点进行表面化学热处理，如渗碳、渗氮、碳氮共渗可以显著的提高渗入效率，缩短渗透时间。

2. 焊接方面的应用

主要表现为相变超塑性在焊接方面的应用，利用其超塑状态下金属流动特性和高扩散能力进行焊接。相变超塑性用于不同管径的钢管焊接如下，大管径与小管径中间填充材料为炭粉或炭粉末加铁粉的混合体，加热温度范围$\Delta T=600\sim900$℃，在 1 分钟内循环 4~5 次，压力 1~2kg/mm^2，焊后无残余应力，得到牢固的结合。

超塑性成形虽然具有上面所述的一些优点，但是超塑性成形一般生产率较低。又需要较高的温度，这是该工艺没有得到较大推广的重要原因。提高超塑性变形速率是近几年国际上超塑性学者探讨的重要方向，其目标是实现超塑性技术在汽车工业等重要工业领域中得到应用前实现高速率超塑性的途径只有一个，这就是细化晶粒。研究报道表明：当晶粒细化至纳米数量级时，超塑性变形速率可以提高 3~4 个数量级。但由于提高速率的主要目的在于超塑性技术的开发应用，所以这方面的研究要特别注意综合效益，不能因为细化晶粒投资过高而使超塑性技术失去应用价值。

第六节　贮氢合金材料

进入 21 世纪以来，能源危机日益加剧，大气污染越来越严重，氢将是一种石油、煤炭和天然气以外的非常重要的二次能源。它的资源丰富，发热值比任何一种化学燃料都高，更重要的是氢燃烧后生成水，不对环境产生污染。因此，氢能源的开发引起人们极大的兴趣。大量制氢可以考虑利用太阳能，用光解法制氢，或海水中取氢。但氢的贮存是一个难题，尽管氢可以保存在钢瓶中，此方法存在危险性，而且贮存量小（15MPa，氢气质量达不到钢瓶贮存质量的 1/100），使用也不方便。液态氢比气态氢的密度高许多倍，少占用空间，但氢气的液化温度–253℃为了使氢保持液态，还必须有很好的绝缘保护。运载火箭使用液氢作为燃料，液氧作为氧化剂，其贮存占整个火箭空间的 50%以上。

为了解决氢的贮存和运输过程，采用金属贮氢，最早发现 Mg-Ni 合金具有贮氢功能，随后由开发了 La-Ni、Fe-Ti 等贮氢合金。

一、金属贮氢的原理

许多金属（或合金）可固溶氢气形成含氢的固溶体（MH_x），固溶体的溶解度与其平衡氢压 P（H_2）的平方根成正比。在一定温度和压力下，固溶体（MH_x）与氢气反应生成金属氢化物，贮氢合金正是靠其与氢的化学反应生成金属氢化物来贮氢的。金属贮氢的原理在于金属（M）与氢生成金属氢化物（MH_x）：

$$M + xH_2 \rightarrow MH_x + H （生成热） \tag{7-6}$$

金属与氢的反应，是一个可逆过程。正向反应，吸氢、放热；逆向反应，释氢、吸热。改变温度与压力条件可使反应按正向、逆向反复进行，实现材料的吸释氢功能。

二、贮氢合金的分类

贮氢材料按结构分类有两种类型。一类是 I 和 II 主族元素与氢作用，生成的 NaCl 型氢化物（离子型），这类化合物中，氢以负离子态嵌入金属离子间。另一类是 III 和 IV 族过渡金属及 Pb 与氢结合，生成金属型氢化物，氢以正离子态固溶于金属晶格的间隙中。

1. 稀土系贮氢合金

稀土系贮氢合金以 $LaNi_5$ 为代表，较高的吸氢能力，较易活化，对杂质不敏感以及吸脱氢不需高温高压（当释放温度高于 40℃时放氢就很迅速）等优良特性。在稀土材料中通常都加入 Mn，这样可以扩大储氢材料晶格的吸氢能力，提高初始容量，但 Mn 也比较容易偏析，生成锰的氧化物，从而使合金的性质和晶格发生变化，降低吸放氢能力，缩短寿命。因此，为了制约 Mn 的偏析，以提高储氢合金的性能和寿命，在混合稀土材料中往往还要添加 Co 和 Al。

2. 钛系贮氢合金

目前已发展出多种钛系贮氢合金，如钛铁、钛锰、钛铬、钛锆、钛镍、钛铜等，它们除钛铁为 AB 型外，其余都为 AB_2 型系列合金。FeTi 合金是 AB 型贮氢合金的典型代表。

它的储氢能力甚至还略高于 $LaNi_5$。首先，FeTi 合金活化后，能可逆地吸放大量的氢，且氢化物的分解压强仅为几个大气压，很接近工业应用；其次，Fe、Ti 两种元素在自然界中含量丰富，价格便宜，适合在工业中大规模应用，因此一度被认为是一种具有很大应用前景的储氢材料而深受人们关注。其缺点是吸氢和放氢循环中具有比较严重的滞后效应。为了改善钛锰合金的滞后现象，科学家们用锆置换部分钛，用 Cr、Ba、Co、Ni 等一种或数种元素置换部分 Mn，已经研制出数种滞后现象较小，储氢性能优良的钛锰系多元储氢合金。

3. 镁系贮氢材料

镁及其合金作为贮氢材料，具有以下几个特点：贮氢容量很高；镁是地壳中含量为第六位的金属元素，价格低廉，资源丰富；吸放氢平台好；无污染。但镁及其合金作为储氢材料也存在三个缺点：吸放氢速度较慢，反应动力学性能差；氢化物较稳定，释氢需要较高的温度；镁及其合金的表面容易形成一层致密的氧化膜。这就使其实际应用存在问题。

三、贮氢合金的应用及发展

1. 作为贮存氢气的容器

用贮氢合金制作贮氢容器具有质量轻、体积小的优点，其次，无需采用高压及贮存液氢的极低设备和绝热措施，节省能量，安全可靠。

对贮氢合金来说，在寻求廉价合金同时，要重视开发贮氢量大的合金。另外，在体系中为了提高氢化物层导热，要重视开发高性能热交换器，以提高系统的适应性和安全性。

2. 氢能汽车

除应满足贮氢量大的要求外，更重要的是开发出耐循环、比重量大的氢化物合金。日本大约在 10 年前开发的氢汽车用贮氢合金是 AB_5 系合金，但由于 AB_5 型是重金属，因此德国奔驰汽车公司开发的氢汽车用贮氢合金以锆和钛为主要成分。在这类贮氢合金中，Lvaes 相和镁系是有很大发展前途的，但必须首先克服其体积过大和吸放氢温度过高的缺点，这可通过研究表面改性取得突破。

3. 催化

贮氢合金在氢化、甲醇化和合成氨方面均有催化性能，其活性与合金成分及表面特征有关。应当注意的是，贮氢合金作为加氢脱氢催化剂，具有较高的比活性，但比表面积都较小，从而限制了它们的应用。应寻找较好的制备方法特别是预处理方法，以便在不降低贮氢合金比活性的同时能大幅度提高表面积，并建立起成熟的反应机理。

4. 氢化物电极

1990 年，Ni-MH 电池首先由日本商业化。这种电池的容量密度为 Ni-Cd 电池的 1.5 倍，不污染环境、充放电速度快、记忆效应少、能量密度高、充放电速度快、无记忆效应、与 Cd/Ni 电池具有互换性等。

Ni-MH 电池的充放电机理非常简单，仅仅是氢在金属氢化物电极和氢氧化镍电极之间在碱性电解液中的运动。Ni-MH 电池以金属氢化物为负极活性材料，以 $Ni(OH)_2$ 为正极活性材料，以氢氧化钾水溶液为电解液。充电时由于水的电化学反应生成的氢原子立刻扩散到合金中，形成氢化物，实现负极贮氢，而放电时氢化物分解出的氢原子又在合金表面氧化为水，不存在气体状的氢分子。

作为负极，目前在大规模电池生产中主要采用稀土类 AB_5 型，个别厂家采用 AB_2 型贮氢合金。利用金属氢化物作电极，可以研制新型高效燃料电池，作为大型电站和蓄电站的建设，即电网低峰时用多余电能点解水制氢，高峰用电时则通过燃料电池生电能满足用户需要。

贮氢合金因其特殊而广泛的应用价值，为我们打开了一扇理论与应用研究的大门，在实践中越来越受到人们的重视，具有广阔的发展前景。尽管贮氢合金的开发已有很长的、有益的、成功的历史，很多合金和金属间化合物，在工业应用方面有真正的商业价值和经济效益，但目前应用的贮氢合金还存在容量小、寿命短、价格昂贵等缺点，提高和改善贮氢合金的性能，仍是今后努力的方向。

第七节　形状记忆合金材料

形状记忆效应最早是 1932 年由 Olander 在研究 Au-Cd 合金时发现的，但一直没有引起足够的重视。直到 1963 年，美国海军武器实验室布勒（Buehler）等，奉命研制新式装备，需要 Ti-Ni 合金丝，因为领回来的 Ti-Ni 合金丝是弯曲的，使用不方便，于是他们就将细丝拉直。试验中，当温度升到一定值的时候，已经被拉直的 Ti-Ni 合金丝，突然又全部恢复到原来弯曲的形状，而且和原来一模一样，反复作了多次试验，结果证实这些细丝确实有"形状记忆力"。他们研制出具有实用价值的 Ti -Ni 形状记忆合金。形状记忆合金所具有的"形状记忆"和"超弹性"两大特殊功能，引起国际材料科学界的极大兴趣。从此，世界各国对这种材料的研发方兴未艾。

一、形状记忆效应

合金在某一温度下受外力而变形，当外力去除后，仍保持其变形后的形状，但当温度上升到某一温度，材料会自动回复到变形前原有的形状，似乎对以前的形状保持记忆，这种合金称为形状记忆合金（shape memory alloy，SMA），所具有的回复原始形状的能力，称为形状记忆效应（shape memory effect，SME）。形状记忆效应与马氏体相变和逆马氏体相变等密切相关，为此定义了各相关的温度点。当冷却时马氏体相变开始温度为 M_s 点，终了温度为 M_f 点。当加热时马氏体逆相变开始温度为 A_s 点，终了温度为 A_f 点。应力诱发马氏体相变的上限为 M_d 点。参与马氏体相变的高温相和低温相分别称为母相和马氏体相。形状回复驱动力是在加热温度下，母相与马氏体相的自由能之差。但是，为了使形状恢复完全，马氏体相变必须是晶体学上可逆的热弹性马氏体相变。

通常用以下几个基本特征量来评价形状记忆合金的记忆性能：

（1）相变温度：形状记忆合金发生马氏体相变的起始温度（M_s）和结束温度（M_f）以及发生逆相变的起始温度（A_s）和结束温度（A_f）。相变温度决定了材料的工作温度范围。

（2）形状恢复率：可逆变形（弹性恢复和温度恢复之和）与加载总变形之比。

（3）残余应力：材料经加载变形、卸载并加热到一定温度后仍不能恢复的永久变形。

（4）恢复力：加载变形的材料加热时因形状恢复产生的力。

早期，人们根据对 Au-Cd、Ni-Ti、Cu-Al-Ni 和 Fe₃Pt 的研究，提出合金能呈现形状记忆效应的必备条件为：①具有热弹性马氏体相变（马氏体能随温度变化而消长）；②母相有序化；③马氏体内亚结构全部为孪晶；④马氏体正方度（c/a）大。在后来的研究中发现，Fe-Mn-Si 合金系的 γ→ε 相变，Fe-Ni-C 系的 γ→薄片 α' 相变都为非热弹性马氏体相变，却也能获得完全的形状记忆效应，而且上述两种合金系的母相 γ（面心立方结构）是无序的。因此上述第①条和第②条并非必须。这是因为，马氏体相变时原子作规则运动，只要马氏体取向较为一致（如经形变发生再取向，或应力诱发生成马氏体），在相变和形变过程中不形成妨碍形状恢复的缺陷（位错、裂缝等）或第二相沉淀，在马氏体相变和逆相变时合金就能保持晶体学的可逆性，呈现出形状记忆效应。

二、形状记忆合金的应用及发展

1. 航天航空中的应用

形状记忆合金已应用到航空和太空装置。如用在军用飞机的液压系统中的低温配合连接件，欧洲和美国正在研制用于直升机的智能水平旋翼中的形状记忆合金材料。由于直升机高震动和高噪声使用受到限制，其噪声和震动的来源主要是叶片涡流干扰，以及叶片型线的微小偏差。这就需要一种平衡叶片螺距的装置，使各叶片能精确地在同一平面旋转。目前已开发出一种叶片的轨迹控制器，它是用一个小的双管形状记忆合金驱动器控制叶片边缘轨迹上的小翼片的位置，使其震动降到最低。把形状记忆合金制成的弹簧与普通弹簧安装在一起，制成自控元件见图 7-24，它对温度比双金属片敏感得多，可以取代双金属片用于控制和报警装置中。

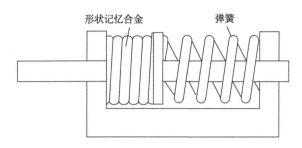

图 7-24　自控元件原理

2. 卫生医疗中的应用

用于医学领域的记忆合金，除了具备形状记忆或超弹性特性外，还应该满足化学和生物学等方面可靠性的要求。一般植入生物体内的金属在生物体液的环境中会溶解形成金属离子，其中某些金属离子会引起癌病，染色体畸变等各种细胞毒性反应或导致血栓等，称之为生物相容性差。在现有的实用记忆合金中，只有与生物体接触后会形成稳定性很强的钝化膜的合金才可以植入生物体内，其中仅 TiNi 合金满足使用条件，是目前医学上主要使用的记忆合金。在医学 TiNi 合金应用较广的有口腔牙齿矫形丝，外科中用的各种矫形棒、骨连接器、血管夹、凝血滤器等。近年来在血管扩张元件中也应用了 TiNi 形状记忆合金。

3. 日常生活中的应用

（1）防烫伤阀。在家庭生活中，已开发的形状记忆阀可用来防止洗涤槽中、浴盆和浴室的热水意外烫伤；这些阀门也可用于旅馆和其他适宜的地方。如果水龙头流出的水温达到可能烫伤人的温度（大约 48℃）时，形状记忆合金驱动阀门关闭，直到水温降到安全温度，阀门才重新打开。

（2）眼镜框架。在眼镜框架的鼻梁和耳部装配 TiNi 合金可使人感到舒适并且抗磨损，由于 TiNi 合金所具有的柔韧性已使它们广泛用于改变眼镜时尚界。用超弹性 TiNi 合金丝做眼镜框架，即使镜片热膨胀，该形状记忆合金丝也能靠超弹性的恒定的力夹牢镜片。这些超弹性合金制造的眼镜框架的变形能力很大，而普通的眼镜框则不能做到。

形状记忆效应的研究开发虽然已有 50 多年的历史，但人们对它的关心和研究势头并未衰减。形状记忆材料，从最初的合金已扩展到陶瓷和高分子材料；并且各种先进的生产工艺技术已被用到形状记忆材料的研究、开发和应用中，例如复合技术、快速冷凝技术、薄膜制作技术等的应用，已导致了复合形状记忆材料、薄带形状的记忆材料、薄膜形状记忆材料的出现和开发应用。形状记忆材料在智能材料系统中受到高度重视。

第八节　非晶态合金材料

非晶态合金又称为金属玻璃，是一种无晶体结构合金，是近 30 年来发展起来的新一代软磁材料。非晶态合金采用快速凝固技术，运用平面流高速连铸工艺、每秒 100℃的冷却速率从钢水直接凝固形成厚度约 0.03mm 的薄带。较之传统硅钢薄带，非晶态合金的制造工艺省去了浇铸、轧制、再结晶退火、表面绝缘处理等诸多工序，实现了冶金领域最短的工艺流程，比硅钢制造节省约80%能源。非晶态合金材料具有优异的电磁特性，其突出特点是高磁导率、低铁损，作为铁芯材料制造的变压器比硅钢变压器空载节能60%~80%。因此，非晶态合金材料是一种集制造节能和应用节能于一身的高科技绿色节能材料。

一、非晶态合金的特性

以极高的速度将熔融状态的合金冷却，凝固后的合金结构呈玻璃态。这样的合金称为非晶态合金，俗称"金属玻璃"。

非晶态合金与普通金属相比，成分基本相同，但结构不同，使两者在性能上呈现差异，由于非晶态合金具有许多优良的性能，例如强度高、良好的软磁性及耐腐蚀性能等，使它很快进入应用领域，尤其作为软磁材料，有着相当广泛的应用前景。

1. 良好的力学性能

研究表明，非晶态合金与普通钢铁材料相比，有着突出的高强度、高韧性和高耐磨性。根据这些特点用非晶态材料和其他材料可以制备成优良的复合材料，也可以单独制成高强度耐磨器件。日常生活中接触的非晶态材料已经很多，如采用非晶态合金制备的高耐磨音频视频磁头在高档录音、录像机中广泛应用；而采用非晶复合强化的高尔夫球杆、钓鱼竿已经面市。非晶态合金材料还广泛用于轻、重工业、军工和航空航天业，在材料表面、特殊部件和结构零件等方面也都得到广泛的应用。

2. 特殊的电学性能

非晶态合金电阻率高，一般为晶态的2~5倍，在变压器铁芯材料中利用这一特点可降低铁损。人们发现，在某些特定的温度环境下，非晶的电阻率会急剧的下降（跃变效应），利用这一特点可设计特殊用途的功能开关。还可利用其低温超导现象开发非晶超导材料。

3. 优异的磁学性能

非晶态合金具有优异的磁学性能。常常有人对图书馆或超市的书或物品中所暗藏的报警设施感到惊讶，其实，这不过是非晶态软磁材料在其中发挥着作用。与传统的金属磁性材料相比，由于非晶合金原子排列无序，没有晶体的各向异性，电阻率高，具有高的磁导率，是优良的软磁材料。非晶态软磁材料即以体积小、重量轻、低损耗、高导磁的优异特性正逐步代替传统的硅钢、铁氧体材料，成为目前研究最深入、应用最广泛、最引人注目的新型功能材料。虽然非晶软磁合金的有效磁导率与常用的晶态合金差不多，但电阻率则远比晶态合金的要高，因而可大大降低变压器损耗和提高使用频率。

4. 突出的化学性能

由于结构均匀，各向同性，没有晶粒和晶界，非晶态合金比晶态合金更加耐腐蚀，已成为化工、海洋等一些易腐蚀的环境中应用设备的首选材料；非晶态金属表面能高，可连续改变成分，具有明显的催化性能，如 $Fe_{20}Ni_{60}B_{20}$ 非晶态合金；某些非晶态合金通过化学反应可以吸收和释放出氢，可以用作储氢材料。

二、非晶态合金的制备

非晶态金属的出现首先应归功于制备非晶态金属的工艺技术的突破，其制备原理可归结为：使液态金属以大于临界冷却速度急速冷却，使结晶过程受阻而形成非晶态；将这种热力学上的亚稳态保存下来冷却到玻璃态转变温度以下而不向晶态转变。

1. 骤冷法

熔融合金通过急冷快速凝固而形成粉末、丝、条带等。目前骤冷法是最主要的制备方法，并已经开始进入工业生产阶段。其基本原理是先将金属或合金加热熔融成液态，然后通过各种不同的途径使它们以 $10^5 \sim 10^8\,K/s$ 的高速冷却，致使液态金属的无序结构得以保存下来而形成非晶态，样品依制备过程不同呈几微米至几十微米厚的薄片、薄带或细丝。在用骤冷法制备非晶态合金条带的工艺中，熔融母合金的冷却速率决定了所得合金样品的非晶化程度。随着冷却速率的增加，合金逐渐由晶态向非晶态过渡，当达到一定冷却速率时，得到完全的非晶态合金。他们通过调节铜辊转速，制得不同晶化的 $Ni_{80}P_{20}$ 合金。采用此法制备的非晶态合金通常具有高强度、高硬度、高耐蚀性和其他优异的电磁性能。

2. 溅射、气相沉积法

溅射是用离子把原子打出来，而气相沉积法是利用热能让原子逸出来，两者都是在基板上把逸出来的原子沉积固定在基板表面上。以 $10^8\,K/s$ 冷却速度冷却，可以得到薄膜，很容易获得非晶态。由于沉积固化机构是一个原子接一个原子排列堆积起来的，所以，长大速度很慢，在实用上存在困难，然而，大规模集成电路中用的非晶态薄膜已得到应用。气相沉积法只能制备薄膜样品，并且需要精密的高真空设备和监控装置。各种沉积膜技术是制备非晶膜的重要途径，其实早在 Duwez 之前，就有报道可以用原子沉积技术得到非晶膜，但没有引起重视，现在各种沉积膜技术已得到广泛研究，可以制备出结构、性质和用途各异的薄膜，成为制备非晶膜的主要途径。

3. 固相反应法

近年来，大量的研究表明，机械合金化法（MA）是制备传统非晶态合金的有效方法。该方法具有设备简单、易工业化，合金成分范围相对较宽等优点，而且粉末易于成型。机械合金化可使固态粉末直接转化为非晶相，对于有些采用单辊急冷法（MS）无法达到非晶化的合金（如 $Al_{80}Fe_{20}$），在球磨 108h 后也实现了非晶化。这样就扩大了合金非晶化的成分范围。其缺点是合金化所需时间较长，因而生产效率较低。

三、非晶态合金的应用及发展

（1）非晶变压器。正如试制的架插式非晶变压器铁损所表明的那样，非晶变压器的铁损值为现行硅钢变压器的 1/3~1/4，因此节能变压器的开发备受关注。据估计，全美国有 2000 万台架插式变压器，日本大约有 700 万台以上。在日本，如果用非晶合金替代这些变压器的铁芯，一年内便可节约 50 亿度电，相当于全日本电力消耗量的 3%。

（2）非晶合金传感器利用非晶合金的磁致伸缩特性可制作各种传感器。以 Co 基合金为代表，利用其零磁致伸缩效应，可以制作磁头、电流传感器、位移传感器等。利用 Fe 基非晶合金的高伸缩特性可制作防盗传感器、转数传感器等。此外非晶合金还广泛用于漏电自动开关、磁分离器件、超声延迟性以及变换器等许多方面。

习　题

1. 根据化学成分、结合键的特点，工程材料是如何分类的?主要差异表现在哪里?
2. 塑料主要分为哪几类?并简述之。
3. 简述挤出成型的工艺过程。
4. 橡胶加工中最基础、最重要的加工过程主要包括哪几个阶段?
5. 简述复合材料的特性。
6. 简述复合材料增强体与基体之间形成良好界面的条件。
7. 如何改善基体对增强材料的润湿性?
8. 陶瓷材料的键结合方式及其带来的性能特点。
9. 非晶态材料的原子结构特点及其带来的性能特点?
10. 介绍纳米材料常用合成技术的化学原理、合成哪些类型（形貌、化学组成）的纳米材料有何优缺点。
11. 形状记忆效应概念及其机理?
12. 为什么具有马氏体相变就会有记忆效应?

第八章 铸 造

铸造是将金属熔炼成符合一定要求的液体并浇进铸型里，经冷却凝固、清整处理后得到有预定形状、尺寸和性能的铸件的工艺过程。铸造毛坯因近乎成形，而达到免机械加工或少量加工的目的降低了成本并在一定程度上减少了制作时间。铸造是现代装置制造工业的基础工艺之一。

铸造是人类掌握比较早的一种金属热加工工艺，已有约6000年的历史，商朝重875公斤的司母戊方鼎[图 8-1(a)]、战国时期的曾侯乙尊盘[图 8-1(b)]，都是古代铸造的代表产品。中国约在公元前1700~公元前1000年之间已进入青铜铸件的全盛期，工艺上已达到相当高的水平。进入20世纪，铸造的发展速度很快，其重要因素之一是产品技术的进步，要求铸件各种机械物理性能更好，同时仍具有良好的机械加工性能；另一个原因是机械工业本身和其他工业如化工、仪表等的发展，给铸造业创造了有利的物质条件。如检测手段的发展，保证了铸件质量的提高和稳定，并给铸造理论的发展提供了条件；电子显微镜等的发明，帮助人们深入到金属的微观世界，探查金属结晶的奥秘，研究金属凝固的理论，指导铸造生产。

(a) 司母戊方鼎　　　　　　　　　　(b) 曾侯乙尊盘

图 8-1　古代铸件

被铸金属有：铜、铁、铝、锡、铅等，普通铸型的材料是原砂、黏土、水玻璃、树脂及其他辅助材料。特种铸造的铸型包括：熔模铸造、消失模铸造、金属型铸造、陶瓷型铸造等。

第一节　合金的铸造性能

合金的铸造性能是指合金在铸造生产中所表现的工艺性能。它是保证铸件质量的重要因素。主要包括流动性、充型能力、收缩性（铸件凝固时体积收缩的能力）、偏析（指化学成分不均性）吸气性（在熔炼和浇注时吸收气体的性能）等。

一、 铸造合金的流动性

液态合金本身的流动能力称为流动性。流动性是液态合金本身的属性。液态合金的充型能力首先取决于液态合金本身的流动性，同时又与外界条件，如铸型性质、浇注条件、铸件结构等因素密切相关，是各种因素的综合反应。液态合金的流动性好，易于充满型腔，有利于气体和非金属夹杂物上浮和对铸件进行补缩；流动性差，则充型能力差，铸件易产生浇不到、冷隔、气孔和夹渣等缺陷。

合金的流动性通常用螺旋形流动性试样衡量，如图 8-2 所示。浇注的试样越长，其流动性越好，液体金属的填充铸型的能力越强。

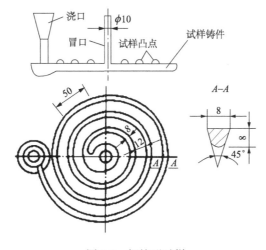

图 8-2 螺旋形试样

影响合金流动性的主要因素有合金的浇注温度、化学成分和铸型填充条件等因素。

1. 浇注温度对流动性的影响

提高浇注温度，可使合金保持液态的时间延长，使合金凝固前传给铸型的热量多，从而降低液态合金的冷却速度，还可使液态合金的黏度减小，显著提高合金的流动性。但随着浇注温度的提高，铸件的一次结晶组织变得粗大，且易产生气孔、缩孔、粘砂、裂纹等缺陷，故在保证充型能力的前提下，浇注温度应尽量低。通常铸钢的浇注温度为1520~1620℃；铸铁的为 1230~1450℃；铝合金的为 680~780℃。

2. 合金的种类和化学成分对流动性的影响

纯金属和共晶成分的合金，由于是在恒温下进行结晶，液态合金从表层逐渐向中心凝固，固液界面比较光滑，对液态合金的流动阻力较小，同时，共晶成分合金的凝固温度最低，可获得较大的过热度，推迟了合金的凝固，故流动性最好；其他成分的合金是在一定温度范围内结晶的，由于初生树枝状晶体与液体金属两相共存，粗糙的固液界面使合金的流动阻力加大，合金的流动性大大下降，合金的结晶温度区间越宽，流动性越差。Fe-C 合金的流动性与含碳量之间的关系如图 8-3 所示。由图可见，亚共晶铸铁随含碳量增加，结晶温度区间减小，流动性逐渐提高，愈接近共晶成分，合金的流动性愈好。

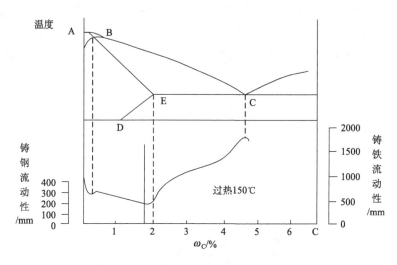

图 8-3　Fe-C 的流动性与含碳量之间的关系

3. 铸型的结构和性质对流动性的影响

当合金的流动性一定时，铸型结构对液态合金的充型能力有较大影响，主要表现为型腔的阻力和铸型的导热能力的影响。

（1）铸件结构。铸件结构越复杂，型腔结构就越复杂，液态合金流动时的阻力也越大，其充型能力就越差；铸件壁厚越小，型腔就越窄小，液态合金的散热也越快，其充型能力就越差。

（2）铸型材料。铸型材料的导热系数越大，液态合金降温越快，其充型能力就越差。

（3）铸型温度。铸型的温度低、热容量大，充型能力下降；铸型温度高，合金液与铸型的温差越小，散热速度越小，保持流动的时间越长，充型能力上升。

（4）铸型中的气体。在合金液的热作用下，铸型（尤其是砂型）将产生大量的气体，如果气体不能顺利排出，型腔中的气压将增大，就会阻碍液态合金的流动。

二、铸造合金的充型能力

液态合金充满型腔，形成轮廓清晰、形状和尺寸符合要求的优质铸件的能力，称为液态合金的充型能力。液态合金的充型能力首先取决于液态合金本身的流动性，同时又与外界条件，如铸型性质、浇注条件、铸件结构等因素密切相关，是各种因素的综合反应。

（1）充型压力。液态金属在流动方向上所受到的压力越大，充型能力就越好。如通过提高浇注时的静压头的方法，可提高充型能力。一些特种工艺，如压力铸造、低压铸造、离心铸造等，充型时合金液受到的压力较大，充型能力较好。

（2）浇注系统。浇注系统的结构越复杂，流动的阻力就越大，充型能力就降低。铸型的结构越复杂、导热性越好，合金的流动性就越差。提高合金的浇注温度和浇注速度，以及增大静压头的高度会使合金的流动性增加。

三、铸造合金的凝固

铸件的成形过程是液态金属在铸型中的凝固过程。合金的凝固方式对铸件的质量、性能以及铸造工艺等都有极大的影响。

铸件在凝固过程中，其断面一般存在 3 个区域，即固相区、凝固区和液相区，其中液相和固相并存的凝固区对铸件质量影响最大。通常根据凝固区的宽窄将铸件的凝固方式分为逐层凝固、糊状凝固和中间凝固方式。

（1）逐层凝固。纯金属或共晶成分的合金在凝固过程中因不存在液、固相并存的凝固区，故端面上外层的固体和内层的液体由一条界线（凝固前沿）清楚地分开，如图 8-4(a) 所示。随着温度的下降，固体层不断加厚，液体层不断减少，直到中心层全部凝固，这种凝固方式称为逐层凝固。

（2）中间凝固。介于逐层凝固和糊状凝固之间的凝固方式称为中间凝固，如图 8-4(b) 所示。大多数合金均属于中间凝固方式。

（3）糊状凝固。当合金的结晶温度范围很宽，且铸件断面温度分布较为平坦时，在凝固的某段时间内，铸件表面并不存在固体层，而液、固并存的凝固区贯穿整个断面，如图 8-4(c) 所示。由于这种凝固方式与水泥凝固方式很相似，先成糊状而后固化，故称为糊状凝固。

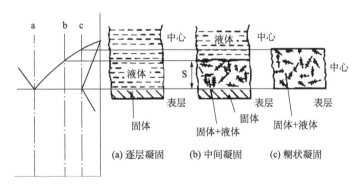

图 8-4 铸件凝固方式

四、铸造合金的收缩

1. 收缩的概念

液态合金在凝固和冷却过程中，体积和尺寸减小的现象称为合金的收缩。收缩能使铸件产生缩孔、缩松、裂纹、变形和内应力等缺陷。合金的收缩经历 3 个阶段如图 8-5 所示。

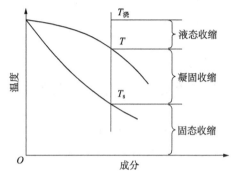

图 8-5　凝固 3 个阶段

（1）液态收缩：从浇注温度（$T_浇$）到凝固开始温度间的收缩。

（2）凝固收缩：从凝固开始温度到凝固终止温度（即固相线温度）间的收缩。

（3）固态收缩：从凝固终止温度（正）到室温间的收缩。

合金的总体积收缩为上述 3 个阶段收缩之和，与金属本身的成分、浇注温度及相变有关。

合金的收缩量是用体收缩率（表 8-1）和线收缩率（表 8-2）表示的。体收缩率是指单位体积的收缩量，因为合金的液态收缩和凝固收缩表现为合金体积的缩减，故常用体积收缩率来表示。线收缩率是指单位长度上的收缩量。合金的固态收缩不仅引起体积上的缩减，同时还使铸件在尺寸上减小，因此常用线收缩率来表示。当合金由温度 t_0 下降到 t_1 时，其体收缩率和线收缩率分别如下：

$$\varepsilon_V = \frac{V_模 - V_{铸件}}{V_模} \times 100\% = \alpha_V(t_0 - t_1) \times 100\% \tag{8-1}$$

$$\varepsilon_L = \frac{L_模 - L_{铸件}}{L_模} \times 100\% = \alpha_L(t_0 - t_1) \times 100\% \tag{8-2}$$

式中：ε_V——体收缩率；

　　　ε_L——线收缩率；

　　　$V_模$、$V_{铸件}$——合金在 t_0、t_1 时模型和铸件的体积；

　　　$L_模$、$L_{铸件}$——合金在 t_0、t_1 时模型和铸件的长度；

　　　α_V、α_L——合金在 t_0 至 t_1 温度范围内的体胀系数和线胀系数。

表 8-1　几种铁碳合金的体收缩率

合金种类	ω_C/%	浇注温度/℃	液态收缩/%	凝固收缩/%	固态收缩/%	总收缩/%
铸造碳钢	0.35	1610	1.6	3	7.86	12.46
白口铸铁	3.0	1400	2.4	4.2	5.4~6.3	12~12.9
灰铸铁	3.5	1400	3.5	0.1	3.3~4.2	6.9~7.8

表 8-2 常用铸造合金的线收缩率

合金种类	灰铸铁	可锻铸铁	球墨铸铁	铸造铸铁	铝合金	铜合金
线收缩率	0.8~1.0	1.2~2.0	0.8~1.3	1.3~2.0	0.8~1.6	1.2~1.4

2. 影响收缩的因素

（1）化学成分的影响。常用合金中，铸钢的收缩率最大，灰铸铁最小。几种铁碳合金的体积收缩率见表 8-1。灰铸铁收缩小是由于其中大部分碳是以石墨状态存在的，石墨的比容大，在结晶过程中，析出石墨所产生的体积膨胀抵消了部分收缩所致。故含碳量越高，灰铸铁的收缩越小。

（2）浇注温度的影响。合金的浇注温度愈高，过热度愈大，液态收缩量愈大。

（3）铸件结构与铸型条件的影响。铸件冷却收缩时，因其形状、尺寸的不同，各部分的冷却速度不同，导致收缩不一致，且互相阻碍；此外，铸型和型芯对铸件收缩产生阻碍，故铸件的实际收缩率总是小于其自由收缩率，但会增大铸造应力。

3. 铸件的缩孔和缩松

1）缩孔和缩松的形成

若液态收缩和凝固收缩所缩减的体积得不到补足，则在铸件的最后凝固部位会形成一些孔洞。按照孔洞的大小和分布，可将其分为缩孔和缩松两类。缩孔是集中在铸件上部或最后凝固部位，容积较大的孔洞。缩孔多呈倒圆锥形，内表面粗糙。缩松是分散在铸件某些区域内的细小缩孔。

缩孔的形成，主要出现在金属在恒温或很窄温度范围内结晶，铸件壁呈逐层凝固方式的条件下，如图 8-6 所示。当液态合金填满铸型后，由于铸型的吸热和不断散热，合金由表及里逐层凝固。靠近型腔表面的金属最先凝固结壳，此时内浇道也凝固，随着凝固过程的进行，硬壳逐渐加厚，同时内部的剩余液体，由于本身的液态收缩和补充凝固层的凝固收缩使体积减小，液面逐渐下降。由于硬壳内的液态合金因收缩得不到补充，当铸件全部凝固后，在其上部形成了一个倒锥形的空洞——缩孔。已经产生缩孔的铸件自凝固终了温度冷却到室温，因固态收缩使外形尺寸有所减小。

可见，铸件中的缩孔是由于合金的液态收缩和凝固收缩得不到补充而产生的。合金的液态收缩和凝固收缩越大，浇注温度越高，铸件的壁越厚，缩孔的容积就越大。

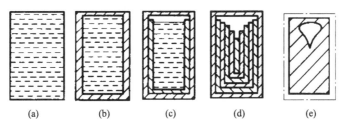

(a)　　(b)　　(c)　　(d)　　(e)

图 8-6 缩孔形成示意图

缩松的形成，主要出现在呈糊状凝固方式的合金中或断面较大的铸件壁中，是被树枝状晶体分隔开的封闭的液体区收缩难以得到补缩所致，如图 8-7 所示。缩松大多分布在铸件中心轴线处、热节处、冒口根部、内浇口附近或缩孔下方，它分布面广，难以控制，因而对铸件的力学性能影响很大，是铸件最危险的缺陷之一。铸件中的缩松也是由于合金的液态收缩和凝固收缩得不到补充而产生的。

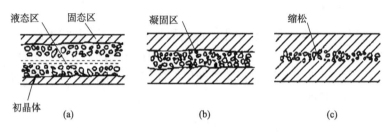

图 8-7　缩松形成示意图

2）缩孔和缩松的防止

缩孔和缩松使铸件受力的有效面积减小，而且在孔洞处易产生应力集中，可使铸件力学性能大大减低，以致成为废品。为此必须采取适当的措施加以防止。防止缩孔的根本措施是使铸件实现"顺序凝固"。所谓顺序凝固，是在铸件可能出现缩孔的厚大部位，通过安放冒口等工艺措施，使铸件上远离冒口的部位最先凝固（见图 8-8 中的 I 区），接着是靠近冒口 II、III 的部位凝固（见图 8-8 中的 II 区、III 区），冒口本身最后凝固。按照这样的凝固顺序，先凝固部位的收缩，由后凝固部位的金属液来补充；后凝固部位的收缩，由冒口中的金属液来补充从而将缩孔转移到冒口之中。切除冒口便可得到无缩孔的致密铸件。为了实现顺序凝固，在安放冒口的同时，在铸件上某些厚大部位（热节）增设冷铁（见图 8-9），加快底部凸台的冷却速度，从而实现了自下而上的顺序凝固。

对于形状简单的铸件，可将浇口设置在厚壁处，适当扩大浇口的截面积，利用浇口直接进行补缩，如图 8-10 所示。

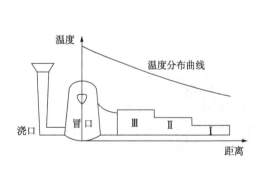

图 8-8　顺序凝固防止缩松

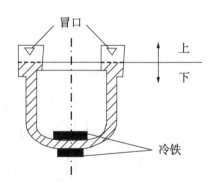

图 8-9　冷铁的应用

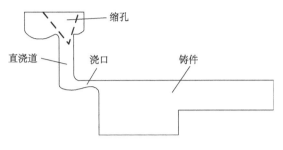

图 8-10　利用直浇道补缩示意图

五、铸造内应力、变形和裂纹

1. 铸造应力

随着温度的下降，铸件会产生固态收缩，有些合金甚至还会因发生固态相变而引起收缩或膨胀，这些收缩或膨胀若受到阻碍或因铸件各部分互相牵制，都将在铸件内部产生应力。

按照铸造内应力产生的原因可将铸造应力分为热应力、机械应力和相变应力三种，它们是铸件产生变形和裂纹的基本原因。

（1）热应力。由于铸件的壁厚不均匀和各部分冷却速度不同，以致在同一时期铸件各部分收缩不一致而引起的图应力，称为热应力。如图 8-11 所示，铸件在冷却过程中，尺寸 L 要逐渐缩小，若铸型强度过高，便会产生裂纹。

（2）机械应力。由于金属冷却到弹性状态后，因收缩受到铸型、型芯、浇冒口等的机械阻碍而形成的内应力，称为机械应力。形成应力的原因一旦消失（如铸件落砂或去除浇口后），机械应力也就随之消失。所以机械应力是临时应力。

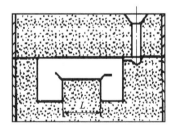

图 8-11　机械应力形成示意图

（3）相变应力。铸件在冷却过程中往往产生固态相变，相变产物往往具有不同的比容。例如，碳钢发生 δ-Fe→γ-Fe 转变时，体积缩小；发生 γ-Fe→α-Fe 转变时，体积膨大。铸件在冷却过程中，由于各部分冷却速度不同，导致相变不同时发生，则会产生相变应力。

在铸造工艺上采取"同时凝固原则"，是减少和消除铸造应力的重要工艺措施。同时凝固是指采取一些工艺措施，尽量减小铸件各部位间的温度差，使铸件各部位同时冷却凝固。同时凝固的铸件中心易出现缩松，影响铸件致密性。所以，同时凝固主要用于收缩较小的一般灰铸铁和球墨铸铁件，壁厚均匀的薄壁铸件，以及气密性要求不高的铸件等。

综上所述，铸造应力是热应力、相变应力和机械应力的总和。在某一瞬间，应力的总和大于金属在该温度下的强度极限时，铸件就要产生裂纹。当铸件冷却到常温并经落砂后，只有残余应力对铸件质量有影响，这是铸件常温下产生变形和开裂的主要原因。残余应力也并非永久性的，在一定的温度下，经过一定的时间后，铸件各部分的应力会重新分配，也会使铸件产生塑性变形，变形以后应力消失。

2．铸件的变形

具有残余应力的铸件，其状态处于不稳定状态，将自发地进行变形以减少内应力趋于稳定状态。显然，只有原来受拉伸部分产生压缩变形，受压缩部分产生拉伸变形，才能使铸件中的残余应力减少或消除。铸件变形的结果将导致铸件产生扭曲。图 8-12 所示的 T 型梁铸钢件，由于壁厚不均匀发生翘曲变形，变形的方向是厚的部分向内凹，薄的部分向外凸。图 8-13 所示平板铸件，其中心部分比边缘散热慢，受拉应力，而铸型上面又比下面冷却快，于是平板发生如图所示方向的变形。

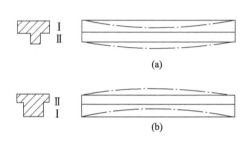

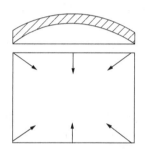

图 8-12　铸件厚薄部位不同对变形的影响　　　图 8-13　平板铸件的变形

铸造变形的根本原因在于铸造应力的存在，消除铸造应力的工艺措施也是防止变形的根本方法。此外，工艺上亦可采取一些方法来防止铸件变形的发生。

采用反变形法，在统计铸件变形规律的基础上，在模样上预先做出相当于铸件变形量的反变形量，以抵消铸件的变形。进行时效处理，铸件产生挠曲变形后，只能减少应力，而不能完全消除应力。机加工后，由于失去平衡的残余应力存在于零件内部，经过一段时间后又会产生二次挠曲变形，造成零件失去应有的精度。为此，对于不允许发生变形的重要机件（如机床床身、变速箱体等）必须进行时效处理。时效处理可分为自然时效和人工时效。自然时效是将铸件置于露天半年以上，使其缓慢发生变形，从而消除内应力。人工时效是将铸件加热到 550~650℃进行去应力退火。

3．铸件的裂纹

当铸造内应力超过金属材料的抗拉强度时，铸件便产生裂纹，根据产生温度的不同，裂纹可分为热裂和冷裂两种。

1）热裂

热裂纹是在凝固末期固相线附近的高温下形成的，裂纹沿晶界产生和发展，特征是尺寸较短、缝隙较宽、形状曲折、缝内呈严重的氧化色。热裂常发生在应力集中的部位

（拐角处、截面厚度突变处）或铸件最后凝固区的缩孔附近或尾部。

在铸件凝固末期，固体的骨架已经形成，但枝晶间仍残留少量液体，此时的强度、塑性极低。当固态合金的线收缩受到铸型、型芯或其他因素的阻碍，产生的应力若超过该温度下合金的强度，即产生热裂。防止热裂的方法是使铸件的结构合理，改善铸型和型芯的退让性；严格限制钢和铸铁中硫的含量等。特别是后者，因为硫能增加钢和铸铁的热脆性，使合金的高温强度降低。

2）冷裂

冷裂是铸件冷却到低温处于弹性状态时，铸造应力超过合金的强度极限而产生的。冷裂纹特征是表面光滑，具有金属光泽或呈微氧化色，贯穿整个晶粒，常呈圆滑曲线或直线状。脆性大、塑性差的合金，如白口铸铁、高碳钢及某些合金钢，最易产生冷裂纹，大型复杂铸铁件也易产生冷裂纹。冷裂往往出现在铸件受拉应力的部位，特别是应力集中的部位。

防止冷裂的方法是：减小铸造内应力和降低合金的脆性，如铸件壁厚要均匀；增加型砂和芯砂的退让性；降低钢和铸铁中的含磷量，因为磷能显著降低合金的冲击韧度，使钢产生冷脆，如铸钢的磷含量大于 0.1%、铸铁的含磷量大于 0.5%时，因冲击韧度急剧下降，冷裂倾向明显增加。

六、铸造的常见缺陷

1. 冷隔和浇不足

液态金属充型能力不足，或充型条件较差，在型腔被填满之前，金属液便停止流动，将使铸件产生浇不足或冷隔缺陷。浇不足时，会使铸件不能获得完整的形状；冷隔时，铸件虽可获得完整的外形，但因存有未完全融合的接缝（图 8-14），铸件的力学性能严重受损，甚至导致铸件成为废品。

防止浇不足和冷隔的方法是：提高浇注温度与速度；合理设计壁厚等。

2. 气孔

气体在金属液结壳之前未及时逸出，在铸件内生成的孔洞类缺陷。气孔的内壁光滑，明亮或带有轻微的氧化色。铸件中产生气孔后，破坏了金属的连续性，将会减小其有效承载面积，且在气孔周围会引起应力集中而降低铸件的抗冲击性和抗疲劳性。气孔还会降低铸件的致密性，致使某些要求承受水压试验的铸件报废。另外，气孔对铸件的耐腐蚀性和耐热性也有不良的影响。

防止气孔产生的有效方法是：降低金属液中的含气量，增大砂型的透气性，以及在型腔的最高处增设出气冒口等。

图 8-14　冷隔　　　　　　　　　　　　　　　图 8-15　粘砂

3. 粘砂

铸件表面上粘附有一层难以清除的砂粒称为粘砂，如图 8-15 所示。粘砂既影响铸件外观，又增加铸件清理和切削加工的工作量，甚至会影响机器的寿命。例如铸齿表面有粘砂时容易损坏，泵或发动机等机器零件中若有粘砂，则将影响燃料油、气体、润滑油和冷却水等流体的流动，并会玷污和磨损整个机器。

防止粘砂的方法是：在型砂中加入煤粉，以及在铸型表面涂刷防粘砂涂料等。

4. 夹砂

在铸件表面形成的沟槽和疤痕缺陷，在用湿型铸造厚大平板类铸件时极易产生。铸件中产生夹砂的部位大多是与砂型上表面相接触的地方，型腔上表面受金属液辐射热的作用，容易拱起和翘曲，当翘起的砂层受金属液流不断冲刷时可能断裂破碎，留在原处或被带入其他部位。铸件的上表面越大，型砂体积膨胀越大，形成夹砂的倾向性也越大。

防止夹砂的方法是：避免大的平面结构。

5. 砂眼

在铸件内部或表面充塞着型砂的孔洞类缺陷。主要由于型砂或芯砂强度低；型腔内散砂未吹尽；铸型被破坏；铸件结构不合理等原因产生的。

防止砂眼的方法是：提高型砂强度；合理设计铸件结构；增加砂型紧实度。

6. 胀砂

浇注时在金属液的压力作用下，铸型型壁移动，铸件局部胀大形成的缺陷。

为了防止胀砂，应提高砂型强度、砂箱刚度、增大合箱时的压箱力或紧固力，并适当降低浇注温度，使金属液的表面提早结壳，以降低金属液对铸型的压力。

第二节　铸造工艺的制定原则及结构工艺性

铸造生产必须首先根据零件结构特点、技术要求、生产批量和生产条件进行铸造工艺方案设计，并绘制铸造工艺图。铸造工艺包括：铸件浇注位置和分型面位置，加工余量、收缩率和拔模斜度等工艺参数，型芯和芯头结构，浇注系统、冒口和冷铁的布置等。铸造工艺图是在零件图上绘制出制造模样和铸型所需技术资料，并表达铸造工艺方案的图形。

一、铸件浇注位置和分型面的选择

1. 铸件浇注位置的选择

铸件的浇注位置是指浇注时铸件在铸型内所处的空间位置。铸件浇注时的位置，对铸件质量、造型方法、砂箱尺寸、机械加工余量等都有着很大的影响。在选择浇注位置时应以保证铸件质量为主，一般注意以下几个原则。

（1）铸件的重要加工面应处于型腔低面或位于侧面，如图8-16所示。避免气体、夹杂物易漂浮在金属液上面，下面金属质量纯净，组织致密。

（2）铸件的大平面应朝下，如图8-17所示。由于在浇注过程中金属液对型腔上表面有强烈的热辐射，铸型因急剧热膨胀和强度下降易拱起开裂，从而形成夹砂缺陷。

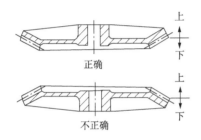

图 8-16 圆锥齿轮浇注位置

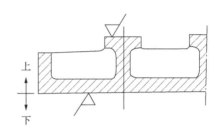

图 8-17 平板铸件的浇注位置

（3）面积较大的薄壁部分置于铸型下部或使其处于垂直或倾斜位置，这样有利于金属的充填，可以有效防止铸件产生浇不足或冷隔等缺陷。如图8-18所示为箱盖的合理浇注位置，它将铸件的大面积薄壁部分放在铸型下面，使其能在较高的金属液压力下充满铸型。

（4）对于容易产生缩孔的铸件，应将厚大部分放在分型面附近的上部或侧面，以便在铸件厚壁处直接安置冒口，使之实现自下而上的定向凝固。

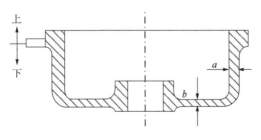

图 8-18 $b<a$ 端盖的浇注位置

2. 铸型分型面的选择原则

分型面是指两半铸型相互接触的表面。分型面决定了铸件（模样）在造型时的位置。铸型分型面的选择不恰当会影响铸件质量，使制模、制型、造芯、合箱或清理等工序复杂化，甚至还可增大切削加工的工作量。在选择分型面时应注意以下原则。

（1）尽量使铸件全部或大部置于同一砂箱内，并使铸件的重要加工面、工作面、加工基准面及主要型芯位于下型内。这样便于型芯的安放和检验，还可使上型箱的高度减低，便于合箱，并可保证铸件的尺寸精度，防止错箱。图8-19所示管子塞头分型面的选择，如采用Ⅱ方案可使铸件全部放在下型，避免了错箱，铸件质量得到保证。

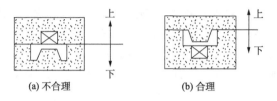

(a) 不合理　　　　　(b) 合理

图 8-19　管子塞头分型方案

（2）为便于起模，分型面应尽量选在铸件的最大截面处，并力求采用平直面。如图8-20所示为一起重臂铸件，按图 8-20（b）中所示的分型面为一平面，故可采用较简便的分模造型；如果选用图8-20（a）所示的分型面为弯曲分型面，则需采用挖砂或假箱造型，而在大量生产中则使机器造型的模板制造费用增加。

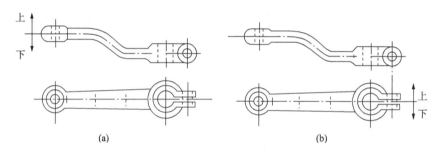

(a)　　　　　　　　　　　　　　(b)

图 8-20　起重臂铸件的两个分型方案

（3）应尽量使铸型只有一个分型面，以便采用工艺简便的两箱造型。多一个分型面，铸型就增加一些误差，使铸件的精度降低。有时可用型芯来减少分型面。图8-21所示的绳轮铸件，由于绳轮的圆周面外侧内凹，采用不同的分型方案，其分型面数量不同。采用图8-21（a）方案，铸型必须有两个分型面才能取出模样，即用三箱造型。采用图8-21（b）方案，铸型只有一个分型面，采用两箱造型即可。

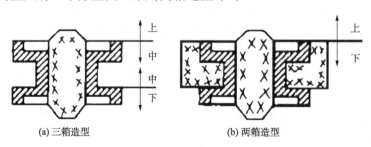

(a) 三箱造型　　　　　　　　(b) 两箱造型

图 8-21　绳轮使用型芯使三箱造型变成两箱

（4）为了有利于下芯、合型和便于检查型腔尺寸，通常把主要型芯放在下型中。如图 8-22 所示机床支柱的两种分型，假若分型面取在Ⅰ处，产生的型芯偏移则不容易检查出来；分型面取在Ⅱ处，偏移情况明显，易于检查。

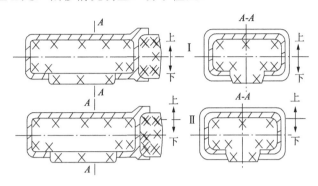

图 8-22 机床支柱的分型方案

3. 工艺参数的确定

铸造工艺参数是指铸造工艺设计时，需要确定的某些工艺数据。这些工艺数据一般与模样和芯盒尺寸有关，同时也与造型、制芯、下芯及合型的工艺过程有关。选择不当会影响铸件的精度、生产率和成本。

（1）收缩率。由于合金的线收缩，铸件冷却后的尺寸比型腔尺寸略为缩小，为保证铸件的应有尺寸，模样和芯盒的尺寸必须比铸件加大一个收缩的尺寸。加大的这部分尺寸称收缩量，一般根据合金铸造收缩率来定。铸造收缩率 K 表达式为

$$K = \frac{L_{模} - L_{件}}{L_{件}} \times 100\% \tag{8-3}$$

式中：$L_{模}$ ——模样或芯盒工作面的尺寸，单位：mm；

$L_{件}$ ——铸件的尺寸，单位：mm。

收缩率的大小取决于铸造合金的种类及铸件的结构、尺寸等因素。通常，灰铸铁的铸造收缩率为 0.7%~1.0%，铸造碳钢为 1.3%~2.0%，铸造锡青铜为 1.2%~1.4%。

（2）加工余量。在铸件的加工面上为切削加工而加大的尺寸称为机械余量。加工余量过大，会浪费金属和加工工时，过小则达不到加工要求，影响产品质量。加工余量取决于铸件生产批量、合金的种类、铸件的大小、加工面与基准面之间的距离及加工面在浇注时的位置等。采用机器造型，铸件精度高，余量可减小；手工造型误差大，余量应加大。铸钢件因收缩大、表面粗糙，余量应加大；非铁合金铸件价格昂贵，且表面光洁，余量应比铸铁小。铸件的尺寸愈大或加工面与基准面之间的距离愈大，尺寸误差也愈大，故余量也应随之加大。浇注时铸件朝上的表面因产生缺陷的几率较大，其余量应比底面和侧面大。灰铸铁的机械加工余量见表 8-3。

表 8-3　灰铸铁的机械加工余量

铸件最大尺寸/mm	浇注时位置	加工面与基准面间的距离/mm					
		<50	<50~120	120~260	260~500	500~800	800~1250
<120	顶面、底、侧面	3.5~4.5	4.0~4.5	—	—	—	—
		2.5~3.5	3.0~3.5				
120~260	顶面、底、侧面	4.0~5.0	4.5~5.0	5.0~5.5	—	—	—
		3.0~4.0	3.5~4.0	4.0~4.5			
260~500	顶面、底、侧面	4.5~6.0	5.0~6.0	6.0~7.0	6.5~7.0	—	—
		3.5~4.5	4.0~4.5	4.5~5.0	5.0~6.0		
500~800	顶面、底、侧面	5.0~7.0	6.0~7.0	6.5~7.0	7.0~8.0	7.5~9.0	—
		4.0~5.0	4.5~5.0	4.5~5.5	5.0~6.0	6.5~7.0	
800~1250	顶面、底、侧面	6.0~7.0	6.5~7.5	7.0~8.0	7.5~8.0	8.0~9.0	8.5~10
		4.0~5.5	5.0~5.5	5.0~6.0	5.5~6.0	5.5~7.0	6.5~7.5

（3）最小铸出孔。对于铸件上的孔、槽，一般来说，较大的孔、槽应当铸出，以减少切削加工工时，节约金属材料，并可减小铸件上的热节；较小的孔则不必铸出，用机械加工较经济。最小铸出孔的参考数值见表 8-4。对于零件图上不要求加工的孔、槽以及弯曲孔等，一般均应铸出。

表 8-4　铸件毛坯的最小铸出孔

生产批量	最小铸出孔直径/mm	
	灰铸铁	铸钢件
大批量生产	12~15	1
成批生产	15~30	30~59
单件、小批量生产	30~50	50

（4）起模斜度。为了使模样（或型芯）易于从砂型（或芯盒）中取出，凡垂直于分型面的立壁，制造模样时必须留出一定的倾斜度，此倾斜度称为起模斜度，如图 8-23 所示。在铸造工艺图上，加工表面上的起模斜度应结合加工余量直接表示出，而不加工表面上的斜度（结构斜度）仅需用文字注明即可。起模斜度应根据模样高度及造型方法来确定。模样越高，斜度取值越小；内壁斜度比外壁斜度大，手工造型比机器造型的斜度大。

（5）铸造圆角。铸件上相邻两壁之间的交角应设计成圆角，防止在尖角处产生冲砂及裂纹等缺陷。圆角半径一般为相交两壁平均厚度的 1/3~1/2。

（6）型芯头。为保证型芯在铸型中的定位、固定和排气，在模样和型芯上都要设计出型芯头。型芯头可分为垂直芯头和水平芯头两大类，如图 8-24 所示。

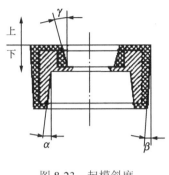

图 8-23 起模斜度

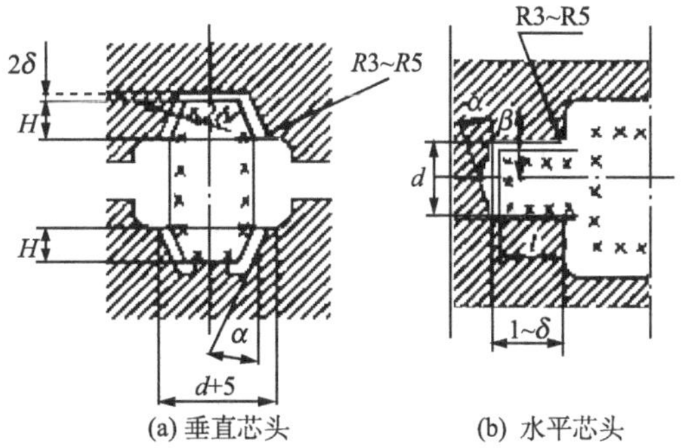

图 8-24 型芯头的构造

(a) 垂直芯头　　(b) 水平芯头

二、铸造工艺设计的一般过程

铸造工艺设计就是在生产铸件之前，编制出控制该铸件生产工艺的技术文件。铸造工艺设计主要是画铸造工艺图、铸型装配图和编写工艺卡片等，它们是生产的指导性文件，也是生产准备、管理和铸件验收的依据。因此，铸造工艺设计的好坏，对铸件的质量、生产率及成本起着决定性的作用。

一般大量生产的定型产品、特殊重要的单件生产的铸件，铸造工艺设计订得细致，内容涉及较多。单件、小批生产的一般性产品，铸造工艺设计内容可以简化。在最简单的情况下，只需绘制一张铸造工艺图即可。铸造工艺设计的内容和一般程序见表 8-5。

表 8-5　铸造工艺设计的内容和一般程序

项目	内容	用途及应用范围	设计程序
铸造工艺图	在零件图上用规定的红、蓝等各色符号表示出：浇注位置和分型面，加工余量，收缩率，起模斜度，浇冒口系统，内外冷铁，铸肋，砂芯等	制造模样、模底板、芯盒等工装以及进行生产准备和验收的依据。适用于各种批量的生产	①产品的技术条件和结构工艺性分析 ②选择造型方法 ③确定浇注位置和分型面 ④选用工艺参数 ⑤设计冒口、冷铁 ⑥型芯设计
铸件图	把经过铸造工艺设计后，改变的零件形状、尺寸的地方都反映到铸件图上	铸件验收和机加工夹具设计的依据。适用成批、大量生产或重要铸件	⑦在完成铸造工艺图的基础上，画出铸件图
铸型装配图	表示出浇注位置，型芯数量，固定和下芯顺序，浇冒口和冷铁布置，砂箱结构和尺寸大小等	生产准备、合箱、检验、工艺调整的依据。适用于成批、大量生产的重要件，单件的重型铸件	⑧完成砂箱设计后画出
铸造工艺卡	说明造型、造芯、浇注、打箱、清理等工艺操作	生产管理的重要依据。根据批量大小填写必要条件	⑨综合整个设计内容

第三节　砂　型　铸　造

砂型铸造是传统的铸造方法，为了获得合格砂型铸造的铸件，须经过造型、制芯、熔炼铸造合金及浇注、落砂、清理和检验等工序。造型是铸造生产中最复杂和最重要的工序，直接影响铸件的质量。造型分为手工造型和机械造型两大类。

一、手工造型的特点和应用

手工造型是全部用手工或手动工具完成的造型工序。手工造型特点是操作方便灵活、适应性强，模样生产准备时间短。但生产率低，劳动强度大，铸件质量不易保证。只适用于单件或小批量生产。

在实际生产中，由于铸件结构形状、生产数量以及生产条件的不同，有各式各样的手工造型方法。合理地选择造型方法，对于获得合格铸件、减少制模和造型工作量、降低铸件成本和缩短生产周期是非常重要的表 8-6 所示为常用手工造型方法特点及应用范围。

表 8-6　常用几种手工造型方法的特点和应用范围

	造型方法	主要特点	应用范围
按砂箱特征区分	两箱造型	铸型由上型和下型组成，造型、起模、修型等操作方便	生产批量，各大、中、小铸件
	三箱造型	铸型由上、中、下三型组成，中型高度须与铸件两个分型面的间距相适应。三箱造型费高，中型需有合适的砂箱	单件，小批量生产具有两个分型面的铸件
	地坑造型	在车间地坑内造成型，用地坑代替下砂箱，只要一个上型，便可造型减少砂箱投资，但造型费工，而且要求工人的技术水平较高	用于砂箱不足，生产批量不大的大、中型铸件

续表

	造型方法	主要特点	应用范围
按砂箱特征区分	**整模铸造** 整模	模样是整体的，多数情况下，型腔全部在半个铸型内，另外半个无型腔。其构造简单，铸件不会产生错型的缺陷	适宜一端为最大截面，且为平面的铸件
	挖砂造型 挖砂	模样虽是整体的，但铸件的分型面为曲面。为方便起模，造型时用手挖去阻碍起模的型砂，缺点是费工、效率低下	用于单件或小批量生产，分型面不是平面的铸件
	假箱造型 木模 用砂做的成型底板(假箱)	为了克服挖砂造型的缺点，先将模样放在一个预先做好的假箱上，然后放在假箱上造下型，省去挖砂的操作。操作简单，分型面整齐	用于成批生产需要挖砂的铸件
	分模造型 上模 下模	将模样沿最大截面处分为两半，型腔分别位于上、下两个半型内，造型简单，节省时间	用于铸件最大截面在中间部分的铸件
	活块造型 木模主体 活块 	铸件上有妨碍起模的小凸台、筋条等。制模时将此部分做成活块，在主体模样起出后，活块仍留在铸型内，然后从侧面取出活块。造型费工	主要用于单件、小批量生产带有突出部分，难以起模的铸件
	刮板造型 刮板 木桩	用刮板代替模样造型。它可以大大降低模样成本，缩短生产周期，但效率低，要求工人技术水平高	主要用于有等截面或回转体的大、中型铸件的单件或小批量生产

二、机械造型及其工艺特点

机器造型是指用机器完成全部或至少完成紧砂操作的造型工序。与手工造型相比，机器造型能够显著提高劳动生产率，铸型紧实度高而均匀，型腔轮廓清晰，铸件质量稳定，并能提高铸件的尺寸精度、表面质量，使加工余量减小，改善劳动条件。是大批量生产砂型的主要方法。但由于机器造型需造型机、模板及特制砂箱等专用机器设备，其费用高，生产准备时间长，故只适用中、小铸件的成批或大量生产。

1. 紧实砂型的方法

机器造型紧实砂型的方法很多，最常用的是震压紧实法和压实紧实法等。震压紧实法如图 8-25 所示，砂箱放在带有模样的模板上，填满型砂后靠压缩空气的动力，使砂箱与模板一起振动而紧砂，再用压头压实型砂即可。

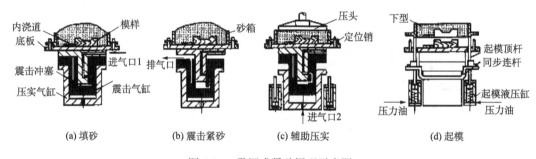

图 8-25　震压式紧砂原理示意图

2. 抛砂造型

在制造大、中型铸件或大型型芯时，常采用抛砂机进行抛砂紧实。抛砂紧实（图 8-26）是利用抛砂机机头上电动机的高速旋转叶片，连续低将输送来的型砂在机头内初步紧实，并呈团状被高速地抛入砂箱中作进一步紧实，同时完成砂箱内填砂，所以生产率高，型砂紧实度均匀。

3. 射压造型

射压造型是利用射砂方式填砂和紧实压实的复合方法来紧实砂型（图 8-27）。射砂造型形成的是一串无砂箱的垂直分型的铸型。通常，射砂造型与浇注、落砂、配砂构成一个完整的自动生产线，其生产率为每小时 240~300 型。射压造型的主要缺点是因垂直分型导致下芯困难，且对模具精度要求高，主要用于大量生产小型简单件。

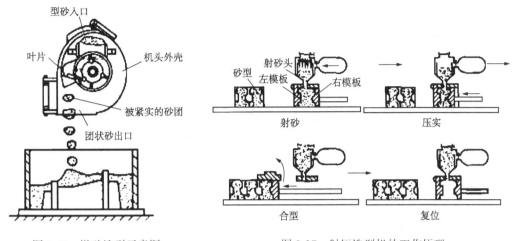

图 8-26　抛砂造型示意图　　　　　　图 8-27　射压造型机的工作原理

第四节　特 种 铸 造

　　砂型铸造虽然是应用最普遍的一种铸造方法，但其铸造尺寸精度低，表面粗糙度值大，铸件内部质量差，生产过程不易实现机械化。为改变砂铸的这些缺点，满足一些特殊要求零件的生产，人们在砂型铸造的基础上，通过改变铸型的材料（如金属型、磁型、陶瓷型铸造）、模型材料（如熔模铸造、实型铸造）、浇注方法（如离心铸造、压力铸造）金属液充填铸型的形式或铸件凝固的条件（如压铸、低压铸造）等又创造了许多其他的铸造方法。

　　通常把这些不同于普通砂型铸造的铸造方法通称为特种铸造。每种特种铸造方法，在提高铸件精度和表面质量、改善合金性能、提高劳动生产率、改善劳动条件和降低铸造成本等方面，各有其优越之处。近年来，特种铸造在我国发展非常迅速，尤其在有色金属的铸造生产中占有重要地位。特种铸造具有铸件精度和表面质量高、铸件内在性能好、原材料消耗低、工作环境好等优点。但铸件的结构、形状、尺寸、质量、材料种类往往受到一定限制。本节就几种应用较多的特种铸造方法的工艺过程、特点及应用作一些简单介绍。

一、熔模铸造

　　熔模铸造是一种精密铸造方法，是用易熔材料制成模样，然后在模样上涂挂若干层耐火涂料制成形壳，经硬化后再将模样熔化，排出型外，经过焙烧后即可浇注液态金属获得铸件的铸造方法。由于熔模广泛采用蜡质材料来制造，故又称失蜡铸造或精密铸造。

1. 工艺过程

熔模铸造的工艺过程如图 8-28 所示,其步骤如下。

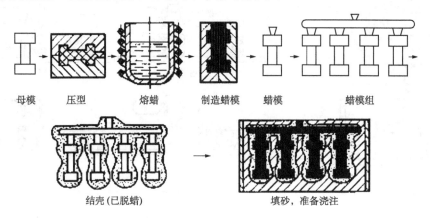

母模　　　压型　　　熔蜡　　　制造蜡模　蜡模　　　蜡模组

结壳(已脱蜡)　　　　　　　填砂,准备浇注

图 8-28　熔模铸造工艺过程

（1）压型制造。压型是用来制造蜡模的专用模具,它是用根据铸件的形状和尺寸制作的母模来制造的。压型必须有很高的精度和低的表面粗糙度,而且型腔尺寸必须包括蜡料和铸造合金的双重收缩率。当铸件精度高或大批量生产时,压型一般用钢、铜合金或铝合金经切削加工制成;对于小批量生产或铸件精度要求不高时,可采用易熔合金(锡、铅等组成的合金)、塑料或石膏直接向母模上浇注而成。

（2）制造蜡模。蜡模材料常用 50%石蜡和 50%硬脂酸配制而成。将蜡料加热至糊状,在一定的压力下压入型腔内,待冷却后,从压型中取出得到一个蜡模。为提高生产率,常把数个蜡模熔焊在蜡棒上,成为蜡模组。

（3）制造型壳。在蜡模组表面浸挂一层以水玻璃和石英粉配制的涂料,然后在上面撒一层较细的硅砂,并放入固化剂（如氯化铵水溶液等）中硬化。使蜡模组外面形成由多层耐火材料组成的坚硬型壳（一般为 4~10 层）,型壳的总厚度为 5~7mm。

（4）熔化蜡模（脱蜡）。通常将带有蜡模组的型壳放在 80~90℃的热水中,使蜡料熔化后从浇注系统中流出。脱模后的型壳。

（5）型壳的焙烧。把脱蜡后的型壳放入加热炉中,加热到 800~950℃,保温 0.5~2h,烧去型壳内的残蜡和水分,洁净型腔。为使型壳强度进一步提高,可将其置于砂箱中,周围用粗砂充填,即"造型",然后再进行焙烧。

（6）浇注。将型壳从焙烧炉中取出后,周围堆放干砂,加固型壳,然后趁热(600~700℃)浇入合金液,并凝固冷却。

（7）脱壳和清理。用人工或机械方法去掉型壳、切除浇冒口,清理后即得铸件。

2. 特点

熔模铸造的特点如下:

（1）由于铸型精密,没有分型面,型腔表面极光洁,故铸件精度高、表面质量好,是少、无切削加工工艺的重要方法之一，其尺寸精度可达 IT11~IT14，表面粗糙度 Ra=2.5~3.2μm。如熔模铸造的涡轮发动机叶片，铸件精度已达到无加工余量的要求。

（2）可制造形状复杂铸件，其最小壁厚可达 0.3mm，最小铸出孔径为 0.5mm。对由几个零件组合成的复杂部件，可用熔模铸造一次铸出。

（3）铸造合金种类不受限制，用于高熔点和难切削合金，如高合金钢、耐热合金等，更具显著的优越性。

（4）生产批量基本不受限制，既可成批、大批量生产，又可单件、小批量生产。

（5）工序繁杂，生产周期长，原辅材料费用比砂型铸造高，生产成本较高，铸件不宜太大、太长。

3．应用

生产汽轮机及燃气轮机的叶片，泵的叶轮，切削刀具，以及飞机、汽车、拖拉机、风动工具和机床上的小型零件。

二、金属型铸造

金属型铸造是将液体金属在重力作用下浇入金属铸型，以获得铸件的一种方法。铸型可以反复使用几百次到几千次，所以又称永久型铸造。

1．金属型的结构与材料

根据分型面位置的不同，金属型可分为垂直分型式、水平分型式和复合分型式三种结构，其中垂直分型式金属型开设浇注系统和取出铸件比较方便，易实现机械化，应用较广。图 8-29 所示为铸造铝活塞的金属型，它属于垂直分型式，两个半型以铰链连接，工作时活动半型向固定半型合拢，锁紧后便可浇注。

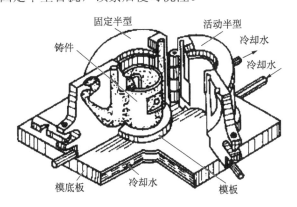

图 8-29 铸造铝活塞的金属型

制造金属型的材料熔点一般应高于浇注合金的熔点。如浇注锡、锌、镁等低熔点合金，可用灰铸铁制造金属型；浇注铝、铜等合金，则要用合金铸铁或钢制金属型。金属型用的芯子有砂芯和金属芯两种。有色金属铸件常用金属型芯。

2. 金属型的铸造工艺措施

由于金属型导热速度快，没有退让性和透气性，直接浇注易产生浇不到、冷隔等缺陷及内应力和变形，且铸件易产生白口组织，为了确保获得优质铸件和延长金属型的使用寿命，必须采取下列工艺措施：

（1）预热金属型，减缓铸型冷却速度。

（2）表面喷刷防粘砂耐火涂料，以减缓铸件的冷却速度，防止金属液直接冲刷铸型。

（3）控制开型时间。因金属型无退让性，除在浇注时正确选定浇注温度和浇注速度外，浇注后，如果铸件在铸型中停留时间过长，易引起过大的铸造应力而导致铸件开裂。因此，铸件冷凝后，应及时从铸型中取出。通常铸铁件出型温度为 780~950℃左右，开型时间为 10~60s。

3. 金属型铸造的特点及应用

（1）尺寸精度高，尺寸公差等级为（ITl2~ITl4），表面质量好，表面粗糙度低，机械加工余量小。

（2）铸件的晶粒较细，力学性能好。

（3）可实现一型多铸，提高了劳动生产率，且节约造型材料。

但金属型的制造成本高，不宜生产大型、形状复杂和薄壁铸件；由于冷却速度快，铸铁件表面易产生白口组织，切削加工困难；受金属型材料熔点的限制，熔点高的合金不适宜用金属型铸造。

用途：铜合金、铝合金等铸件的大批量生产，如活塞、连杆、汽缸盖等；铸铁件的金属型铸造目前也有所发展。

三、压力铸造

压力铸造（简称压铸）是在高压作用下，使液态或半液态金属以较高的速度充填金属型腔，并在压力下成形和凝固而获得优质铸件的高效率铸造方法。常用的压射比压 30~150MPa，充型时间 0.01~0.2s。

1. 压铸工艺过程

压铸是在压铸机上完成的，压铸机根据压室工作条件不同，分为冷压室压铸机和热压室压铸机两类。热压室压铸机的压室与坩埚连成一体，而冷压室压铸机的压室是与坩埚分开的。冷压室压铸机又可分为立式和卧式两种，目前以卧式冷压室压铸机应用较多，其工作原理如图 8-30 所示。

压铸铸型称为压型，分定型、动型。将定量金属液浇入压室，柱塞向前推进，金属液经浇道压入压铸模型腔中，经冷凝后开型，由推杆将铸件推出，完成压铸过程。冷压室压铸机，可用于压铸熔点较高的非铁金属，如铜、铝和镁合金等。

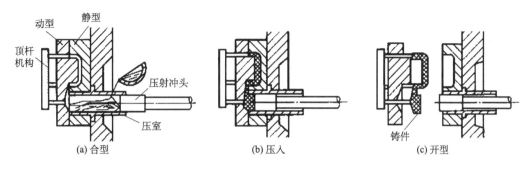

图 8-30 压力铸造工艺过程示意图

2. 压力铸造的特点及其应用

（1）压铸件尺寸精度高，表面质量好，尺寸公差等级为 IT10~IT12，可不经机械加工直接使用，而且互换性好。

（2）可以压铸壁薄、形状复杂以及具有直径很小螺纹的铸件，如锌合金的压铸件最小铸出孔径可达 0.8mm、最小可铸螺距达 0.75mm。还能压铸镶嵌件。

（3）压铸件的强度和表面硬度较高。压力下结晶，加上冷却速度快，铸件表层晶粒细密，其抗拉强度比砂型铸件高 25%~40%，但延伸率有所下降。

（4）生产率高，可实现半自动化及自动化生产。每小时可压铸几百个零件，是所有铸造方法中生产率最高的。

缺点：气体难以排出，压铸件易产生皮下气孔，压铸件不能进行热处理，也不宜在高温下工作；金属液凝固快，厚壁处来不及补缩，易产生缩孔和缩松；设备投资大，铸型制造周期长、造价高，不宜小批量生产。

目前，压铸已在汽车、拖拉机、飞机、电器、仪表、纺织以及日用品等制造业中得到了广泛的应用。随着真空压铸、加氧压铸等新工艺的不断出现，以及黑色金属压铸不断取得成果，压铸件的质量得到进一步解决，其应用范围将不断再扩大。

四、低压铸造

使液体金属在较低压力（0.02~0.06MPa）作用下充填铸型，并在压力下结晶以形成铸件的方法。

1. 低压铸造的工艺过程

低压铸造的工作原理如图 8-31 所示。把熔炼好的金属液倒入保温坩埚，装上密封盖，升液导管使金属液与铸型相通，锁紧铸型，缓慢地向坩埚炉内通入干燥的压缩空气，金属液受气体压力的作用，由下而上沿着升液管和浇注系统充满型腔，并在压力下结晶，铸件成形后撤去坩埚内的压力，升液管内的金属液降回到坩埚内金属液面。开启铸型，取出铸件。

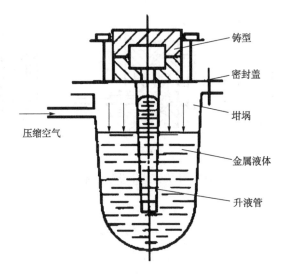

图 8-31　低压铸造工作原理

2. 低压铸造的特点及应用

（1）浇注时金属液的上升速度和结晶压力可以调节，故可适用于各种不同铸型（如金属型、砂型等），适合铸造各种合金及各种大小的铸件。

（2）采用底注式充型，金属液充型平稳，无飞溅现象，可避免卷入气体及对型壁和型芯的冲刷，铸件的气孔、夹渣等缺陷少，提高了铸件的合格率。

（3）铸件在压力下结晶，铸件组织致密、轮廓清晰、表面光洁，力学性能较高，对于大薄壁件的铸造尤为有利。

（4）省去补缩冒口，金属利用率提高到 90%~98%。

（5）劳动强度低，劳动条件好，设备简易，易实现机械化和自动化。

应用：主要用来生产质量要求高的铝、镁合金铸件，汽车发动机缸体、缸盖、活塞、叶轮等。

五、离心铸造

离心铸造是指将熔融金属浇入高速旋转（250~1500r/min）的铸型中，使液体金属在离心力作用下充填铸型并凝固成形的一种铸造方法。

铸型采用金属型或砂型。为使铸型旋转，离心铸造必须在离心铸造机上进行。离心铸造机通常可分为立式和卧式两大类，其工作原理如图 8-32 所示。铸型绕水平轴旋转的称为卧式离心铸造，适合浇注长径比较大的各种管件；铸型绕垂直轴旋转的称为立式离心铸造，适合浇注各种盘、环类铸件。

1. 离心铸造的特点

（1）液体金属能在铸型中形成中空的自由表面，不用型芯即可铸出中空铸件，简化了套筒、管类铸件的生产过程。

（2）由于旋转时液体金属所产生的离心力作用，离心铸造可提高金属充填铸型的能力，因此一些流动性较差的合金和薄壁铸件都可用离心铸造法生产。

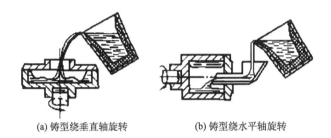

（a) 铸型绕垂直轴旋转　　　　　（b) 铸型绕水平轴旋转

图 8-32　离心铸造图

（3）由于离心力的作用，改善了补缩条件，气体和非金属夹杂物也易于自金属液中排出，产生缩孔、缩松、气孔和夹杂等缺陷的几率较小。

（4）无浇注系统和冒口，节约金属。

（5）可进行双金属铸造，如在钢套上镶铸薄层铜衬制作滑动轴承等，可节约贵重材料。

（6）金属中的气体、熔渣等夹杂物，因密度较轻而集中在铸件的内表面上，所以内孔的尺寸不精确，质量也较差；铸件易产生成分偏析和密度偏析。

2. 应用

主要用于大批量生产的各种铸铁和铜合金的管类、套类、环类铸件和小型成形铸件，如铸铁管、汽缸套、铜套、双金属轴承、特殊钢的无缝管坯、造纸机滚筒等铸件的生产。

习　　题

1. 减小和消除铸造应力的方法有哪些?

2. 铸件产生翘曲变形的原因是什么?其变形规律如何?防止和减小铸件变形的措施有哪些?

3. 铸件产生裂纹的原因是什么?裂纹有哪两种形式?防止裂纹的措施有哪些?

4. 铸件中的气孔有几种形式?形成原因及防止方法各是什么?

5. 何谓合金的铸造性能?包括哪些内容?

6. 射压造型、空气冲击造型的紧砂原理及生产特点如何?应用范围如何?

7. 静压造型和高压造型的紧砂方法有何异同?有哪些特点?应用范围如何?

8. 何谓铸件的结构工艺性?从简化铸造工艺角度应对铸件结构有哪些要求?

9. 铸件的浇注位置和分型面的选择原则有哪些?

10. 何谓铸造工艺参数?包括哪些内容?芯头的作用及主要形式是什么?

11. 何谓铸造工艺图?包括哪些内容?有什么用途?

12. 为什么铸造黄铜的应用比铸造青铜更广?举出几种铸造黄铜牌号,说明其性能及用途。

13. 什么是熔模铸造?简述熔模铸造的工艺过程、生产特点和适用范围。

14. 金属型铸造和砂型铸造相比有何特点?适用于何种铸件?

15. 压力铸造的工艺过程和特点如何?金属液充型时的压射压力是多大?压铸适用于何种铸件?

16. 什么是离心铸造?其生产特点及应用范围如何?

17. 下列铸件在大批量生产时采用什么铸造方法为宜?

　　铝活塞缝纫机头　汽轮机叶片　铸铁污水管　摩托车汽缸体

　　大模数齿轮滚刀　汽缸套　车床床身　铝合金轿车进气管

第九章　金属压力加工

金属压力加工利用金属在外力作用下所产生的塑性变形，来获得具有一定形状、尺寸和力学性能的原材料、毛坯或零件的生产方法，称为金属压力加工，又称金属塑性加工。加工的方法有锻造、轧制、挤压、冲压、拉拔等。

金属铸锭的显微组织一般都很粗大，经过压力加工后，能细化显微组织，提高材料组织的致密性，从而提高了金属的机械性能，能比铸件承受更复杂、更苛刻的工作条件，例如承受更高载荷等，因此许多重要的承力零件都采用锻件来制造。由于压力加工能直接使金属坯料成为所需形状和尺寸的零件，大大减少了后续的加工量，提高了生产效率，同时也因为强度、塑性等机械性能的提高而可以相对减少零件的截面尺寸和重量，从而节省了金属材料，提高了材料的利用率。有些零件形状很复杂，往往难以采用一般的机械加工手段制成，但是可以通过模锻来实现（特别是精密模锻）。

压力加工具有一定的优点，如能够获得机构致密的构件，组织改善，性能提高，强度、硬度和韧度均有提高；切削加工少，材料利用率高。由于提高了金属的力学性能，在同样受力和工作条件下，可以缩小零件的截面尺寸，减轻重量，延长使用寿命；压力加工还可以获得合理的流线分布（金属塑变是固体体积转移过程）；而且生产效率高。多数压力加工方法，特别是轧制、挤压，金属连续变形，且变形速度很高，所以生产率高。同时，压力加工也具有一些缺点，如不能成型形状相对复杂的零件；设备庞大价格昂贵；一般压力加工的工艺表面质量差；劳动条件差，强度大、噪声大。

第一节　金属塑性成形

一、金属的塑性及塑性指标

1. 金属的塑性

金属材料在一定的外力作用下发生塑性变形而不破坏其完整性的能力称为金属的塑性。塑性反映材料产生永久变形的能力，是金属的一种重要加工性能。人们利用金属的这一种特性，使其在外力作用下改变形状，并获得一定的力学性能，这种加工方法被称为金属塑性加工或塑性成形。与其他加工方法（如金属的切削加工、铸造、焊接等）相比，金属塑性成形有如下特点：

（1）组织、性能好。金属在塑性成形过程中，其内部组织发生显著的变化。例如钢锭，其内部组织疏松多孔、晶粒粗大且不均匀等许多缺陷，经塑性变形后，其组织致密、结构改善、性能提高。

（2）材料利用率高。金属塑性成形主要靠金属的体积转移来获得一定的形状和尺寸，无切削，只有少量的工艺废料，因此材料利用率高，最高可达 98% 以上。

（3）生产效率高，适用于大批量生产。这是由于随着塑性加工工具和设备的改进及机械化、自动化程度的提高，生产效率也得到相应的提高。例如，冲硅钢片的高速压力机的速度可达 2000 次/min，锻造一根汽车发动机曲轴只需要 40s。

（4）尺寸精度高。不少成型方法已达到少切削或无切削的要求（如精密锻造、精密挤压等）。例如，精密模锻和精密冲裁的齿轮，其齿形部分可以不再加工而直接使用；精锻叶片的复杂曲面可以达到只需磨削的精度；很多挤压零件直接成为机械零件供使用。

由于金属塑性成型具有上述特点，因而它在机械制造工业、冶金工业中得到广泛应用，在国民经济中占有十分重要的地位。金属的塑性不是固定不变的，它受诸多因素的影响，大致包括以下两个方面：一个是金属的内在因素，如晶格类型、化学成分、组织状态等；另一个是变形的外部条件，如变形温度、应变速率、变形的力学状态等。正因为这样，通过创造合适的内外部条件，就有可能改善金属的塑性行为。

2. 塑性指标

衡量金属材料塑性高低的数量指标称为塑性指标。塑性指标以金属材料开始破坏时的塑性变形量来表示。表示方法主要包括：断面收缩率、延伸率、冲击韧性、最大压缩率、扭转角（或扭转数）、弯曲次数等。

常用塑性指标是伸长率 δ 和断面收缩率 ψ，可由拉伸试验进行测定。拉伸试验在材料试验机上进行，拉伸速度通常在 10mm/s，对应应变速率为 $10^{-1}\sim10^{-3}s^{-1}$,相当于一般液压机的速度。也可在高速试验机上进行，拉伸速率为 3.8~4.5m/s，相当于锻锤变形速度的下限。

$$\delta = \frac{L_k - L_0}{L_0} \times 100\% \qquad\qquad (9\text{-}1)$$

$$\psi = \frac{A_0 - A_k}{A_0} \times 100\% \qquad\qquad (9\text{-}2)$$

式中：L_0——拉伸试样原始标距长度；

　　　L_k——拉伸试样破断后标距间的长度；

　　　A_0——拉伸试样原始断面面积；

　　　A_k——拉伸试样破断处断面面积。

二、影响金属塑性的内部因素

1. 化学成分的影响

在碳钢中，Fe 和 C 是基本元素；在合金钢中，除了 Fe 和 C 外，还包含有合金元素，常见的合金元素有 Si、Mn、Cr、Ni、W、Mo、V、Co、Ti 等，由于矿石、冶炼和加工方面的原因，在各类钢中还可能含有一些杂质元素，如 P、S、N、H、O 等。

1）碳钢中碳和杂质元素的影响

（1）碳。碳对碳钢性能的影响最大。碳能固溶于铁，形成铁素体和奥氏体，它们都具有良好的塑性。当碳的含量超过铁的溶碳能力时，多余的碳便与铁形成化合物 Fe_3C，称为渗碳体。渗碳体具有很高的硬度，而塑性几乎为零，对基体的塑性变形起阻碍作用，而使碳钢的塑性降低，随着含碳量的增加，渗碳体的数量亦增多，塑性的下降也越大。图 9-1 为退火状态下，碳含量对碳钢的塑性和强度指标的影响曲线。因此，对于冷成形用的碳钢，含碳量应低。在热变形时，虽然碳能全部溶于奥氏体中，但碳含量越高，则碳钢的熔化温度越低，锻造温度范围越窄，奥氏体晶粒长大的倾向越大，再结晶的速度越慢，这些对热成形加工也是不利的。

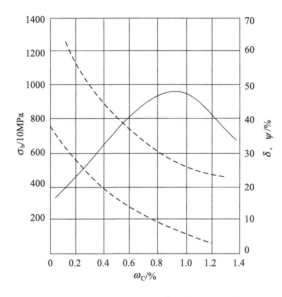

图 9-1　碳含量对碳钢力学性能的影响

（2）磷。磷是钢中的有害杂质，它在铁中有相当大的溶解度，使钢的强度、硬度提高，而塑性、韧性降低，在冷变形时影响更为严重，此称为冷脆性。当磷的质量分数大于 0.3%时，钢已完全变脆，故对于冷变形用钢（如冷冲压钢板等）应严格控制磷的含量。但在热变形时，当磷的质量分数不大于 1%~1.5%时，对钢的塑性影响不大，因为磷能全部溶于铁中。

（3）硫。硫是钢中的有害物质。硫很少固溶于铁中，在钢中它常和其他元素组成硫化物，这些硫化物除 NiS 外，一般熔点都较高，但当组成共晶体时，熔点就降的很低（例如 FeS 的熔点为 1190℃，而 Fe-FeS 共晶体的熔点为 985℃）。这些硫化物及其共晶体，通常分布于晶界上，当温度达到其熔点时，它们就会熔化；而由于钢的锻造温度范围为 800~1220℃，因此会导致钢热变形时的开裂，这种现象称为热脆性。但当钢中含有锰元素时，由于锰和硫的亲和力大于铁和硫的亲和力，因此，钢中的锰会优先夺取硫，形成 MnS，硫化锰及其共晶体的熔点高于钢的锻、轧温度，因此不会产生钢的热脆性，从而消除了硫的有害作用。

（4）氮。氮在钢中除少量固溶外，以氮化物形式存在。当氮化物的质量分数较小（0.002%~0.015%）时，对钢的塑性无明显影响，但随着氮化物的质量分数的增加，钢的塑性将降低，导致钢变脆。由于氮在 α-Fe 中的溶解度在高温和低温时相差很大，当含氮量较高的钢从高温快冷至低温时，α-Fe 过饱和，随后在室温或稍高温度下，氮会逐渐以 Fe_4N 形式析出，使钢的塑性、韧性大为降低，这种现象称为时效脆性。若在 300℃ 左右加工时，则会出现所谓的"蓝脆"现象。

（5）氢。氢以离子或原子形式溶于固态钢中，形成间隙固溶体，其溶解度随温度的降低而减小。氢是钢中的有害元素，表现在两方面：一是氢溶于钢中使钢的塑性韧性下降，造成所谓氢脆；二是当含氢量较高的钢锭锻轧后较快冷却时，从固溶体中析出的氢原子来不及向钢坯表面扩散逸出，而聚集在钢内的显微缺陷处（如晶界、亚晶界和显微空隙等），形成氢分子，产生局部高压。如果此时钢中还存在组织应力或温度应力，则在它们的共同作用下可能产生微裂纹，即所谓"白点"。之所以称为白点，是因为沿此钢坯的纵向断口呈表面光滑的圆形或椭圆形的银色白斑，而横向截面上则呈发丝状裂纹。白点多处于离锻件表面较远的部位。白点对钢材的强度影响不太大，但会显著降低钢的塑性和韧性。由于它在金属中造成高度的应力集中，因而会导致工件在淬火时的开裂和使用过程中的突然断裂。因此，在大型锻件的技术条件中明确规定，一旦发现白点锻件必须报废。

（6）氧。氧在铁中的溶解度很小，主要是以氧化物的形式存在于钢中，它们多以杂乱、零散的点状分布于晶界处。氧在钢中不论以固溶体还是氧化物形式存在都使钢的塑性降低，以氧化物形式存在时尤为严重，因为它在钢中起着空穴和微裂纹的作用。氧化物还会与其他夹杂物（如 FeS）形成易熔共晶体（如 FeS-FeO，熔点 910℃）分布于晶界处，造成钢的热脆性。

2）合金元素的影响

合金元素加入钢中，不仅改变钢的使用性能，而且改变钢的塑性成形性能。主要表现为塑性降低、变形抗力提高。这些现象可以从以下几个方面来解释：

（1）所有合金元素都能不同程度地溶入铁中形成固溶体（不论 α-Fe 还是 γ-Fe）。由于合金元素的溶入（置换），使铁原子的晶格点阵发生不同程度的畸变，从而使钢的变形抗力提高，而塑性也有不同程度的降低。

（2）许多合金元素（如 Mn、Cr、Mo、Nb、V、Ti 等）会与钢中的碳形成硬而脆的碳化物，使钢的强度提高，而塑性下降。但是，碳化物的影响还与它的形状、大小和分布状况有密切关系。实际情况往往很复杂，需要就具体钢种，根据冷、热变形条件进行具体分析。

2. 组织的影响

一定化学成分的金属，由于组织状态的不同，其塑性亦有很大的差别。

1）相组成的影响

单相组织（纯金属或固溶体）比多相组织塑性好。多相组织由于各相性能不同，变形难易程度不同，导致变形和内应力的不均匀分布，因而塑性降低。这方面的例子很多，如碳钢在高温时为奥氏体单相组织，故塑性好，而在 800℃ 左右时，转变为奥氏体和铁素体两相组织，塑性就明显降低。因此，对于有固态相变的金属来说，在单相区内进行成形加工显然是有利的。

工程上使用的金属材料多为两相组织，此时根据第二相的性质、形状、大小、数量和分布状态的不同，其对塑性的影响程度亦不同。若两个相的变形性能相近，则金属的塑性近似介于两相之间。若两个相性能差别很大，例如一相为塑性相，而另一相为脆性相，则变形主要在塑性相内进行，脆性相对变形起阻碍作用。此时，如果脆性相呈连续或不连续的网状分布于塑性相的晶界处，则塑性相被脆性相包围分割，其变形能力难以发挥，变形时易在晶界处产生应力集中，导致裂纹的早期产生，使金属的塑性大为降低；如果脆性相是片状或层状分布于晶粒内部，则对塑性变形的危害性较小，塑性有一定程度的降低；如果脆性相呈颗粒状均匀分布于晶内，则对塑性的影响不大，特别是当脆性相数量较小时，如此分布的脆性相几乎不影响基体金属的连续性，它可随基体相的变形而"流动"，不会造成明显的应力集中，因而对塑性的不利影响就更小。

2）晶粒度的影响

细晶组织比粗晶组织具有更好的塑性，因为在一定的体积内，细晶粒金属的晶粒数目比粗晶粒金属的多，因而塑性变形时位向有利的晶粒也较多，变形能较均匀的分散到各个晶粒上，再从每个晶粒的应变分布来看，细晶粒晶界的影响区域相对加大，使得晶粒心部的应变与晶界处的应变的差异减小。由于细晶粒金属的变形不均匀性较小，由此引起的应力集中必然也较小，内应力分布较均匀，因而金属断裂前可承受的塑性变形量就更大。这一结果已得到了实验的证实。

3）铸造组织的影响

铸造组织由于具有粗大的柱状晶粒和偏析、夹杂、气泡、疏松等缺陷，故使金属塑性降低。为保证塑性加工的顺利进行和获得优质的锻件，有必要采用先进的冶炼浇注方法来提高铸锭的质量，这在大型自由锻件生产中尤为重要。另外，钢锭变形前的高温扩散（均匀化）退火，也是有效的措施。锻造时应创造良好的变形力学条件，打碎粗大的柱状晶粒，并使变形尽可能均匀，以获得细晶组织和使金属的塑性提高。

三、影响金属塑性的外部因素

1. 变形温度对金属塑性的影响

变形温度对金属的塑性有重大影响。生产中，由于变形温度控制不当而造成工件开裂是不乏其例的。确定最佳变形温度范围是制订工艺规范的主要内容之一，特别是对于高强度、低塑性材料以及新钢种的塑性加工尤为重要。

　　就大多数金属而言，其总的趋势是：随着温度的升高，塑性增加，但是这种增加并非简单的线性上升，在加热过程的某些温度区间，往往由于相态或晶粒边界状态的变化而出现脆性区，使金属的塑性降低。一般情况下，温度由绝对零度上升到熔点时，可能出现几个脆性区，包括低温的、中温的和高温的脆性区等。下面以碳钢为例，说明温度对塑性的影响（见图9-2）。

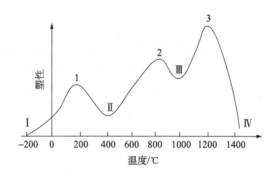

图 9-2　碳钢的塑性随温度的变化曲线

　　超低温度脆性区（区域Ⅰ）金属的塑性极低，在－200℃时，塑性几乎已完全丧失。这可能是原子热振动能力极低所致，可能与晶界组成物脆性有关，以后随着温度的升高，塑性增加。

　　蓝脆区（区域Ⅱ）在 200~400℃内，塑性有很大的降低，其原因说法不一，一般认为是氮化物、氧化物以沉淀形式在晶界、滑移面上析出所致，类似于时效脆化，此温度区间称为蓝脆区（断口呈蓝色）。之后，塑性又继续随温度的升高而增加。

　　热脆区（区域Ⅲ）在 800~950℃时，再一次出现塑性稍有下降的情形，这和珠光体转变为奥氏体，形成铁素体和奥氏体两相共存有关，也可能还与晶界处出现 FeS-FeO 低熔共晶体（熔点为910℃）有关，此温度区间称为热脆区。

　　高温脆区（区域Ⅳ）过了脆区，塑性又继续增加，一般当温度超过 1250℃后，由于发生过热过烧（晶粒粗大化，继而晶界出现氧化物和低熔点物质的局部熔化等），塑性又会急剧下降，此温度区间称为高温脆区。

　　在塑性加工时，应力图避开上述各种脆区。例如，钢的温加工，不能在蓝脆温度范围内进行。钢的热加工，不能进入高温脆区。至于热脆性，由于此时的塑性水平已相当高，为了锻造操作上的方便，有时也可利用。

　　温度升高使金属塑性增加的原因，归纳起来有以下几个方面：

　　（1）发生回复或再结晶。回复使金属得到一定程度的软化，再结晶则完全消除了加工硬化效应，因而使金属的塑性提高。

　　（2）原子动能增加，使位错活动性提高、滑移系增多，从而改善了晶粒之间变形的协调性。

　　（3）金属的组织、结构发生变化，可能由多相组织转变为单相组织，也可能由对塑性不利的晶格转变为对塑性有利的晶格。例如，碳钢在800~950℃内塑性最好，这与碳钢此时处于单相奥氏体组织有密切关系；又如，钛在室温时呈密排六方排列，塑性低，当温度高于882℃时，转变为体心立方晶格（称为β-Ti），因而塑性有明显增加。

（4）扩散蠕变机理起作用，它不仅对塑性变形直接作贡献，还对变形起协调作用，因此，使金属塑性增加，特别是高温低速条件下，细晶组织金属的塑性变形，其发挥的作用就更大。

（5）晶间滑移作用增强。随着温度的升高，晶界切变抗力显著降低，晶间滑移易于进行。又由于扩散作用的加强及时消除了晶间滑移所引起的微裂纹，使晶间滑移量增大。此时，晶间滑移的结果，能松弛相邻晶粒间由于不均匀变形所引起的应力集中。

2. 应变速率对金属塑性影响的一些基本结论

应变速率对塑性影响的一般趋势可用图 9-3 来描述。在较低的应变速率范围（图中的 ab 段）内，提高应变速率时，由于温度效应所引起的塑性增加，小于其他机理所引起的塑性降低，所以最终表现为塑性的降低；当应变速率较大（图中 bc 段）时，由于温度效应更为显著，使得塑性基本上不再随应变速率的增加而降低；当应变速率更大时（图中 cd 段），则由于温度效应更大，其对塑性的有利影响超过其他机理对塑性的不利影响，因而最终得到塑性回升。

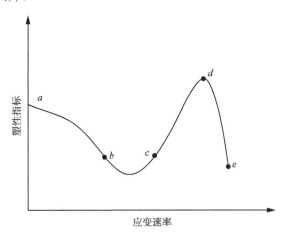

图 9-3 应变速率对塑性影响的示意曲线图

对于具有脆性转变的金属，如果应变速率增加，由于温度效应作用加强而使金属由塑性区进入脆性区，则金属的塑性降低；反之，如果温度效应的作用恰好使金属由脆性区进入塑性区，则对提高金属塑性有利。

从工艺性能的角度来看，提高应变速率会在以下几个方面起有利作用：第一，降低摩擦系数，从而降低金属的流动阻力、改善金属的充填性及变形的不均匀性。第二，减少热成形时的热量损失，从而减少毛坯温度的下降和温度分布的不均匀性，这对于工件形状复杂（如具有薄壁、高筋等）且材料锻造温度范围又较窄的生产场合是有利的。因为从模锻的充填过程来看，型腔的最复杂部分总是在模锻的最后阶段才充填，而这时金属的温度又总是较低，对充填不利；如果采用高速成形（如高速锤，其打击速度 $v=12\sim18m/s$），则由于变形时间短，热量来不及散失，加之温度效应大，这时毛坯温度不但不会降低，还能略有提高，使金属始终保持良好的流动性，而这正好迎合了型腔复杂部分充填的需要。第三，出现所谓"惯性流动效应"，从而改善了金属的充填性，这对于像薄辐板类齿轮、叶片等复杂工件的模锻成形是有利的。

在非常高的应变速率（如爆炸成形、电液成形、电磁成形等）下，金属的流变行为可能发生更为复杂的变化，其机理还不太清楚。但实验研究显示，在此极高的应变速率下（爆炸成形压力液的速度为 $1200\sim1800m/s$，电液成形的速度约为 $600m/s$，电磁成形的速度为 $3000\sim6000m/s$），材料的塑性变形能力大为提高，加之零件成形时有很高的贴模速度，传力介质又为液体或气体，因而零件的精度高、表面质量好。因此，这类高速率、高能率的成型方法被认为是一种较理想的工艺方法，用于塑性差的难成形材料的成形加工。

3. 变形力学条件对金属塑性的影响

塑性成形时，金属的受力和变形情况千变万化，反映在其内部质点上的应力状态和应变状态必然也各不相同。因此，研究变形力学条件对塑性的影响，实质上就是研究应力状态和应变状态对塑性的影响。

1）应力状态的影响

应力状态对金属的塑性有很大的影响。人们从长期的实践中得知，同一金属在不同的受力条件下所表现出的塑性是不同的。例如，单向压缩比单向拉伸时塑性好些，挤压变形比拉拔变形时金属能发挥更大的塑性。最能清楚显示应力状态对塑性影响的则是卡尔曼的大理石和红砂石实验。卡尔曼将圆柱形大理石和红砂石试样置于特制仪器中进行压缩，该仪器除了轴向加压外，还可以对试样施加侧向压力（用甘油注入仪器的试验腔室内）。试验表明，在只有轴向压力作用时，大理石和红砂石均显示完全脆性，而在轴向和侧向压力同时作用下，却表现出一定的塑性，侧向压力越大，变形所需的轴向压力和材料的塑性也越高，卡尔曼试验仪器的工作部分和试验结果如图9-4和图9-5所示。

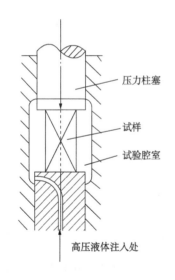

压力柱塞

试样

试验腔室

高压液体注入处

图9-4　卡尔曼试验仪器的工作部分

研究表明，应力状态对塑性的影响起实际作用的是其应力球张量部分，它反映了质点三向均等受压（或受拉）的程度。应力球张量的每个分量称为平均应力或静水应力，它的负值称为静水压力。这样，应力状态对塑性的影响就最终归结为其静水压力对塑性的影响。由上述所列举的种种现象可以知道，当静水压力越大，即在主应力状态下压应力个数越多、数值越大时，金属的塑性越好；反之，若拉应力个数越多、数值越大，即静水压力越小时，则金属的塑性越差。根据静水压力的大小，就可以方便地判断应力状态对塑性的影响。

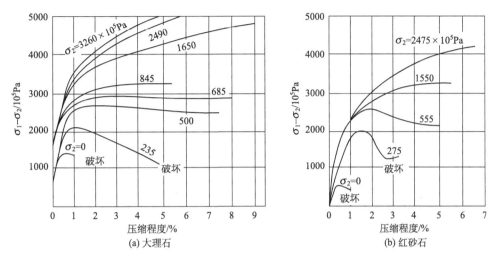

图 9-5　大理石和红砂石三向受力的试验结果

σ_1—轴向压力；　σ_2—侧向压力

静水压力越大，金属的塑性会越高，这可用下列理由来解释：

（1）拉伸应力会促进晶间变形、加速晶界的破坏。而压缩应力能阻止或减小晶间变形，随着静水压力的增大，晶间变形越加困难，因而提高了金属的塑性。

（2）三向压缩应力有利于愈合塑性变形过程中产生的各种损伤；而拉应力则相反，它促进损伤的发展。

（3）当变形体内原先存在着少量对塑性不利的杂质、液态相或组织缺陷时，三向压缩作用能抑制这些缺陷，全部或部分地消除其危害；反之，在拉应力作用下，将在这些地方产生应力集中，促进金属的破坏。

（4）增大静水压力能抵消由于不均匀变形引起的附加拉应力，从而减轻了附加拉应力所造成的拉裂作用

2）应变状态的影响

应变状态对金属的塑性亦有一定的影响。一般认为，压缩应变有利于塑性的发挥，而拉伸应变则对塑性不利。因此，在三种主应变状态图中，两向压缩一向拉伸的为最好，一向压缩一向拉伸的次之，而一向压缩两向拉伸的为最差。这是因为金属（特别是铸锭）中不可避免地存在着气孔、夹杂物等缺陷，这些缺陷在一向压缩、两向拉伸应变条件下，有可能向两个方向扩展而变为面缺陷；反之，在两向压缩一向拉伸应变条件下，则可收缩成线缺陷，其对塑性的危害性减小。这些情况可以用图 9-6 形象化地表示。

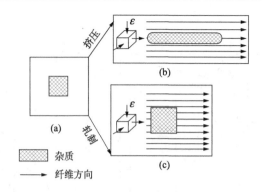

图 9-6　主应变图对金属中缺陷形态的影响

(a) 未变形的情况；　(b) 经两向压缩一向拉伸变形后的情况；　(c) 经一向压缩两向拉伸变形后的情况

四、金属在冷态下的塑性变形机理及特点

多数金属材料是由两种或两种以上金属组成的合金。通过合金化使得金属的力学性能在很大程度上和很大范围内发生改变。合金的组织结构是多种多样的，包括晶粒的大小和形态以及它的结构和成分等。塑性成形所用的金属材料绝大部分是多晶体，其变形过程较单晶体复杂得多，与多晶体的结构特点有关。多晶体是由许多结晶方向不同的晶粒组成。每个晶粒可看成是一个单晶体，相邻晶粒彼此位向不同，但晶体结构相同，化学组成也基本一样。就每个晶粒来说，其内部的结晶取向并不完全严格一致，而是有亚结构存在，即每个晶粒又是由一些更小的亚晶粒组成。

晶粒之间存在厚度相当小的晶界。晶界的结构与相邻两晶粒之间的位向差有关，一般可分为小角度晶界和大角度晶界。小角度晶界由位错组成，最简单的情况是由刃型位错垂直堆叠而构成的倾斜晶界。实际多晶体金属通常都是大角度晶界，其晶界结构很难用位错模型来描述，可以笼统地把它看成是原子排列混乱的区域，并在该区域内存在着较多的空位、位错及夹杂等。正因为如此，晶界表现出许多不同于晶粒内部的性质，如室温时晶界的强度和硬度高于晶内；而高温时则相反，晶界中原子的扩散速度比晶内原子快得多，晶界的熔点低于晶内，晶界易被腐蚀等。

1. 冷塑性变形机理

多晶体是由许多位向不同的晶粒组成，晶粒之间存在晶界，因此，塑性变形包括晶粒内部变形（也称晶内变形）和晶界变形（也称晶间变形）。

1）晶内变形

晶内变形的主要方式为滑移和孪生。其中滑移变形是主要的，而孪生变形是次要的，一般仅起调节作用。在密排六方金属中，孪生变形也起着重要作用。

a. 滑移

滑移是指晶体（包括单晶体或多晶体中的一个晶粒）在力的作用下，晶体的一部分沿一定的晶面和晶向相对于晶体的另一部分发生相对移动或切变。这些晶面和晶向分别称为滑移面和滑移方向。滑移的结果使大量原子逐步地从一个稳定位置移到另一个稳定位置，产生宏观的塑性变形。

通常滑移总是沿着原子密度最大的晶面和晶向发生的。在图 9-7 所示的晶格中，显然 AA 面比 BB 面更容易滑移。同理，沿原子排列最密集的方向滑移阻力最小，最容易成为滑移方向。

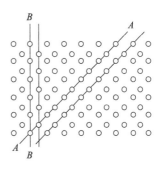

图 9-7　滑移面示意图

通常每一种晶胞可能存在几个滑移面，而每一滑移面又同时存在几个滑移方向。一个滑移面和其上的一个滑移方向，构成一个滑移系。表 9-1 列出一些金属晶体的主要滑移面、滑移方向和滑移系。

表 9-1　金属的主要滑移面、滑移方向和滑移系

晶格	体心立方晶格	面心立方晶格	密排六方晶格
滑移面	{011}×6	{111}×4	{0001}×1
滑移方向	<111>×2	<110>×3	<1120>×3
滑移系	6×2=12	4×3=12	1×3=3
金属	α-Fe、Cr、W、V、Mo	Al、Cu、Ag、Ni、γ-Fe	Mg、Zn、Cd、α-Ti

滑移系多的金属要比滑移系少的金属变形协调性好、塑性高，如面心立方金属比密排六方金属的塑性好。至于体心立方金属与面心立方金属，虽然同样具有 12 个滑移系，后者塑性却明显优于前者。这是因为对金属的塑性变形影响，滑移方向的作用大于滑移面的作用。体心立方金属每个晶粒沿滑移面上的滑移方向只有两个，面心立方金属却为三个，因此后者的塑性变形能力更好。

滑移面对温度具有敏感性。温度升高时，原子热振动的振幅加大，促使原子密度次大的晶面也参与滑移。例如铝高温变形时，除{111}滑移面外，还会增加新的滑移面{001}。正因为高温下可出现新的滑移系，所以金属的塑性也相应地提高。

滑移系的存在只说明金属晶体产生滑移的可能性。要使滑移能够产生，需要沿滑移面的滑移方向上作用有一定大小的切应力，此称临界切应力。临界切应力的大小取决于金属的类型、纯度、晶体结构的完整性、变形温度、应变速率和预先变形程度等因素。当晶体受力时，由于各个滑移系相对于外力的空间位向不同，其上所作用的切应力分量的大小也必然不同。

因此，在金属多晶体中，由于各个晶粒的位向不同，塑性变形必然不可能在所有晶

粒内同时发生，这就构成多晶体塑性变形不同于单晶体的一个特点。

　　晶体在滑移过程中，由于受到外界的约束作用会发生转动。就单晶体拉伸变形来说，滑移面会力图向拉力方向转动，而滑移方向则力图向最大切应力分量方向转动。对于多晶体晶内变形，晶粒在被拉长的同时，其滑移面和滑移方向也会朝一定方向转动，尽管这种转动由于晶界和相邻晶粒的影响，情况会比较复杂，但转动的结果使原来任意取向的各个晶粒，逐渐调整其方位而趋于一致。

　　从微观角度来讲，最初假设的滑移本质是理想完整的晶体沿着滑移面发生刚性的相对滑动，但基于此出发点所计算的临界切应力却比实验值大 $10^3 \sim 10^4$ 倍，这就迫使人们放弃完整晶体刚性滑动的假设。1934 年 G. I. 泰勒等人把位错概念引入晶体中，并把它和滑移变形联系起来，使人们对滑移过程的物理本质有了明确的认识。滑移过程不是沿着滑移面上所有原子同时产生刚性的相对滑动，而是在其局部区域首先产生滑移，并逐步扩大，直至最后整个滑移面上都完成滑移。之所以此局部区域首先产生滑移，是因为该处存在位错，引起很大的应力集中。虽然整个滑移面上作用的应力水平相当低，但在此局部区域的应力却可能已大到足以引起晶体的滑移。当一个位错沿滑移面移动后，便使晶体产生一个原子间距大小的相对位移。

　　由于晶体产生一个滑移带的位移量需要很多位错组成的移动，且当位错移至晶体表面产生一个原子间距的位移后，位错便消失。这样为使塑性变形能不断地进行，就必须有大量新的位错出现，这就是在位错理论中所说的位错增殖。因此从微观角度来讲，晶体的滑移过程实质上就是位错的移动和增殖的过程。图 9-8 和图 9-9 分别绘出刃型位错和螺型位错运动造成晶体滑移变形的示意图。

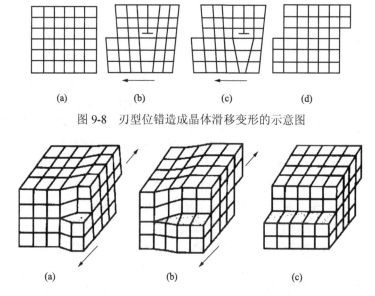

(a)　　　　　　(b)　　　　　　(c)　　　　　　(d)

图 9-8　刃型位错造成晶体滑移变形的示意图

(a)　　　　　　(b)　　　　　　(c)

图 9-9　螺型位错运动造成晶体滑移变形的示意图

b. 孪生

晶体在切应力作用下，晶体的一部分沿着一定的晶面（称为孪生面）和一定的晶向

（称为孪生方向）发生均匀切变称为孪生，如图 9-10 所示。孪生变形后，晶体的变形部分与未变形部分构成了镜面对称关系，镜面两侧晶体的相对位向发生了改变。这种在变形过程中产生的孪生变形部分称为"形变孪晶"，以区别于由退火过程中产生的孪晶。

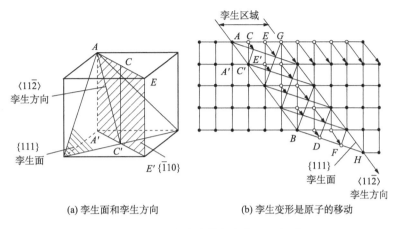

图 9-10　面心立方晶体孪生变形示意图

金属晶体究竟以何种方式进行塑性变形，取决于哪种方式变形所需的切应力低。在常温下，大多数体心立方金属滑移的临界切应力小于孪生的临界切应力，所以滑移是优先的变形方式，只在很低的温度下，由于孪生的临界切应力低于滑移的临界切应力，这时孪生才能发生。对于面心立方金属，孪生的临界切应力远比滑移的大，因此一般不发生孪生变形，但在极低的温度（4~78K）或高速冲击载荷下，也可能发生这种变形方式。再者当金属滑移变形剧烈进行并受到阻碍时，往往在高度应力集中处会诱发孪生变形。孪生变形后由于变形部分位向改变，可能变得有利于滑移，于是晶体又开始滑移，二者交替地进行。密排六方金属由于滑移系少，滑移变形难以进行，所以这类金属主要靠孪生方式变形。

2）晶间变形

晶间变形的主要方式是晶粒之间相互滑动和转动，多晶体受力变形时，沿晶界处可能产生切应力，当该切应力足以克服晶粒彼此间相对滑动的阻力时，便发生相对滑动。另外，由于各晶粒所处位向不同，其变形情况及难易程度也不相同。这样，在相邻晶粒间必然引起力的相互作用，而可能产生一对力偶，造成晶粒的相互转动。

2. 冷塑性变形的特点

由于组成多晶体的各个晶粒的位向不同，塑性变形不是在所有晶粒内同时发生，而是首先在那些位向有利的滑移系上的切应力分量已优先达到临界值的晶粒内进行。对于周围位向不利的晶粒，由于滑移系上的切应力分量尚未达到临界值，所以还不能发生塑性变形。此时已经开始变形的晶粒，其滑移面上的位错源虽然已经开动，但位错尚无法移出这个晶粒，仅局限在其内部运动，这样就使符号相反的位错在滑移面两端接近晶界的区域塞积起来。

　　由于多晶体中的每个晶粒都是处于其他晶粒的包围之中,它们的变形不是孤立和任意的,而是需要相互协调配合,否则无法保持晶粒之间的连续性。因此要求每个晶粒进行多系滑移,即除了在取向有利的滑移系中进行滑移外,还要求其他取向并非很有利的滑移系也参与滑移。只有这样,才能保证其形状作各种相应的改变,而与相邻晶粒的变形相协调。理论上的推算表明,为保证变形的连续性,每个晶粒至少要求有五个独立的滑移系开动。

　　多晶体的另一变形特点是变形的不均匀性。宏观变形的不均匀性是由外部条件所造成的。微观与亚微观变形的不均匀性则是由多晶体的结构特点所决定的。软取向的晶粒首先发生滑移变形,而硬取向的晶粒后变形,尽管它们的变形要相互协调,但最终必然表现出各个晶粒变形量的不同。另外,考虑到晶界的结构、性能不同于晶内的特点,其变形不如晶内容易。且由于晶界处于不同位向晶粒的中间区域,要维持变形的连续性,晶界势必要起折中调和作用。也就是说,晶界一方面要抑制那些易于变形的晶粒的变形,另一方面又要促进那些不利于变形的晶粒进行变形。所有这些最终也必然表现出晶内和晶界之间变形的不均匀性。

　　总之,多晶体塑性变形的特点:一是各晶粒变形的不同时性;二是各晶粒变形的相互协调性;三是晶粒与晶粒之间和晶粒内部与晶界附近区域之间变形的不均匀性。

　　据此,进一步分析晶粒大小对金属的塑性和变形抗力的影响。为使滑移由一个晶粒转移到另一个晶粒,主要取决于晶粒晶界附近的位错塞积群所产生的应力场能否激发相邻晶粒中的位错源也开动起来,以进行协调性的次滑移。而位错塞积群应力场的强弱与塞积的位错数目 n 有关, n 越大,应力场就越强。但 n 的大小又是和晶界附近位错塞积群到晶内位错源的距离相关的,晶粒越大,这个距离也越大,位错源开动的时间就越长,n 也就越大。由此可见,粗晶粒金属的变形由一个晶粒转移转移到另一个晶粒会容易些,而细晶粒则需要在更大的外力作用下才能使相邻晶粒发生塑性变形。这就是为什么晶粒越细小金属屈服强度越大的原因。

　　实验研究表明,晶粒平均直径 d 与屈服强度的关系可表示为

$$\sigma_s = \sigma_0 + k_y d^{-\frac{1}{2}} \tag{9-3}$$

式中,σ_0 和 k_y 皆为常数,前者表征晶内的变形抗力,一般为单晶体临界切应力的 2~3 倍,后者表征晶界对变形的影响。

　　图 9-11 为实测所得低碳钢的晶粒大小与屈服强度的关系曲线。

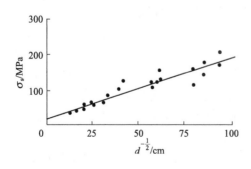

图 9-11　低碳钢的晶粒大小与屈服强度的关系

　　晶粒越细小,金属的塑性也越好。因为在一定的体积内,细晶粒金属的晶粒数目比粗晶粒金属的多,因而塑性变形时位向有利的晶粒也较多,变形能较均匀地分散到各个晶粒上。又从每个晶粒的应变分布来看,细晶粒晶界的影响区域相对加大,使得晶粒心部的应变与晶界处的应变的差异减小。由于细晶粒金属的变形不均匀性较小,由此引起的应力集中必然也较小,内应力分布较均匀,

因而金属断裂前可承受的塑性变形量就更大。

上述关于晶粒大小对金属塑性的影响得到了试验的证实。图 9-12 给出几种钢的平均晶粒直径和断面收缩率的关系曲线。

晶粒细化对提高塑性成形件的表面质量也是有利的。例如，粗晶粒金属板材冲压成型时，冲压件表面会呈现凹凸不平，即所谓"橘皮"现象，而细晶粒板材则不易看到；又如粗晶粒金属的冷挤压件表面粗糙，甚至出现伤痕和微裂纹等。

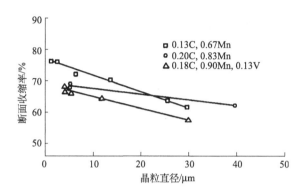

图 9-12　晶粒大小与断面收缩率的关系

五、金属热塑性变形机理及特点

金属塑性成形中，在再结晶温度以上进行的塑性变形，称为热塑性变形或热塑性加工。实际生产中的热塑性加工，为了保证再结晶过程的顺利完成以及操作上的需要等，其变形温度通常远比再结晶温度高，材料成形中广泛采用的热锻、热轧和热挤压等都属于这一类加工。

在热塑性变形过程中回复、再结晶与加工硬化同时发生，加工硬化不断被回复或再结晶抵消，而使得金属处于高塑性、低变形抗力的软化状态。

1. 热塑性变形的软化过程

热塑性变形时的软化过程比较复杂，它与变形温度，应变速率，变形程度以及金属本身的性质等因素密切相关。按其性质可分为几种：动态回复、动态再结晶、静态回复、静态再结晶、亚动态再结晶等。动态回复和动态再结晶是在热塑性变形过程中发生的；而静态回复、静态再结晶和亚动态再结晶则是在热变形的间歇期或变形后利用金属的高温余热进行的。

图 9-13 给出热轧和热挤压时，动、静态回复和再结晶示意图。

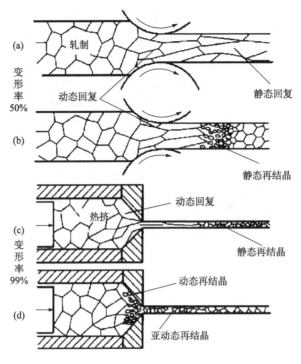

图 9-13　动静态回复和再结晶示意图

1）静态回复和静态再结晶

金属和合金经冷塑性变形后，其组织、结构和性能都发生了相当复杂的变化。若从热力学的角度来看，变形引起了金属内能的增加，而处于不稳定的高自由能状态，具有向变形前低自由能状态自发恢复的趋势。这时只要动力学条件允许，例如加热升温，使原子具有相当的扩散能力，则变形后的金属就会自发地向着自由能降低的方向转变。进行这种转变的过程称为回复和再结晶，前者是指在较低温度下或在较早阶段发生的转变过程；后者则指在较高温度下或较晚阶段发生的转变过程，如图 9-14 所示。

a. 静态回复

由图 9-14 可以看出，在回复阶段，总的来说金属的物理性能和微细结构发生变化，强度、硬度有所降低，塑性、韧性有所提高；但显微组织没有什么变化，这是由于在回复温度内，原子只在微晶内进行短程扩散，使点缺陷和位错发生运动，从而改变了它们的数量和分布状态。

在整个回复阶段，点缺陷减少，位错密度有所下降，位错分布形态经过重新调整和组合而处于低能态，位错会变薄，网络更清晰，亚晶增大，但晶粒形状没有发生变化。所有这些，使整个金属的晶格畸变程度大为减小，其性能也发生相应的变化。

去应力退火是回复在金属加工中的应用之一。它既可以基本保持金属的加工硬化性能，又可以消除残余应力，从而避免工件的畸变或开裂，改善耐蚀性。例如，经过冷冲挤加工制成的黄铜弹壳，由于内部有残余应力，再加上外界环境对晶界的腐蚀，在放置

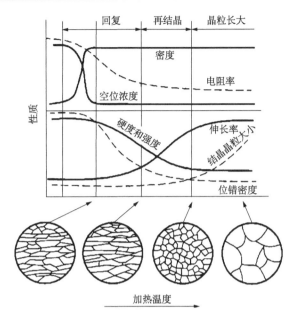

图 9-14　冷变形金属加热时组织和性能的变化

一段时间后会自动发生晶间开裂（又称腐蚀开裂）。通过对冷加工后的黄铜弹壳进行 260℃ 左右温度的去应力退火，就不会再发生应力腐蚀开裂。

b. 静态再结晶

冷变形金属加热到更高温度后，在原来变形的金属中形成新的无畸变的等轴晶，直至完全取代金属的冷变形组织，这个过程称为金属的再结晶。再结晶是一个显微组织彻底重新改变的过程，因而在性能方面也发生了根本性的变化，表现为金属的强度、硬度显著下降，塑性大为提高，加工硬化和内应力完全消除，物理性能也得到恢复，金属大体上恢复到冷变形前的状态。但是，再结晶并不只是一个简单地恢复到变形前组织的过程，通过控制变形和再结晶条件，可以调整再结晶晶粒的大小和再结晶的体积分数，以达到改善和控制金属组织、性能的目的。

金属的再结晶是通过形核和长大来完成的，再结晶的形核机理比较复杂，不同的金属有不同的变形条件，不同的形核方式。

再结晶过程完成之后，金属正处于较低的能量状态，但从界面能的角度来看，细小的晶粒合并成粗大的晶粒，会使总晶界面积减小，晶面能降低，组织越趋稳定。因此当再结晶过程完成之后，若继续升高温度或延长加热时间，则晶粒还会继续长大，此即为晶粒长大阶段。加热温度越高或加热时间越长，晶粒的长大就越显著。

2）动态回复和动态再结晶

a. 动态回复

动态回复是在热塑性变形过程中发生的回复，在它未被人们认识之前，人们一直错误地认为再结晶是热变形过程中唯一的软化机制。而事实上，金属即使在远高于静态再结晶温度下塑性加工时，一般也只发生动态回复，且对于有些金属即使其变形程度很大，也不发生动态再结晶。因此可以说，动态回复在热塑性变形的软化过程中占有很重要的地位。研究表明，动态回复主要是通过位错的攀移、滑移等来实现的。

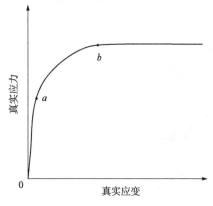

图 9-15　动态回复的真实应力-应变曲线

金属在热变形时，若只发生动态回复的软化过程，其真实应力-应变曲线如图 9-15 所示。此曲线可大致分成三个阶段：第一阶段为微变形阶段，此时应变速率从零增加到试验所要求的恒定应变速率，其真实应力-应变曲线呈直线。当达到屈服点后（见图 9-15 中的 a 点），变形进入第二阶段，真实应力因加工硬化而增加，但加工硬化速率逐渐降低。最后进入第三阶段（从图 9-15 中的 b 点起），为稳定变形阶段，此时加工硬化被动态回复所引起的软化过程所消除，即由变形所引起的位错增加的速率和动态回复所引起的位错消失的速率几乎相等，达到了动态平衡，因此这段曲线接近于水平线。

对于给定的金属，当变形温度和应变速率不同时，上述示意曲线的形状走向也会有所不同。随着变形温度的升高或应变速率的降低，曲线的应力值减小，第二段曲线的斜率和对应于 b 点的应变值也都减小，即越早进入稳定变形阶段。

对于层错能较低的金属的热变形，实验表明，如果变形程度较小时，通常也只发生动态回复。

总之，金属在热塑性变形时，动态再结晶是很难发生的。当高温变形金属发生动态回复时，其组织仍为亚晶组织，金属中的位错密度还相当高。若变形后立即进行热处理，则能获得变形强化和热处理强化的双重效果，使工件具有较之变形和热处理分开单独进行时更为良好的综合力学性能。这种把热变形和热处理结合起来的方法，称为高温形变热处理。

b. 动态再结晶

动态再结晶是在热塑性变形过程中发生的再结晶。动态再结晶和静态再结晶基本一样，也是通过形核和长大来完成，其机理也如前述，是大角度晶界（或亚晶界）向高位错密度区域的迁移。

动态再结晶容易发生在层错能较低的金属，且当热加工变形量很大时。

动态再结晶的能力除了与金属的层错能高低有关外，还与晶界迁移的难易有关。金属越纯，发生动态再结晶的能力越强。当溶质原子固溶于金属基体时，会严重阻碍晶界的迁移，从而减缓动态再结晶的速率。弥散的第二相粒子能阻碍晶界的移动，所以会遏制动态再结晶的进行。

在动态再结晶过程中，由于塑性变形还在进行，生长中的再结晶晶粒随即发生变形，而静态再结晶的晶粒却是无应变的。因此，动态再结晶晶粒与同等大小的静态再结晶晶粒相比具有更高的强度和硬度。

动态再结晶后的晶粒度与变形温度、应变速率和变形程度等因素有关。降低变形温度、提高应变速率和变形程度，会使动态再结晶后的晶粒变小，而细小的晶粒组织具有更高的变形抗力。因此，通过控制热加工变形时的温度、速度和变形量，就可以调整成形件的晶粒组织和力学性能。

3）热变形后的软化过程

在热变形的间歇时间或者热变形完成之后，由于金属仍处于高温状态，一般会发生三种软化过程：静态回复、静态再结晶和亚动态再结晶。

已经知道，金属热变形时除少数发生动态再结晶情况外，会形成亚晶组织，使内能提高，处于热力学不稳定状态。因此在变形停止后，若热变形程度不大，将会发生静态回复；若热变形程度较大，则热变形后金属仍保持在再结晶温度以上时将发生静态再结晶。静态再结晶进行得比较缓慢，需要有一定的孕育期才能完成，在孕育期内发生静态回复。静态再结晶完成后，重新形成无畸变的等轴晶粒。这里所说的静态回复、静态再结晶，其机理均与金属冷变形后加热时所发生的回复和再结晶一样。

对于层错能较低在热变形时发生动态再结晶的金属，热变形后则迅速发生亚动态再结晶。所谓亚动态再结晶，是指热变形过程中已经形成但尚未长大的动态再结晶晶核，以及长大到中途的再结晶晶粒被遗留下来，当变形停止后而温度又足够高时，这些晶核和晶粒会继续长大，此软化过程即称为亚动态再结晶。由于这类再结晶不需要形核时间，没有孕育期，所以热变形后进行得很迅速。由此可见，在工业生产条件下要把动态再结晶组织保留下来是很困难的。

上述三种软化过程均与热变形时的变形温度、应变速率和变形程度，以及材料的成分和层错能的高低等因素有关。但不管怎样变形后的冷却速度，也即变形后金属所具备的温度条件都是非常重要的，它会部分甚至全部地抑制静态软化过程，借助这一点就有可能来控制产品的性能。

2. 热塑性变形机理

金属热塑性变形机理主要表现在：晶内滑移、晶内孪生、晶界滑移和扩散蠕变等。一般地说，晶内滑移是最主要和常见的，孪生多在高温高速变形时发生，但对于六方晶系金属，这种机理也起重要作用；晶界滑移和扩散蠕变只在高温变形时才发挥作用。随着变形条件（如变形温度、应变速率、三向压应力状态等）的改变，这些机理在塑性变形中所占的分量和所起的作用也会发生变化。

1）晶内滑移

在通常条件下（一般晶粒大于 10μm 时）热变形的主要机理仍然是晶内滑移。这是由于高温时原子间距加大，原子的热振动及扩散速度增加，位错的滑移、攀移、交滑移及位错节点脱锚比低温时来得容易。滑移系增多，滑移的灵便性提高，改善了各晶粒之间变形的协调性，晶界对位错运动的阻碍作用减弱，且位错有可能进入晶界。

2）晶界滑移

热塑性变形时，由于晶界强度低于晶内，使得晶界滑动易于进行；又由于扩散作用的增强，及时消除了晶界滑动所引起的破坏。因此，与冷变形相比，晶界滑动的变形量要大得多。此外，降低应变速率和减小晶粒尺寸，有利于增大晶界滑动量，三向压应力的作用会通过"塑性黏焊"机理及时修复高温晶界滑动所产生的裂纹，故能产生较大的晶间变形。

尽管如此，在常规的热变形条件下，晶界滑动相对于晶内滑移变形量还是小的。只有在微细晶粒的超塑性变形条件下，晶界滑动机理才起主要作用，并且晶界滑动是在扩散蠕变调节下进行的。

3）扩散性蠕变

扩散性蠕变是在应力场作用下，由空位的定向移动所引起的。在应力场作用下，受拉应力的晶界（特别是与拉应力垂直的晶界）的空位浓度高于其他部位的晶界。由于各部位空位的化学势能差，引起空位的定向移动，即空位从垂直于拉应力的晶界放出，而被平行于拉应力的晶界所吸收。

图 9-16（a）中虚箭头方向表示空位移动的方向，实箭头方向表示原子的移动方向。空位移动的实质就是原子的定向转移，从而发生了物质的迁移，引起晶粒形状的改变，产生了塑性变形。

按扩散途径的不同，可分为晶内扩散和晶界扩散。晶内扩散引起晶粒在拉应力方向上的伸长变形[见图 9-16（b）]，或在受压方向上的缩短变形；而晶界扩散引起晶粒的"转动"，如图 9-16（c）所示。扩散性蠕变既直接为塑性变形作贡献，也对晶界滑移起调节作用。

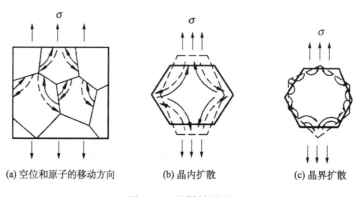

(a) 空位和原子的移动方向　　　　(b) 晶内扩散　　　　(c) 晶界扩散

图 9-16　扩散性蠕变

扩散性蠕变即使在低应力诱导下，也会随时间的延续而不断地发生，只不过进行的速度很缓慢。温度越高、晶粒越细和应变速率越低，扩散蠕变所起的作用就越大。这是因为温度越高，原子的动能和扩散能力就越大；晶粒越细，则意味着有越多的晶界和原子扩散的路程越短；而应变速率越低，表明有更充足的时间进行扩散。在回复温度以下的塑性变形，这种变形机理所起的作用不明显，只在很低的应变速率下才有考虑的必要；而在高温下的塑性变形，特别是在超塑性变形和等温锻造中，这种扩散性蠕变则起着非常重要的作用。

第二节　锻　　造

一、自由锻

上、下砧铁之间的金属，在冲击力或压力作用下产生塑性变形而获得所需形状、尺寸以及内部质量的锻件，这种塑性加工方法叫自由锻。自由锻时，除与上、下砧铁接触的部分受到约束外，金属坯料朝其他各个方向均能变形流动，不受外部的限制，处于"自由"状态，难以实现精确控制。

自由锻造所用的工具简单，加工方法通用性强，生产准备周期短，因而应用较为广泛。自由锻分为手工锻造和机器锻造两种。手工锻造只能生产小型锻件，生产率也较低。机器锻造是自由锻造的主要方法，可锻造质量达到几百吨的大型锻件，这使得自由锻在重型机械制造中具有特别重要的作用。例如，水轮机主轴、多拐曲轴、大型连杆、重要的齿轮零件，在工作时都承受很大的载荷，常采用自由锻造方法生产毛坯，使其具有很高的力学性能，满足使用要求。

自由锻只能使工件产生简单的变形，锻件的形状与尺寸主要靠人工操作来控制，锻件的精度较低，加工余量大，劳动强度高，生产效率低，适合于单件或小批量生产以及大型锻件的加工。

1. 自由锻基本工序

基本工序是锻件成形过程中必需的变形工序，金属坯料通过基本工序的加工，产生塑性变形，进而获得所需形状、尺寸和性能的构件。基本工序主要包括镦粗、拔长、弯曲、冲孔、切割、扭转等。实际生产中最常用的是镦粗、拔长和冲孔三个工序。

1）镦粗

镦粗是使工件长度减小、横截面面积增大的加工工序。沿工件轴向进行锻打，常用来锻造齿轮坯、凸缘、圆盘等零件，也可以用来作为锻造环、套筒等空心锻件冲孔前的预备工序。

镦粗可以分为全镦粗和局部镦粗两种形式，如图 9-17 所示。坯料镦粗的部位必须均匀加热，以防出现变形不均匀。

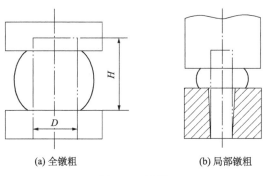

(a) 全镦粗　　　　　　　　(b) 局部镦粗

图 9-17　镦粗

2）拔长

使工件截面面积减小、长度增加的加工工序。沿着垂直工件的轴向进行锻打，如图9-18所示。常用于锻造轴类和杆类等零件。

拔长时工件要放平，锻打过程中工件不断绕轴线翻转和送进。对于圆形坯料，一般先锻打成方形再进行拔长，最后锻成所需形状，或使用 V 形砧铁进行拔长，如图 9-19所示。

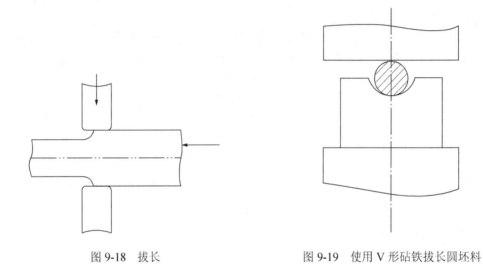

图 9-18　拔长　　　　　　　　图 9-19　使用 V 形砧铁拔长圆坯料

3）冲孔

利用冲头在工件上冲出通孔或盲孔的操作过程，常用于锻造齿轮、套筒和圆环等空心锻件，但对于直径小于 25mm 的孔一般不采用锻造，而是采用钻削的方法进行加工。

冲通孔时，若坯料较薄，可用冲头一次冲出；若坯料较厚，可先在坯料的一边冲到深孔的 2/3 深度，拔出冲头，翻转工件，从反面冲通，如图 9-20所示。

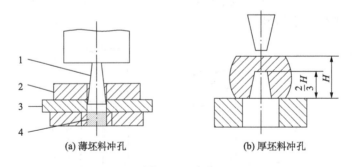

(a) 薄坯料冲孔　　　　　　　　(b) 厚坯料冲孔

图 9-20　冲孔

1—冲头；　2—坯料；　3—垫环；　4—芯料

实心冲头双面冲孔时，圆柱形坯料会产生畸变。坯料直径 D_0 越小，孔径 d_1 越大，畸变越严重；冲孔高度过大，易将冲孔偏离 H_0，一般而言， D_0/d_1 应大于 2.5，坯料高度 H_0 应小于坯料直径 D_0。

为使基本工序操作方便，自由锻造常常设置有辅助工序，以对毛坯进行预变形。例如，为方便挟持工件而进行的压钳口，局部拔长时先进行的切肩等。基本工序完成后，为了提高锻件的形状和尺寸精度，减小锻件表面缺陷，常常设置后续的修整工序，如校正、滚圆、平整等。修整工序的变形量一般很小，而且为了不影响锻件的内部质量，一般多在终锻温度或接近终锻温度下进行。

2. 自由锻工艺规程的制定

自由锻工艺规程的制定主要内容包括绘制锻件图、确定锻造工序、计算坯料的质量与尺寸、选择锻造设备、确定锻造温度范围和填写工艺卡片等。

1）绘制锻件图

锻件图是以零件图为基础，考虑加工余量、锻造公差和余块而绘成的图形，它是工艺规程的核心内容，是确定变形工序、选择坯料、设计工具和检验锻件的依据。绘制时需要考虑以下几个因素：

（1）余量。又称加工余量，指锻件中供机械加工用的金属层。自由锻件的尺寸精度较低，表面质量也较差，需经后续的切削加工制成成品，因此，应在零件的加工表面上添加一定厚度的金属，如图 9-21 所示。锻件余量的大小与零件的材质、形状、尺寸、批量大小、生产实际条件等因素有关，零件越大，形状越复杂，添加的余量越大。

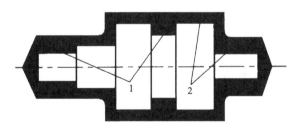

图 9-21 锻件余量及敷料

1—敷料； 2—锻件余量

（2）敷料。又称余块，是指为了便于锻造、简化锻件形状而添加的金属。某些零件上的精细结构，如键槽、齿槽、退刀槽以及小孔、盲孔台阶等，难以用自由锻方法锻出，必须暂时添加一部分金属，以简化锻件的形状，如图 9-21 所示的 6 段台阶零件，经过增加敷料，成为 3 段台阶轴的锻件，使锻造工艺大大简化。

（3）锻件公差。锻件公差是锻件名义尺寸的允许变动量，其值的大小与锻件形状、尺寸有关，并受生产的具体影响。自由锻件余量和锻件公差的具体大小，可查有关手册。钢轴自由锻件的余量和锻件公差，见表 9-2。

表 9-2　钢轴自由锻件余量和锻件公差　　　　　　　　　　单位：mm

零件长度	零件直径					
	<50	50~80	80~120	120~160	160~200	200~250
	锻件余量和锻件公差					
<315	5±2	6±2	7±2	8±3	—	—
315~630	6±2	7±2	8±3	9±3	10±3	11±4
630~1000	7±2	8±3	9±3	10±3	11±4	12±4
1000~1600	8±2	9±3	10±3	11±3	12±4	13±4

除了确定锻件的余块、余量及公差外，还必须根据需要确定锻件的连接圆角、斜度等。锻件图根据零件图及上述内容绘制，其画法如图 9-22 所示。以粗实线表示锻件的形状，以双点画线表示零件的外形轮廓；锻件的尺寸与公差标注在尺寸线的上方，零件的尺寸标注在尺寸线下方的括号内。

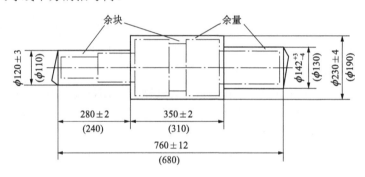

图 9-22　典型锻件图

2）选择锻造工序

自由锻造工序的选择应根据工序的特点和锻件形状来确定。一般而言，盘类零件多采用镦粗（或拔长—镦粗）和冲孔等工序；轴类零件多采用拔长、切肩和锻台阶等工序。一般锻件的分类及采用的工序见表 9-3。

工序的选择，还与整个锻造工艺过程中的火次（即坯料加热次数）和变形程度有关，所需火次与每一次火次中坯料成形所经历的工序都应明确，用工艺卡片表达。

3）计算坯料质量与尺寸

锻造用坯料有两类，一类是钢材或钢坯，用于中小型锻件；另一类是钢锭，用于大中型锻件。

a. 确定坯料质量

自由锻所用坯料的质量为锻件的质量与锻造时各种金属消耗的质量之和，即

$$G_{坯料} = G_{锻件} + G_{烧损} + G_{料头} \tag{9-4}$$

式中：$G_{坯料}$——坯料质量，单位：kg；

　　　　$G_{锻件}$——锻件质量，单位：kg；

　　　　$G_{烧损}$——加热时坯料因表面氧化而烧损的质量，单位：kg；第一次加热取被加热金属质量分数的 2%~3%，以后各次加热取 1.5%~2.0%；

　　　　$G_{料头}$——锻造过程中被冲掉或切掉的那一部分金属的质量，单位：kg；如冲孔时坯料中部的芯料，修切端部产生的料头等。

对于大型锻件，当采用钢锭做坯料进行锻造时，还要考虑切掉的钢锭头部和尾部的质量。

表 9-3　自由锻锻件分类及所需锻造工序

序号	类别	图例	工步方案	实例
1	饼块类		镦粗或局部镦粗	圆盘、齿轮、叶轮、模块、轴头等
2	轴杆类		1. 拔长 2. 镦粗—拔长 3. 局部镦粗—拔长	传动轴、齿轮轴、立柱、连杆、摇杆等
3	空心类		1. 镦粗—冲孔 2. 镦粗—冲孔—冲子扩孔 3. 镦粗—冲孔—芯轴上的扩孔	圆环、齿轮、法兰、圆筒、空心轴等
4	弯曲类		轴杆类工序—弯曲	吊钩、弯杆、轴瓦等
5	曲轴类		1. 拔长—错移（单拐曲轴） 2. 拔长—错移—扭转（多拐曲轴）	各种曲轴、偏心轴等
6	复杂形状类		前几类锻件的工步组合	阀杆、叉杆、十字轴等

b. 确定坯料尺寸

确定坯料尺寸时，首先根据坯料的密度和坯料质量计算出坯料的体积，然后再根据体积不变规律，考虑锻造比、高径比、钢材的规格系列等因素，确定坯料的横截面面积、直径或边长、长度等具体尺寸。

锻造比是衡量锻造变形程度的工艺参数，镦粗的锻造比为变形后与变形前的截面面积之比，拔长的锻造比为变形后与变形前的长度之比。

$$Y_{镦粗} = A_1 / A_0 = H_0 / H_1 \tag{9-5}$$

$$Y_{拔长} = L_1 / L_0 = A_0 / A_1 \tag{9-6}$$

式中：A_0、L_0、H_0——变形前坯料的截面面积、长度和高度；

A_1、L_1、H_1——变形后锻件的截面面积、长度和高度。

反复镦粗、拔长，当每次的锻造比≥2时，总锻造比为分锻之和。

锻造比越大，塑性变形进行的越充分，原始铸造组织内的疏松、气泡等被压合，组织致密，晶粒细化，各项力学性能指标均随锻造比的增大而有显著提高，图9-23表示出了中碳钢钢锭拔长时力学性能与锻造比的关系。典型锻件要求的锻造比见表9-4。值得注意的是，当锻造比超过一定数值时，由于形成纤维组织，其垂直方向的塑性、韧性急剧下降，导致锻件出现各向异性。另外，用钢材锻制锻件，由于钢材经过了大变形的锻或轧，其组织与性能均已得到改善，一般可考虑锻造比。

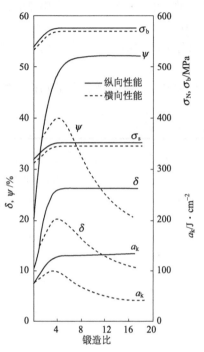

图 9-23　中碳钢钢锭拔长时力学性能与锻造比的关系

表 9-4　典型锻件的锻造比

锻件名称	计算部位	锻造比	锻件名称	计算部位	锻造比
碳素钢轴类锻件	最大截面	2.0~2.5	锤头	最大截面	≥2.5
合金钢轴类锻件	最大截面	2.5~3.0	水轮机主轴	轴身	≥2.5
热轧辊	辊身	2.5~3.0	水轮机立柱	最大截面	≥3.0
冷轧辊	辊身	3.5~5.0	模块	最大截面	≥3.0
齿轮轴	最大截面	2.5~3.0	航空用大型锻件	最大截面	6.0~8.0

4）选择锻造设备

自由锻设备主要分为锻锤和液压机两大类。

锻锤是利用锤头对金属坯料产生冲击力使其变形的，以下落部分的质量来表示其吨位，生产中常使用的锻锤是空气锤和蒸汽-空气锤。空气锤利用电动机带动活塞产生压缩空气，使锤头上下往复运动进行锤击。它的特点是结构简单，操作方便，维护容易，但吨位较小，只能用来锻造 100 kg 以下的小型锻件。蒸汽-空气锤采用蒸汽和压缩空气作为动力，其吨位稍大，可用来生产质量小于 1500 kg 的锻件。锻锤对坯料施加的冲击力，除了下落部分的自由落体外，还可以对锻锤施加向下的推力，以增大冲击力。锻锤可以通过调整推力的大小、控制落下行程及运行周期，实现轻、重、缓、急等不同的打击，以满足不同工序的需要。

液压机是一种利用液体（油或水）压力来传递能量的锻压设备，对金属坯料产生静压力使其变形，用它所能产生的最大压力来表示其规格。生产中使用的液压机主要是水压机，其吨位较大，目前大型水压机可达数万吨，能锻造大型锻件，大型先进液压机的技术水平，常标志着一个国家工业技术水平发达的程度。液压机静压力作用时间长，容易达到较大的锻透深度，故液压机锻造可获得整个断面为细晶粒组织的锻件，且工作平稳，金属变形过程中无振动，噪声小，劳动条件较好。

选定自由锻设备的依据是锻件的材料、尺寸和质量。设备吨位太小，锻件内部难以锻透，质量不好，生产率也低；吨位太大，会造成设备和动力的浪费，且操作不便，安全性差。对于大型锻件，宜选用锻造行程较大、下砧可前后移动的水压机。

5）确定锻造温度范围

自由锻坯料加热的目的是为了提高其塑性，减小变形抗力。锻造温度范围是指开始锻造温度（始锻温度）和结束锻造温度（终锻温度）之间的温度区间。确定的原则是能够获得所需的组织和性能、减少锻造加热次数（火次）；确定的方法主要是根据相图，并在生产实践中验证和修改。

锻造范围应尽量选宽一些，以减少锻造火次，提高生产率。始锻温度高，可采用更大的变形量，但加热温度过高，不但氧化、脱碳严重，还会引起过热、过烧以及高温相的析出，过热会使坯料晶粒粗大，塑性降低，并影响锻件内部质量；过烧则使坯料报废。碳钢的最高始锻温度一般比铁-碳相图的固相线低 150~200℃。始锻温度又不能过低，否则一次加热难以完成所需工序，易引起加热火次的增加，浪费能源，降低生产效率。

终锻温度一般高于金属的再结晶温度 50~100℃，以保证锻后再结晶完全，锻件内部得到细晶粒组织。终锻温度过高，停锻之后锻件内部晶粒会继续长大，出现粗晶组织，降低锻件力学性能。若终锻温度低于再结晶温度，锻件内部会出现加工硬化，使塑性降低，变形抗力急剧增加，易产生锻造裂纹。此外，锻件终锻温度还与变形程度有关，变形程度较小时，终锻温度可稍低于规定温度。部分金属材料的锻造温度范围见表9-5。

表 9-5　部分金属材料的锻造温度范围

材料类型	锻造温度/℃		保温时间/ (min/mm)
	始锻	终锻	
10、15、20、25、30、35、40、45、50 号钢	1200	800	0.25~0.7
15CrA、16Cr2MnTiA、38CrA、20MnA、20CrMnTiA	1200	800	0.3~0.8
12CrNi3A、12CrNi4A、38CrMoAlA、25CrMnNiTiA、30CrMnSiA、50CrVA、18Cr2Ni4WA、20CrNi3A	1180	850	0.3~0.8
40CrMnA	1150	800	0.3~0.8
铜合金	800~900	650~700	—
铝合金	450~500	350~380	—

6）填写工艺卡片

自由锻工艺规程制定的结果，常用工艺卡片的形式表达。表 9-6 和表 9-7 为阶梯轴的自由锻造工艺卡片。

表 9-6　阶梯轴的自由锻造工艺卡片 1

锻件名称	阶梯轴	每批锻件数	1	
钢号	45	锻造温度范围	1200~800℃	
锻件质量	790kg	锻造设备	5t 蒸汽锤	
坯料质量	83kg	冷却方法	空冷	
坯料尺寸	φ320mm×1040mm	生产数量	5	

锻件图

表 9-7　阶梯轴的自由锻造工艺卡片 2

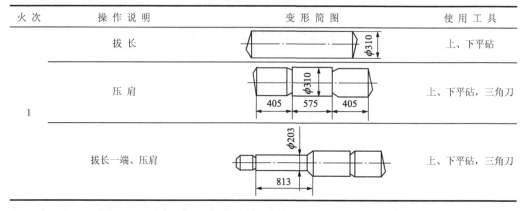

火次	操作说明	变形简图	使用工具
1	拔长	φ310	上、下平砧
	压肩	φ310　405　575　405	上、下平砧，三角刀
	拔长一端、压肩	φ203　813	上、下平砧，三角刀

续表

火次	操作说明	变形简图	使用工具
2	拔长另一端、切头	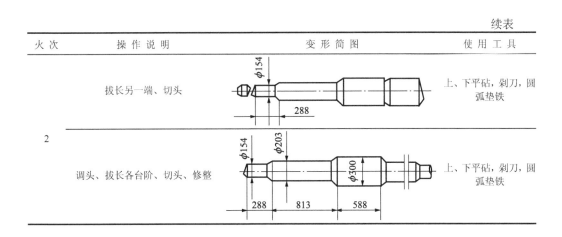	上、下平砧，剁刀，圆弧垫铁
	调头、拔长各台阶、切头、修整		上、下平砧，剁刀，圆弧垫铁

二、模锻

模锻是在自由锻基础上发展起来的一种锻造方法，适合大批量锻件锻制。在模锻设备上，使金属坯料在模锻的模膛内受到压力或冲击力，产生塑性变形，获得所需形状、尺寸以及内部质量的锻件。在变形过程中，由于模膛对金属坯料流动的约束，获得的模锻件与模膛形状相符。模锻件良好的力学性能使其越来越广泛应用于机械制造和国防工业中，例如汽车、飞机、坦克等。

与自由锻相比，模锻工艺具有如下优点：

（1）生产效率较高。模锻时，金属的变形在模膛内进行，故能较快获得所需形状。

（2）能锻造形状复杂的锻件，并可使金属流线分布更为合理，从而进一步提高零件的使用寿命。

（3）模锻件的尺寸比较精确，表面质量较好，加工余量小。

（4）模锻生产可以比自由锻生产节省金属材料，减少切削加工工作量；在批量足够的条件下，能够降低零件成本。

（5）模锻操作简单，劳动强度低。

但模锻生产受模锻设备吨位、模具尺寸和强度的限制，模锻件的质量一般在150kg以下，大型锻件的锻造较困难；模锻设备投资较大，模具费用较昂贵，适合于小型锻件的大批量生产，不适合单件小批量生产及中、大型锻件的生产；模锻生产工艺灵活性差，生产准备周期较长。

模锻按所使用的设备不同，主要分为锤上模锻和压力机上模锻，本节主要介绍锤上模锻的工艺特点、主要变形工步及其模膛等相关内容。

1. 锤上模锻的工艺特点

锤上模锻是上、下模块分别紧固在模锻锤的锤头与砧座上，将加热好的金属坯料放入下模模膛中，借助锤头和上模向下的冲击作用，迫使金属在模膛中塑性流动，并填充模膛，从而获得与模膛形状一致的锻件。

锤上模锻在模锻生产中占据着重要地位，其工艺特点有以下几点：

（1）模腔中的金属在一定速度下经过多次、连续锤击，逐步成形。

（2）锤头的行程、打击速度均可调节，能实现轻、重、缓、急等不同的打击，适应不同的变形工步要求。

（3）锤头运动速度快，金属流动有惯性，在上模模腔中具有良好的充填能力。

（4）锤上模锻的适用性广，可生产多种类型的锻件；可以单件模锻，也可以多件模锻。

由于锤上模锻打击速度较快，对于变形速度较敏感的塑性材料，不宜采用锤上模锻。

2. 锤上模锻的变形工步

锤上模锻的变形工步分为制坯工步和模锻工步，以及后续的切边与冲连皮工步。制坯工步实现坯料的初步成形，主要包括镦粗、拔长、滚挤等；模锻工步完成锻件的最终成形，主要包括预锻和终锻。锤上模锻的变形工步及相应的模腔见表 9-8。

表 9-8　锤上模锻的变形工步及其模腔

工步名称		简　图	特　点	作用和用途
制坯工步	镦粗		模腔在锻模的边角上，面积略大于坯料变形后的尺寸，都是开式模腔	减小坯料高度，增大横截面面积，兼有去除氧化皮作用，用于短轴类锻件
	压肩			减小坯料厚度，增大宽度，兼有去除氧化皮作用，用于短轴类锻件
	拔长		操作时边轻击边将坯料送进	减小坯料横截面积，增大长度，兼有去除氧化皮作用，用于长轴类锻件
	滚挤		操作时边轻击边将坯料旋转，不作轴向送进	使坯料沿轴线方向的分布更接近锻件，同时长度略有增加
	弯曲		模腔的纵截面形状与终锻时坯料的水平投影相一致，弯曲或成形后坯料翻转 90°后放入下一个模腔	改变坯料轴线形状，使之更接近锻件的空间形状，用于具有弯曲轴线的锻件
	成形			作用同弯曲工步，并有一定的聚料作用，用于形状复杂和具有弯曲轴线的锻件

续表

工步名称		简　图	特　点	作用和用途
模锻工步	预锻	预锻模膛　终锻模膛 A—A　B—B	比终锻模膛高度大，宽度小，容积大，过渡圆角大，不带飞边槽	减少终锻时的变形量，提高锻件精度，减小终锻模膛的磨损，延长模具寿命，用于形状复杂的锻件
	终锻		模膛尺寸与热锻件图相一致，位于锻模中央部位，周围有飞边槽	用于锻件的最终成形
切断工步	切断	切断模膛 锻件　坯料	模膛位于锻模的边角上，有刃口	将锻好的锻件从坯料上切下

　　图 9-24 为弯曲连杆的模锻过程，其中的拔长、滚挤和弯曲属制坯工步，预锻和终锻属模锻工步，这些工步在同一副锻模的不同模膛中完成，而切去飞边（又称毛边）则在单独的切边模上进行。

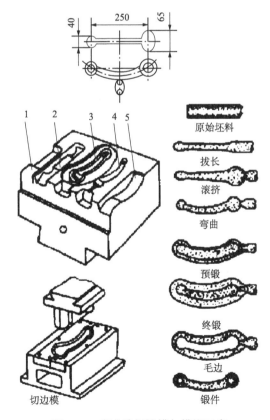

图 9-24　弯曲连杆锻模与模锻工序

1—拔长模膛；2—滚挤模膛；3—终锻模膛；4—预锻模膛；5—弯曲模膛

3. 锤上模锻的锻模结构

如图 9-25 所示，锤上模锻用的锻模由上模 2 和下模 4 两部分组成；上、下模均带有一定形状的凹腔，合在一起形成完整的模膛；上、下模均带有燕尾，通过燕尾和楔铁，分别固定在锤头和模垫（砧座）上。

1）制坯模膛

对于形状复杂的模锻件，为了使坯料基本接近模锻件的形状，以便模锻时金属能合理分布，并很好地充满模膛，必须预先在制坯模膛内制坯。制坯模膛有以下几种：

（1）拔长模膛。用来减小坯料某部分的横截面面积，以增加其长度，兼有清除氧化皮的用途。拔长模膛分为开式和闭式两种，开式拔长模膛边缘敞开，横截面呈矩形；闭式拔长模膛边缘封闭，横截面呈椭圆形，如图 9-26 所示。拔长模膛一般多设在锻模的侧边位置，操作时边送进边翻转。

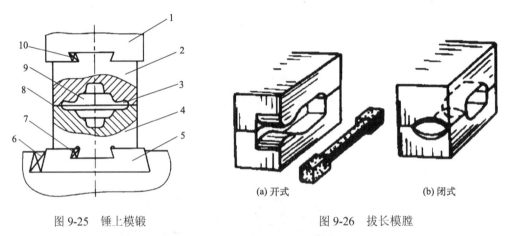

图 9-25　锤上模锻　　　　　　　　　图 9-26　拔长模膛

(a) 开式　　(b) 闭式

1—锤头；2—上模；3—飞边槽；4—下模；5—模垫；
6、7、10—坚固楔铁；8—分模面；9—模膛

（2）滚挤模膛。用它来减小坯料某部分的横截面面积，以增大另一部分的横截面面积，使金属坯料的体积能够按模锻件的形状分布，兼有少量的拔长作用。滚挤模膛也分开式和闭式两种，如图 9-27 所示。开式模膛边缘敞开，横截面呈矩形，用于轴线方向横截面面积相差不大的模锻件；闭式模膛边缘封闭，横截面呈椭圆形或菱形，用于最大和最小截面面积相差较大的模锻件。滚挤操作时，需不断翻转坯料。

（3）弯曲模膛。用于改变毛坯或经其他制坯工步变形后的坯料的轴线，使其接近锻件水平投影的形状，如图 9-28 所示。适用于有弯曲的杆类模锻件，变形时金属轴向流动很小，没有聚料作用，但在个别截面处可对坯料卡压。

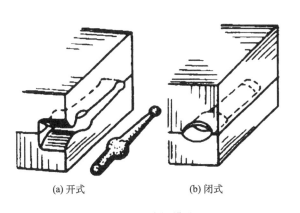

(a) 开式　　　　　　　(b) 闭式

图 9-27　滚挤模膛　　　　　　　　　　图 9-28　弯曲模膛

此外，还有卡压模膛、切断模膛及镦粗台、压边台等制坯模膛。

2）模锻模膛

模锻模膛包括预锻模膛和终锻模膛，所有模锻件都要使用终锻模膛，而预锻模膛则要根据实际情况决定是否采用。

（1）终锻模膛。终锻模膛是所有模膛中最重要的，用于金属坯料的最终成形，因此，其形状、尺寸与热锻件相同，如图 9-25 所示。模锻需要加热后进行，锻件冷却后尺寸会有所缩减，所以，模锻模膛的尺寸要在实际锻件尺寸的基础上计入收缩率，对于普通钢质锻件，此收缩率根据终锻温度取为 0.8%~1.5%。

终锻模膛的分模面周围通常设有飞边槽（毛边槽），如图 9-25 所示。飞边槽的主要作用有：增加金属从模膛中流出的阻力，促使金属充满整个模腔；容纳打靠过程中从模膛排出的多与金属；缓冲上、下模块的直接撞击，防止模膛开裂，提高锻模寿命。最常见的飞边槽形式如图 9-29 所示。飞边槽在锻后利用压力机的切边模去除。

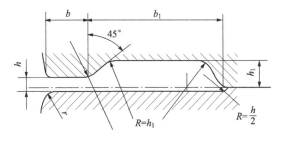

图 9-29　飞边槽的形式

（2）预锻模膛。对于形状比较复杂的锻件，终锻时常常出现折叠和充填不满等缺陷，产生这些缺陷的原因是金属变形流动的不合理，或变形阻力太大。为此，常采用预锻工步，使坯料先变形到接近锻件的外形与尺寸，合理分配坯料各部分体积，终锻时使金属易于流动而充满模膛。由于金属流动量的减少，可减小终锻模膛的磨损，延长锻模的使用寿命。预锻模腔和终锻模腔的主要区别是前者的圆角和模锻斜度较大,高度较大,一般不设飞边槽。

4. 锤上模锻工艺规程的制定

锤上模锻工艺规程的制定主要包括绘制模锻件图、计算坯料尺寸、确定模锻工步、选择锻造设备、确定锻造温度范围等。

1)绘制模锻件图

模锻件图是设计和制造模锻、计算坯料以及检验模锻件的依据。模锻件图根据零件图绘制,同时应考虑以下几个问题。

a. 确定分模面

上下锻模的分合面称为分模面。锻件分模面的位置选择是否合理,关系到锻件成形、锻件出模、材料利用率等一系列问题。分模面的选择应该按以下原则进行:

(1)要保证模锻件能从模腔中顺利取出,并使锻件形状尽可能与零件形状相同,这是确定分模面最基本的原则。一般情况下,分模面应选在具有最大水平投影尺寸的位置上。如图 9-30 所示,若选 a—a 面为分模面,则无法从模腔中取出锻件。

(2)按选定的分模面制成锻模后,应使上下模沿分模面的模腔轮廓一致,以便在安装锻模和生产中容易发现错模现象,及时调整锻模位置,保证锻件质量。如图 9-30 所示,若选 c—c 面为分模面,就不符合此原则。

(3)为使锻模结构简单,最好采用直线分模,使分模面为一个平面,并选在锻件侧面的中部,使上下模腔的深度基本一致,差别不宜过大,以便均匀冲型。

(4)选定的分模面应使零件上所加的敷料最少。如图 9-30 所示,若将 b—b 面作为分模面,零件中间的孔不能锻出,其敷料最多,既浪费金属,又增加了切削加工工作量,所以该面不宜选作分模面。

(5)最好把分模面选取在能使模腔深度最浅处,这样可使金属很容易充满模腔,便于取出锻件,并有利于锻模的制造。

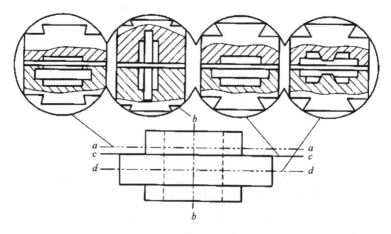

图 9-30　分模面选择比较

按上述原则综合分析，选用图 9-30 所示的 d—d 面为分模面最合理。

b. 确定加工余量和公差

模锻过程中，因为欠压、锻模磨损、上下模错移、毛坯体积变化、氧化皮脱落等因素，会使锻件的尺寸与形状产生波动，因此应该规定锻件的尺寸和形状的公差。另外，为了达到零件尺寸精度及表面粗糙度的要求，锻件往往需要后续的切削加工，因此需要加上切削加工而去除的金属层，及加工余量。

影响锻件加工余量和公差的因素主要包括锻件的复杂程度、质量和公差尺寸的大小、锻件的材质、精度等级、设备状况及锻模结构等。但模锻时金属坯料的流动受锻模的约束，模锻件尺寸较精确，公差和余量比自由锻小得多。

c. 确定模锻斜度

模锻时金属被压入模腔，锻模受到弹性压缩，外力去除后，锻模的弹性恢复对锻件产生很大的压力，将锻件卡紧在模腔内而难以取出。为了便于从模腔中取出锻件，模锻件上平行于锤击方向的表面必须具有斜度，此斜度称为模锻斜度，或出模角，是模腔侧壁与垂线的夹角。

模锻斜度设计时应遵守既保证锻件脱模方便，又节省材料和机加工工时的原则。模锻斜度过小，难以实现自然脱模；脱模斜度过大，会增加金属的损耗和切削加工量。锤上模锻的模锻斜度一般为 5°~15°，模腔深度与宽度的比值较大时，模锻斜度取较大值。此外，模锻斜度还分为外壁斜度 α 与内壁斜度 β，如图 9-31 所示。外壁斜度指锻件冷却时锻件与模壁离开的表面；内壁斜度指当锻件冷却时锻件与模壁夹紧的表面。内壁斜度值一般比外壁斜度大 2°~5°。生产中常用金属材料的模锻斜度范围见表 9-9。

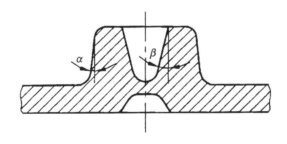

图 9-31　模锻斜度

表 9-9　各种金属锻件常用的模锻斜度

锻件材料	外壁斜度/（°）	内壁斜度/（°）
铝、镁合金	3~5	5~7
钢、钛、耐热合金	5~7	7、10、12

d. 设置冲孔连皮

对于具有通孔的锻件，由于锤上模锻时不能靠上、下的凸起部分把金属完全挤掉，因此不能锻出通孔，终锻后孔内留有金属薄层，称为冲孔连皮（如图 9-32 所示）。冲孔连皮可起到减轻锻模刚性接触的缓冲作用，避免锻模的损坏，并使金属易于充型，减小打击力。常用的连皮形式是平底连皮，锻后利用冲孔模将其去除，形成通孔。

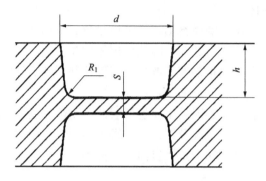

图 9-32　模锻件常用冲孔连皮

　　一般情况下，当锻件内孔直径 d 大于 30mm 时，要考虑设置冲孔连皮。连皮厚度 S 应适当，若连皮过薄，锻件容易发生锻不足和要求较大的打击力，导致模膛凸出部分加速磨损或打塌；若连皮太厚，不仅浪费金属，还会在冲除时造成锻件的变形。连皮的厚度 S 通常在 4~8mm 内。当孔径 d 小于 25mm 或冲孔深度大于冲头直径的 3 倍时，一般不设置冲孔连皮，只在冲孔处压出凹穴，用机械切削的方式形成通孔。

2）确定模锻工步

　　模锻工步确定的主要依据是锻件的形状与尺寸。模锻件形状可分长轴类与盘类两种，如图 9-33 所示。长轴类零件的长度与宽度之比较大，如台阶轴、曲轴、连杆、弯曲摇臂等；盘类零件在分模面上的投影多为圆形或近似于矩形，如齿轮、法兰盘等。

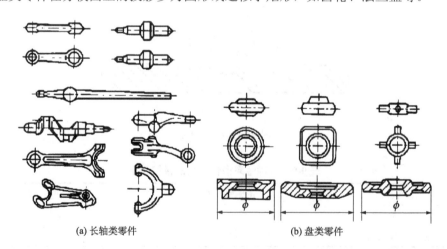

(a) 长轴类零件　　　　　　　　　　(b) 盘类零件

图 9-33　模锻零件

　　a. 长轴类模锻件所用工步

　　常用的工步有拔长、滚挤、弯曲、预锻和终锻等。终锻前，最好先将等截面的原材料沿轴向预制成近似锻件的不等截面的中间毛坯，使中间毛坯上每一横截面面积等于带毛边锻件的相应截面面积，以保证终锻时锻件各处充填饱满、毛边均匀，从而节省金属，减轻模膛磨损。拔长和滚挤时，坯料沿轴线方向流动，均能使金属体积重新分配，达到制坯的目的。

选择工步时，通常要进行毛坯计算，选取锻件具有代表性的截面，计算其截面面积，并换算成直径，再根据最大直径、最小直径、平均直径以及杆部长度，分别计算出金属流动头部的繁重系数、金属沿轴向流动的繁重系数和杆部斜率，再依据这几个参数和锻件质量，查表确定采用何种制坯工步。

坯料的横截面积大于锻件最大横截面面积时，可只选拔长工步。闭式拔长模膛横截面呈椭圆形，能限制金属的横向流动，减小横向宽展，迫使金属沿轴向流动，拔长效率较高，但模膛制造难度加大。当坯料的横截面面积小于锻件最大横截面面积时，除采用拔长工步外，还应选用滚挤工步。锻件的轴线为曲线时，还应选用弯曲工序。当大批量生产形状复杂、终锻成形困难的锻件时，还需选用预锻工序，最后在终锻模膛中模锻成形。当生产批量较大时，还可以选用锻轧的方式制坯，将锻轧模具装配在上下轧辊上，调整相互位置，形成封闭的模膛，依靠轧制的压延作用，使坯料充满模膛，获得形状较简单地锻坯。如图 9-34 所示，可省去拔长、滚挤等工步，以简化模锻，提高生产率。

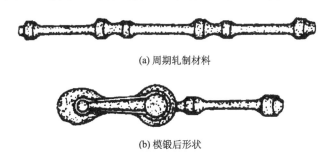

(a) 周期轧制材料

(b) 模锻后形状

图 9-34　轧制坯料模锻

b. 盘类模锻件所用工步

常选用镦粗、终锻等工步。对于形状简单的盘类零件，可只选用终锻工序成形。对于形状复杂，有深孔或由高肋的锻件，则应增加镦粗、预锻等工序。

3）计算坯料质量与尺寸

模锻件的坯料质量和尺寸的计算步骤与自由锻件类似。坯料质量包括锻件、飞边、连皮、钳口料头以及氧化皮等质量。氧化皮约占锻件和飞边总和质量的 2.5%~4%。

4）选择锻造设备

锤上模锻所用的设备有蒸汽-空气锤、无砧座锤、高速锤等。一般工厂中主要使用蒸汽-空气锤。模锻生产中所用的蒸汽-空气锤与自由锻锤基本相同，但由于模锻生产要求精度较高，模锻锤的锤头与导轨之间的间隙比自由锻锤的小，且机架直接与砧座连接，这样使锤头运动精确，保证上下模准确合模。

5）确定锻造温度范围

模锻件的生产在一定温度范围内进行，其确定方法与自由锻相似。

6）锤上模锻件的结构工艺性

设计模锻零件时，应使其结构符合下列要求：

（1）模锻零件应具有合理的分模面，以使金属易于充满模膛，模锻件易于从锻模中取出，且敷料最少，锻模容易制造。

（2）模锻零件上，除与其他零件配合的表面外，均应设计为非加工表面，非加工表面之间圆角连接，与分模面垂直的非加工表面应设计出模锻斜度。

（3）零件的外形应力求简化，尤其是薄片、高肋、高台等不良结构。一般情况，零件的最小截面与最大截面之比不要小于 0.5，否则不易于模锻成形。图 9-35（a）所示零件的凸缘太薄、太高，中间下凹太深，金属不易充型。图 9-35（b）所示零件过于扁薄，薄壁部分金属模锻时容易冷却，不容易锻出，对保护设备和锻模也不利。

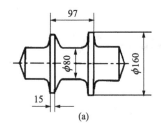 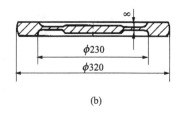

图 9-35　结构不合理的模锻件

（4）在零件结构允许的条件下，应尽量避免有深孔、深槽和多孔结构，以便于模具的加工制造和延长模具寿命。

第三节　板料冲压

利用冲模在压力机上使板料分离或变形，从而获得毛坯或零件的加工方法，称为板料冲压。板料冲压的坯料通常都是厚度 1~2mm 的金属板料，冲压时不需加热，故有称为薄板冲压或冷冲压。

板料冲压具有以下特点：

（1）金属板料经过冷变形强化作用，获得一定的形状后具有结构轻巧、强度和刚度较高的优点。

（2）冲压件尺寸精度高，互换性好，可直接作为零件应用在机器上。

（3）冲压生产操作简单，生产率高，便于实现机械化和自动化。

（4）冲压模具结构复杂，精度要求高，制造费用高，经济上适合大批量生产。

板料冲压是一种高质量、高效率、低能耗、低成本的加工方法，是机械制造中的重要加工方法之一。它在现代工业的许多部门都得到广泛的应用，特别是在汽车、电机、电器、无线电、仪表仪器、兵器以及日用品生产等领域。

板料冲压通常是在常温下对金属板料进行加工的，因而原料必须具有足够的塑性，并应有较低的变形抗力。常用的冲压板料的材料主要是低碳钢，奥氏体不锈钢以及铜、铝等有色金属。板料冲压的基本工序可分为落料、冲孔、切断等分离工序和拉深、弯曲、成形等变形工序两大类。

一、分离工序

分离工序统称为冲裁，它使板料的一部分与另一部分分离。使板料按不封闭轮廓线分离的工序叫切断；使板料沿封闭轮廓线分离的工序叫冲孔或落料。这两个工序的坯料变形、分离过程和模具总体结构相似，冲孔是在板料上冲出孔洞，以获得带孔的制件，冲落的部分是废料；而落料则是为了获得具有一定形状和尺寸的落料件，冲落的部分是成品。

1. 冲裁变形过程及冲裁断面

冲裁时板料的变形和分离过程如图 9-36 所示。凸模（冲头）和凹模的边缘都带有锋利的刃口，当冲头向下运动压住板料时，板料受挤压产生弹性变形，进而产生塑性变形，当上、下刃口附近材料内的应力超过一定限度后，即开始出现裂纹，随着冲头继续下压，上、下裂纹逐渐向板料内部扩展直至会合，板料即被切离。

(a) 弹性变形　　　　(b) 塑性变形,并出现裂纹　　　　(c) 裂纹扩展、汇合, 工件切离

图 9-36　冲裁过程

冲裁切口断面的形状如图 9-37 所示，切口由塌角、光亮带、剪裂带和毛刺组成。光亮带具有最好的尺寸精度和光洁的表面，其他三个区域（尤其是毛刺）则降低冲裁件的质量。这四个区域的尺寸比例与材料的性质、板料厚度、模具结构和尺寸、模具间隙、刃口锋利程度等因素有关。

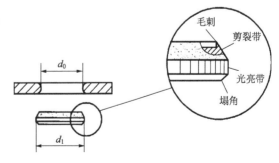

图 9-37　冲裁切口的尺寸和形状

2. 模具尺寸和模具间隙

由图 9-37 可以看出，冲裁后冲落件的直径（或长度、宽度）与板料上孔的相应尺寸是不同的。冲落件的直径与凹模直径相同，板料上冲出孔的直径与凸模直径相同，二者直径相差的数值为模具的双面间隙值 Z。因此，在设计冲孔模具时，应使凸模刃口尺寸等于所要求的孔的尺寸，凹模刃口尺寸则是凸模的尺寸加上间隙值；落料模具的凹模刃口尺寸应等于落料件尺寸，凸模尺寸则应减去相应的间隙值。

模具间 Z 对冲裁质量和模具寿命有重大影响，是冲裁的重要工艺参数。间隙合适时，上、下裂纹自然汇合，光亮带约占板厚的三分之一，毛刺不大，达到一般冲裁件的质量要求。间隙过大，上、下裂纹不能自然汇合，断口呈现撕裂现象，光亮带窄，塌角及毛刺增大，断口粗糙；间隙过小裂纹也不能自然汇合，断口上存在上、下两个光亮带，它们之间呈撕裂的层片状，并且冲模刃口很快磨钝，大大缩短模具寿命。对于低碳钢及铜、铝等合金，双面间隙 Z 一般为料厚的 10%~15%。

3. 板料的排样设计

在条料上布置冲裁件叫排样，它关系到材料利用率、冲裁件质量、模具结构及操作方式。

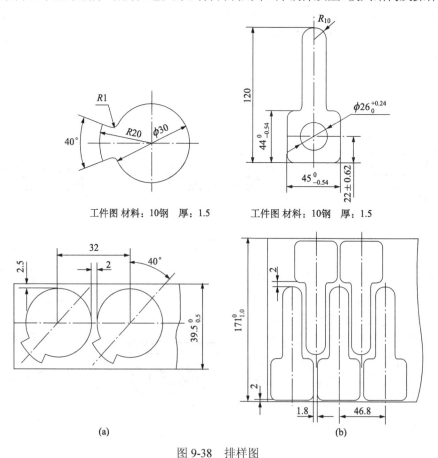

工件图 材料：10钢　厚：1.5　　　　工件图 材料：10钢　厚：1.5

(a)　　　　　　　　　　　　(b)

图 9-38　排样图

冲裁件周边分别有全部有工艺余料、部分有工艺余料和无工艺余料，排样方法分别叫做有废料排样、少废料排样和无废料排样；根据冲裁件在条料上的布置方式，排样分为直排、斜排、对排和混合排。冲裁件与冲裁件之间、冲裁件与条料两侧边之间留下的工艺余料叫搭边，其作用是保证冲裁时刃口受力均匀和条料正常送进。材料越厚、越软，冲裁件尺寸越大、形状越复杂，搭边值越大，一般为 0.5~5mm。图 9-38 为两个冲压工件的排样图。

二、弯曲

弯曲是将板料弯成一定角度和圆弧的变形工序。

1. 弯曲过程

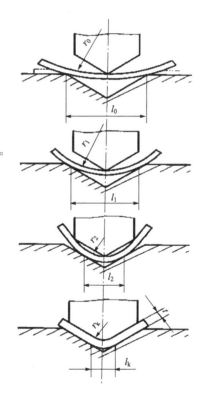

弯曲过程如图 9-39 所示。冲头下降与板料接触后，板料开始弹性弯曲，此时的弯曲半径较大；随着凸模下压，弯曲半径减小，板料与凸模三点接触，板料的内外表面层产生塑性变形；进一步下压，塑性变形由表层向中心扩展，最后，板料与凸模和凹模完全贴合，板料的弯曲半径与凸模一致。

板料上各部分金属变形前后的情况如图 9-40 所示。板料弯曲后，只有弯曲中心角 ϕ 对应区域的金属发生了变形，直边部分没有变形。沿长度方向，板料内侧的金属受切向压应力作用，产生压缩变形，有发生起皱的趋势；外侧金属受切向拉应力作用，产生拉伸变形，板料的外表面层金属所受的拉应力最大，产生的拉伸应变量也最大。在变形区的厚度方向，压缩和拉伸的两个变形区之间，有一层金属在变形前后长度没有变化，这层金属称为中性层。中性层是计算弯曲件展开长度的依据。

外层金属的拉伸变形量与弯曲半径 r 和板料厚度 S 有关，r 越小、S 越大，变形量越大。对于特定的材料而言，其伸长率是一定的，当外侧金属的拉伸变形量超过材料的许用伸长率时，板料出现拉裂。因此，存

图 9-39　板料弯曲过程

在一个不会产生弯裂的最小相对弯曲半径 r_{min}/S，弯曲件的实际弯曲半径应该小于最小相对弯曲半径，常用材料的最小相对弯曲半径见表 9-10。为防止拉裂，应尽量选用强度高而塑性好的材料；限制弯曲半径；下料时要注意使弯曲圆弧的切线方向与板料轧制的流线方向相一致（见图 9-41）；防止板料表面划伤，以免划伤部位处于拉伸位置而造成应力集中。

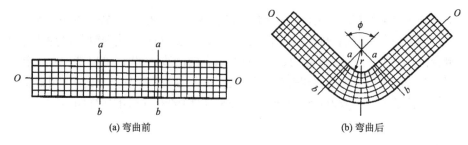

(a) 弯曲前　　　　　　　　　　　　(b) 弯曲后

图 9-40　弯曲变形分析

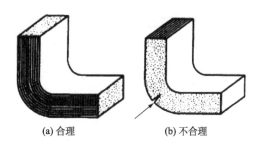

(a) 合理　　　　　　　　　(b) 不合理

图 9-41　弯曲件的流动方向

表 9-10　常用材料的最小弯曲半径

材　料	主　应　力　方　向			
	正火或退火状态		冷轧状态	
	与锻造流线平行	与锻造流线垂直	与锻造流线平行	与锻造流线垂直
低碳钢	$(0\sim0.1)S$	$(0.4\sim0.5)S$	$(0.4\sim0.5)S$	$(0.8\sim1.0)S$
中碳钢	$(0.3\sim0.5)S$	$(0.8\sim1.0)S$	$(0.8\sim1.0)S$	$(1.5\sim1.7)S$
纯铝	0	0.3S	0.3S	0.8S
黄铜	0	0.3S	0.3S	0.8S

注：S 为板料厚度。

2. 弯曲件的回弹

在外加载荷的作用下，板料产生的弯曲变形由弹性变形和塑性变形两部分组成。当外加载荷去除后塑性变形保留下来，而弹性变形则因弹性恢复而消失，从而使板料发生与弯曲方向相反的变形，这种现象称为回弹，又称弹复，如图 9-42 所示。回弹后工件的弯曲角度和弯曲半径都比凸模大。

显然，回弹会影响弯曲件的尺寸精度。回弹量的大小与材料的力学性能、弯曲角度等因素有关。材料的屈服强度越高，回弹越大；弯曲半径越大，弯曲程度越小，整个弯曲变形中弹性变形所占的比例越大，回弹也越大，这也是曲率半径大的冲压件不易弯曲成形的原因。

减小或消除回弹的主要措施包括：改变弯曲件结构，选用屈服强度低、弹性模量高的材料，减小弯曲凸模角度进行补偿，改变弯曲过程中的应力状态，大型工件采用拉弯工艺，等等。例如，图 9-43 所示为双直角弯曲的情形，设计模具时使凸模和凹模工作面的夹角小于 90°，回弹后得到 90° 的实际弯曲角度。

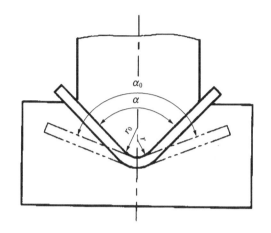

图 9-42　弯曲件的回弹现象

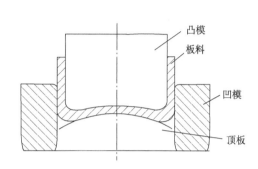

图 9-43　带有顶板的双直角弯曲

如图 9-44 所示，采用校正弯曲，减少凸模与板料的接触面积，使冲压力集中在弯曲变形区，改变变形区金属内侧受压、外侧受拉的应力状态，而变成三向受压的应力状态，可以大大减少或消除弹复现象。

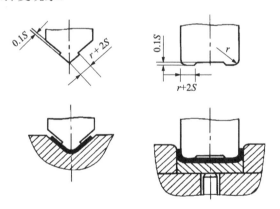

图 9-44　采用校正弯曲减小回弹

3. 设计弯曲件的要求

（1）弯曲半径应大于表 9-10 所列的最小弯曲半径，但也不宜过大，否则由于回弹量大，弯曲件的尺寸精度不易保证。

（2）弯曲变形区与板料及孔的边缘，要有一定的距离，如图 9-45 所示。

（3）为防止板料在弯曲时产生偏移或错位，常利用板料上已有的孔作定位孔。如果没有合适的定位孔，可考虑另加定位工艺孔（见图 9-46）。

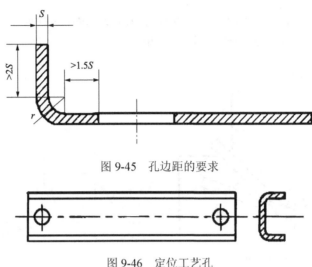

图 9-45　孔边距的要求

图 9-46　定位工艺孔

三、拉深

拉深是将平面板料变形为中空形状冲压件的工序。

1. 拉深过程

拉深板料的变形过程如图 9-47 所示。原始直径为 D_0 的平面板料，由凸模压入到凹模孔中，成为内径为 d、高度为 H 的筒形件。

拉深过程的主要特点是金属产生较大的流动，主要变形区在凸缘区。拉深过程中，凸缘区板料的直径逐渐减小，并通过凹模圆角逐步转化为侧壁。该区板料的径向受到拉应力、产生拉应变，切向受到压应力、产生压应变，厚度随之增大。处于凸模底部的板料，虽然受到两向拉应力的作用，但基本上不变形，近似认为不变形区，拉深后成为筒底。筒形件的侧壁由凸缘区板料变形后形成，属于已变形区，主要受轴向拉应力作用，厚度有所减小，尤其是直壁与筒底之间的过渡圆角区，减薄更加严重。拉深过程中板料的应力状况如图 9-48 所示。

2. 拉深缺陷及其防止

拉深过程中的主要缺陷是起皱和拉裂，如图 9-49 所示。

起皱发生在凸缘区，源于凸缘区的切向压应力。较大的切向压应力，易使板料失去稳定，产生波浪状起伏。板料越薄，拉深变形量越大，越易起皱。其预防措施是常用压边圈，将板料压住。压边圈上的压力应该适当，不宜过大，能压住工件不致起皱即可。

拉裂一般出现在侧壁与筒底的过渡圆角处，此处材料最薄，应力状态为二向拉应力和一向压应力，较小的塑性变形使板料加工硬化不明显，强度最低，成为最薄弱的区域，当拉应力超过材料的抗拉强度时，此处被拉裂。

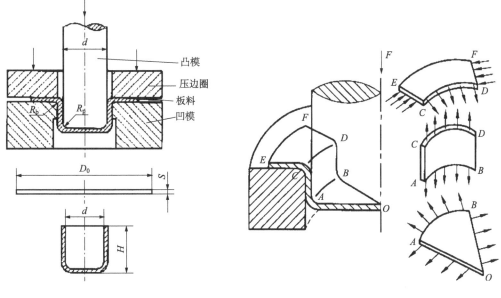

图 9-47　拉深过程　　　　　　　　图 9-48　拉深过程中板料内的应力分布

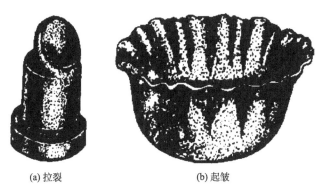

(a) 拉裂　　　　　　　　　　(b) 起皱

图 9-49　拉深缺陷

防止拉裂的工艺措施主要包括：

1）限制拉深系数

板料拉深的变形程度以拉深系数衡量，它以拉深件直径 d 与毛坯直径 D 的比值 m 表示：

$$m = \frac{d}{D} \tag{9-7}$$

拉深系数越小，拉深变形程度越大。为提高生产效率，总是希望采取尽可能小的拉深系数。但拉深系数越小，拉深应力越大。能保证拉深过程正常进行的最小拉深系数称为极限拉深系数。这个系数与材料的力学性能、板料相对厚度（S/D）、拉深次数、冲模圆角半径、间隙值以及润滑条件等因素有关。低碳钢在一般生产条件下的极限拉深系数列于表 9-11。

表 9-11　低碳钢板料的极限拉深系数

拉深次数	板料相对厚度（S/D）/%					
	0.08~0.15	0.15~0.30	0.30~0.60	0.60~1.0	1.0~1.5	1.5~2.0
1	0.63	0.60	0.58	0.55	0.53	0.50
2	0.82	0.80	0.79	0.78	0.76	0.75
3	0.84	0.82	0.81	0.80	0.79	0.78
4	0.86	0.85	0.83	0.82	0.81	0.80
5	0.88	0.87	0.86	0.85	0.84	0.82

2）拉深模具的工作部分必须加工成圆角

凹模圆角半径一般为料厚的 5~10 倍，凸模圆角半径为凹模的 0.7~1 倍。

3）减小拉深时的阻力

例如，压边力不宜过大；凸、凹模工作表面表面粗糙度较小；板料凸缘区适当润滑。

3. 筒形件的拉深工艺计算

主要包括毛坯尺寸计算、拉深系数计算、拉深次数的确定和拉深半成品工件尺寸的确定。

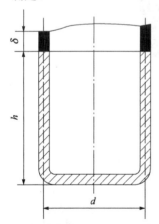

图 9-50　筒形件的修边余量

对于不变薄拉深，毛坯的尺寸按变形前后表面面积不变、形状相似的原则确定。将筒形件各部分面积相加，即成为毛坯的总面积，按照总面积可计算出圆形毛坯的直径。计算时，为补偿变形不均匀而引起的筒形件口部不平整，工件的高度需加上修边余量，如图 9-50 所示。

拉深次数的确定依据是工件的实际拉深系数和极限拉深系数。实际拉深系数大的工件，变形程度小，可一次拉深成形，但实际拉深系数小的工件，则需二次或多次拉深，每道次的拉深系数均应小于极限拉深系数。拉深次数可以采用推算的方法确定，根据极限拉深系数和毛坯或前道次半成品直径，推算出各多次的最小拉深直径，即 $d_1 = m_1 D_0, d_2 = m_2 d_1, \cdots, d_n = m_n d_{n-1}$，当 $d_n \leq d$ 时，n 为所求拉深次数。

当拉深次数确定后，为均衡各次拉深的变形量，对各道次拉深系数进行适当调整。在保证总拉深系数不变的前提下，各道次实际拉深系数略高于相应的极限拉深系数。根据调整后的实际拉深系数，可计算出各次拉深的半成品直径，再根据毛坯总面积、拉深件直径及圆角半径，计算出各次拉深的半成品高度，多次拉深的圆筒直径变化如图 9-51 所示。

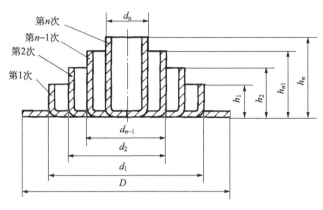

图 9-51　多次拉深圆筒直径变化

四、其他成形工序

板料冲压的其他成形工序有起伏、胀形、翻边、缩口、扩口等，它们大都是是对经过冲裁、弯曲或拉深后的半成品进行局部的变形加工，使冲压件具有更好的刚性和更合理的结构形状，以满足使用要求。

1. 起伏

起伏是在板料或半成品上使金属局部变薄以形成局部凸起或凹陷的变形工序，常用的有压制肋条、凸台、凹槽等。采用的模具有刚模和软模两种。图 9-52 所示为刚模压坑，与拉深不同，此时只有冲头下的这一小部分金属在双向拉应力作用下产生塑性变形并减薄，其周围的金属并不发生变形。

2. 胀形

胀形是将板料或空心半成品的局部表面胀大的工序，其变形特点与起伏类似。图 9-53 所示为橡胶胀形模，胀形凸模一般用高弹性的聚氨酯制作，受力后沿径向扩张，使工件胀形，直到工件与凹模相贴。模具打开时，胀形凸模恢复原状，凹模左右分开，使工件得以顺利取出。

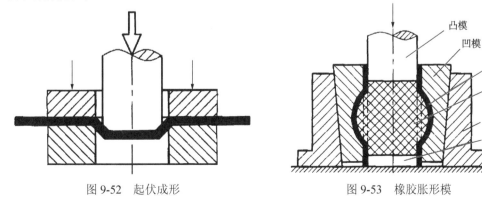

图 9-52　起伏成形　　　　　　　　　　图 9-53　橡胶胀形模

3. 翻边

翻边是在板料或半成品上沿一定的曲线翻起竖立边缘的成形工序。翻边成形主要包括内孔翻边和外缘翻边。

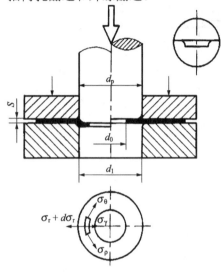

图 9-54　内孔翻边过程

内孔翻边又称翻孔，是将已经预制在板料上的通孔的边缘翻成直立状，在生产中广泛应用。翻孔过程如图 9-54 所示，变形区是冲头之下的圆环部分，在冲头压力作用下，变形区的金属内部产生切向和径向拉应力，且切向拉应力 σ_θ 远大于径向拉应力 σ_r，越靠近变形区的内缘，切向拉应力越大。随着冲头下压，环形区内各部分的直径不断增大，最后形成内壁直径等于冲头直径的竖立边缘。

翻边的变形程度以翻边系数（m）表示，其数值为翻边前孔径（d_0）与翻边后所得竖边直径（d_1）的比值，即

$$m = \frac{d_0}{d_1} \qquad (9\text{-}8)$$

显然，翻边系数越小，变形程度越大。工件不致破裂的最小翻边系数称为极限翻边系数（m_0），其数值与材料种类及板料厚度等因素有关。

外缘翻边是将板料的外侧边翻成直立状。当外缘呈外凸的形状时，其变形近似于浅拉深，变形区切向受压产生压应变，材料易起皱；当外缘呈内凹的形状时，其变形近似于内孔翻边，变形区切向受拉产生拉应变，材料易拉裂。如图 9-55 所示。

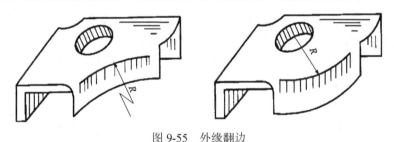

图 9-55　外缘翻边

第四节　其他塑性成形方法

一、挤压成形

挤压成形是使金属坯料在外力作用下，通过模具上的孔发生塑性变形，从而获得具

有一定形状和尺寸的制件的加工方法。这种成型方法起初只用于生产金属型材，自 20 世纪 50 年代以来，逐步扩大到用来制造各种零件或毛坯。

1. 挤压成形的特点

（1）挤压时金属材料处于三向压应力状态，可大大提高金属的塑性，可加工一些塑性较差的金属材料。不仅低碳钢、铜、铝等塑性好的材料可以挤压成形，某些高碳钢、轴承钢、高速钢等材料也可挤压成形。

（2）挤压件（尤其是冷挤压件）的精度高，可直接挤压出机械零件。

（3）挤压时金属变形量大，可以挤压出具有深孔、薄壁、细杆和异型断面的零件。

（4）由于强烈的变形强化作用和具有良好的锻造流线，挤压件的力学性能得到提高。

（5）挤压时金属流动需克服较大的内部和外部阻力，因而变形抗力大大增加，对模具及设备要求较高。

2. 挤压成形的种类及应用

按照挤压时金属的流动方向不同，挤压成形方式可分为正挤压、反挤压、复合挤压和径向挤压（见图 9-56）：

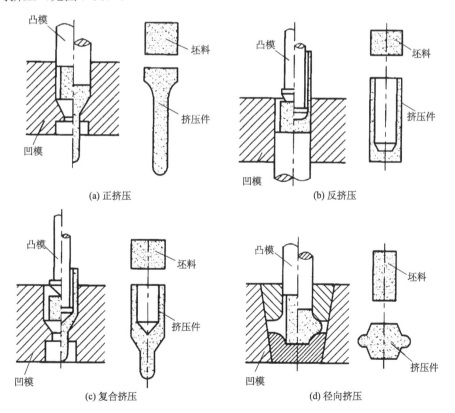

图 9-56　挤压方式

（1）正挤压。金属从凹模模孔中流出，其流动方向与凸模运动方向相同。

（2）反挤压。金属从凸模与凹模之间的间隙中流出，其流动方向与凸模运动方向相反。

（3）复合挤压。兼有正、反挤压的特征。

（4）径向挤压。金属沿与凸模运动相垂直的方向流动。

按照坯料的挤压温度不同，挤压成形又可分为热挤压、冷挤压和温挤压：

（1）热挤压。使坯料在一般热锻温度范围内挤压。其特点是坯料塑性好而变形抗力小，可以挤压尺寸较大的工件和强度较高的材料，如中碳钢、高碳钢、高强度合金钢和耐热钢等，但挤压件的尺寸精度低，表面粗糙。

（2）冷挤压。使坯料在室温下进行挤压。冷挤压件具有较高的精度，尺寸公差等级可达 IT7~IT6，表面粗糙度 Ra 值可达 0.4~0.2mm，可直接挤压出机械零件。

冷挤压时金属的变形抗力很大，因此，要求冷挤压模具有很高的强度和耐磨性，一般采用高速钢或高铬工具钢制造，而冷挤压件大都是塑性良好的有色金属和低碳钢件，且尺寸一般不大。为了减小坯料与模具之间的摩擦，降低变形抗力，必须采取适当的润滑措施。在挤压前对坯料进行软化退火、磷化（钢件）或氧化（有色金属件）处理，在坯料表面形成一层多孔的磷酸铁或氧化物薄膜，然后进行润滑处理，使润滑剂吸附在磷化膜或氧化膜内，挤压时起润滑作用。

（3）温挤压。温挤压是介于热挤压和冷挤压之间的挤压工艺，即在某一适当的挤压温度下进行挤压。钢的温挤压温度为 650~800℃。温挤压的变形抗力比冷挤压小，且免除了退火和磷化（或氧化）处理，便于组织连续生产。温挤压件的尺寸精度和表面粗糙度接近于冷挤压。

二、轧制成形

金属坯料在旋转轧辊的碾压作用下产生连续的塑性变形，横截面面积减小，长度增加，以获得所需截面形状制件的加工方法，称为轧制。

轧制成形主要用于原材料生产，随着该工艺的逐渐发展和完善，已用于一些零件的加工，与传统的锻造工艺相比，轧制成形具有许多优点：

（1）连续局部成形，只对变形区的金属施加变形力，工作负荷小，只有一般模锻的几分之一到几十分之一。

（2）生产率高。

（3）产品精度（尤其是冷轧件的精度）较高，可显著节约原材料。

（4）易于实现机械化和自动化。

轧制成形工艺的主要缺点是通用性差，需要专门的设备和模具，而且多数模具的设计、制造和工艺调整都比较复杂。所以，轧制成形工艺一般只适用于大批量生产的条件。目前，应用于毛坯和零件生产的轧制成形工艺方法主要有辊轧、螺旋斜轧、齿轮和螺纹轧制等。

1. 辊轧

辊轧又称辊锻，是使坯料通过一对带有扇形模块（辊锻模）并反向旋转的轧辊以获得轧件的加工方法，其工作过程如图 9-57 所示。辊轧主要用于锻件的制坯，也可用于简单形状锻件的直接成形。制坯辊轧作为模锻中的制坯工序，多用来与热锻模压力机或摩擦压力机配合，轧制长轴类锻件。成形辊轧可直接轧出锻件，如扳手、钻头、犁铧、叶片、链轨节等。

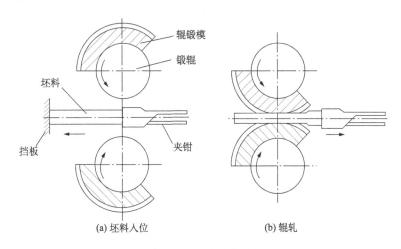

图 9-57　辊轧工作过程

2. 螺旋斜轧

螺旋斜轧时，两轧辊作同向旋转，轧辊轴线交叉一定角度（一般小于 7°），坯料靠摩擦力矩被引入上、下轧辊之间，边反向旋转边沿轴向送进（即呈螺旋式前进），故称为螺旋斜轧。螺旋斜轧中坯料受压缩，沿径向和轴向流动并充填轧辊上的型槽，从而实现对坯料的轧制成形。采用螺旋斜轧可轧制轴承滚珠[见图 9-58(a)]、滚柱及截面作周期性变化的长杆形轧件[见图 9-58(b)]等。

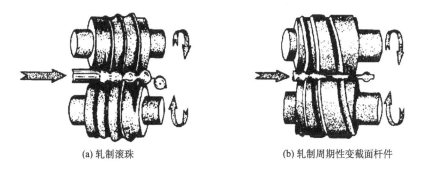

图 9-58　螺旋斜轧

3. 齿轮和螺纹轧制

齿轮轧制的工作情况如图 9-59 所示。坯料通过感应加热器加热，并置于两个轧辊之间，两轧辊作同向旋转，带动坯料作对滚运动，通过局部连续成形轧制成齿轮。齿轮轧制的方式有两种：一种是单件轧制[见图 9-60(a)]，轧制过程中轧辊除转动外，还要做径向进给运动；另一种是多件轧制[见图 9-60(b)]，轧制过程中坯料边旋转边做轴向进给运动，轧辊不作径向运动。

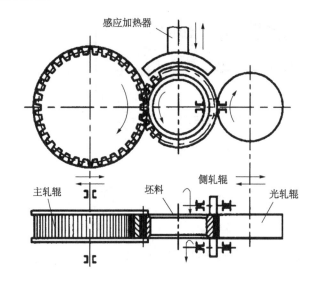

图 9-59　齿轮轧制

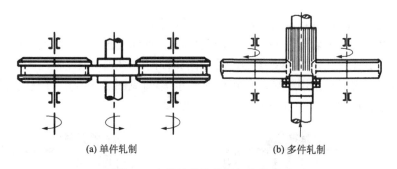

(a) 单件轧制　　　　　　　　　　　(b) 多件轧制

图 9-60　齿轮的单件轧制与多件轧制

螺纹轧制又称螺纹滚压，如图 9-61 所示。两个带螺纹的轧辊同向旋转，带动坯料旋转，其中一个轧辊还要同时做径向进给，从而在坯料上轧制出螺纹。螺纹轧制大都在室温下进行，通常称为冷轧丝杆，主要用于冷轧直径为 3~20mm 的螺纹，精度可达 7 级，表面粗糙度 Ra 值可达 0.4μm。

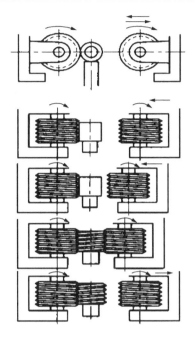

图 9-61　螺纹轧制原理图

三、精密模锻

1. 精密模锻的特点和方法

1）特点

普通的锻造方法存在明显的缺点，诸如:锻件表面加热氧化、脱碳；尺寸精度低、表面光洁程度差；加工余量大、材料利用率不高等。精密模锻能获得表面质量更好、加工余量更小（其至不需要切削加工）和尺寸精度更高的锻件；能够显著提高材料利用率，金属流线分布更合理，提高零件的承载能力。特别是对那些材料贵重、生产批量大、形状复杂、难以切削加工的中小型零件，采用精密模锻方法生产，技术经济效果非常显著。精密模锻方法能够显示出优越性的经济批量在 2000 件以上。精密模锻是现代模锻技术的发展方向之一。

对于同一零件，精密模锻件的形状比普通模锻件复杂，壁厚、筋宽等尺寸比普通模锻件小，已经接近于零件的形状，一般不留或少留加工余量。因此，无论是采用镦粗、压入或挤压成形都将使变形抗力增大，可能使模具强度不能满足要求，需要采用一些降低变形抗力的措施，例如采用局部变形工序或等温模锻工艺等。由于精密模锻件的尺寸精度和表面质量要求高，有时在精锻成形后，还需要再增加精整工序。

2）方法

精密模锻常用的方法有：开式模锻、闭式模锻、挤压、多向模锻、等温模锻等。

多向模锻如图 9-62 所示，将毛坯放在工位上，在多个方向上，同时对毛坯进行锻造。

图 9-63（a）是飞机起落架，为空心钛合金锻件；图 9-63（b）是镍基合金的半球壳状锻件；图 9-63（c）是大型阀体多向模锻件。

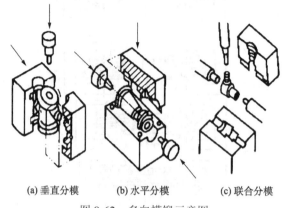

(a) 垂直分模　　　　(b) 水平分模　　　　(c) 联合分模

图 9-62　多向模锻示意图

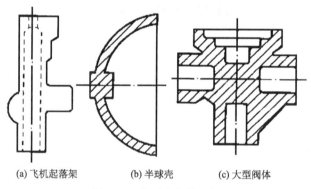

(a) 飞机起落架　　　　(b) 半球壳　　　　(c) 大型阀体

图 9-63　典型多向模锻件

进行多向模锻一般需要多向模锻液压机。如图 9-64 所示，设置两个侧向水平工作缸 4，在活动横梁 3、工作台 5 和侧向水平缸上各装一个模块，最多能装四个模块，并由各模块组成一副具有封闭模膛的模具，构成四工位多向模锻液压机。如果设四个侧向水平工作缸，还可以组成六工位多向模锻液压机。

多向模锻可以形成多个分模面，能够模锻出形状非常复杂的锻件；对锻件的材料限制少，甚至可以模锻高合金钢、镍铬合金等，金属流线沿锻件轮廓合理分布；模具从多方向对毛坯施加压力，产生强大的三向压应力，能够显著提高材料的塑性，获得良好的内部组织和性能；材料利用率高，实现了锻件的精化生产。

等温模锻常用于航空、航天工业中钛合金、铝合金、镁合金零件的精密模锻。这些金属的锻造温度范围窄，尤其是薄腹板、高筋和薄壁，以及盘、梁、框类件，毛坯温度下降快，变形抗力增加迅速，塑性急剧降低。采用普通模锻需要很大的设备，并且极容易造成锻件和模具开裂。采用等温模锻工艺就具有很大优越性。例如，普通模锻件筋的最大高宽比为 6:1，一般精密模锻件筋的最大高宽比为 15:1，等温精密模锻件筋的最大高宽比达 23:1，筋的最小宽度为 2.5mm，腹板厚度可小至 2mm。

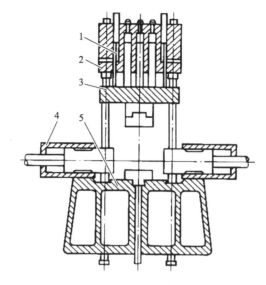

图 9-64　四工位模锻水压机

1—拉杆；2—上横梁；3—活动横梁；4—侧向水平工作缸；5—工作台

2. 精密模锻的变形温度

加热是精密模锻工艺中的重要环节。精密模锻经常在高温和中温下进行。

（1）高温精密模锻。要防止加热时毛坯表面产生严重的氧化与脱碳，可以在少、无氧化敞焰加热炉或其他能够有效控制气氛的加热炉中加热。要防止热锻件冷却过程中发生二次氧化，可在有保护气体的装置中进行冷却；也可以把锻件有序地分放在有格子的砂箱中，当需要缓慢冷却锻件时，可把锻件放在热砂箱或石棉粉中冷却。

（2）中温精密模锻。降低加热温度，可以防止强烈的氧化与脱碳，只要具有足够的塑性和适当的变形抗力，也可以达到精密模锻的目的。中温精密模锻就是在未产生强烈氧化的温度范围内，加热并进行模锻的方法。如图 9-65 所示 45°钢的高温强度极限和高

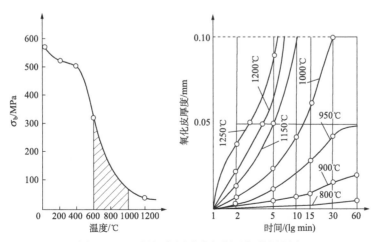

图 9-65　45 号钢高温强度极限及氧化层厚度

温氧化性能曲线。可见，强度极限从 500℃开始急剧下降，到 600℃降为室温时的一半。600℃以上强度极限较低，都可进行模锻成形。所以 45 号钢在 600~875℃范围内，既有较低的变形抗力，又无强烈氧化，可使锻件达到较高的尺寸精度和表面光洁程度。在温锻条件下，模具工作温度一般在 400℃左右，高速钢比较适合用作温锻模具材料。

3. 锻件的精度

影响精密模锻件精度的因素主要有：毛坯体积偏差、模具和锻件的弹性变形、模具和毛坯（锻件）的温度波动、模具精度以及设备精度等。

设计锻件图时，只需要保证主要部位的尺寸精确，不需要也不应该要求所有的尺寸都精确。这是因为毛坯的尺寸以及成形中的许多因素不可能绝对准确地控制，而塑性变形是遵守体积不变条件的，必须利用某些部位的较宽松要求来调节这些误差。

1）毛坯体积偏差

对于开式精密模锻，毛坯体积偏差一般不影响锻件的尺寸偏差。但在闭式精密模锻中，假设模膛的水平尺寸不变和不产生飞刺，则毛坯体积偏差将引起锻件高度尺寸的变化。

毛坯体积产生偏差的原因：一是下料不准确；二是加热时各毛坯烧损程度不一致。因此，要提高锻件精度，就是提高下料精度和改善加热情况。目前精密下料可使毛坯的重量偏差控制在 1%以内（一般下料方法为 3%~5%以上）。其次，在锻件图和工艺设计时，应根据毛坯体积可能的变化范围采取适当的措施。例如增大锻件某一方向尺寸公差；或采用开式模锻使多余金属流入飞边槽；对某些带孔的锻件，可利用冲孔芯料来调节体积偏差。

2）模膛的尺寸精度和磨损

模膛的尺寸精度和使用过程中的磨损，对锻件尺寸精度有直接影响。在模膛的不同部位，金属的流动情况和所受到的压力不同，磨损程度也不同。

在开式模锻中，模膛水平方向的磨损，会引起锻件外径尺寸增大和孔径尺寸减小；模膛垂直方向的磨损，会引起锻件高度尺寸增大。

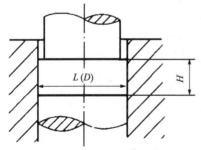

图 9-66　闭式模锻模膛磨损的影响

在闭式模锻中，模膛磨损的影响如图 9-66 所示，将引起锻件水平方向尺寸 $L（D）$ 增大。若毛坯体积不变，并且假设不产生飞边、充填良好，锻件高度尺寸 H 将减小。在这种情况下，锻件高度尺寸公差 ΔH 不能由模膛高度方向的磨损来决定。在模具设计时，模具水平方向尺寸应该按照锻件相应尺寸最小值设计，而模具高度方向尺寸应该按照锻件相应尺寸最大值设计，这样，当模具磨损达到最大限度时，锻件水平方向尺寸达到最大值，而高度方向尺寸达到最小值。

3）模具和锻件的弹性变形

精密模锻时，模具和毛坯均会产生弹性变形。模腔受内压力作用而尺寸增大；毛坯则产生压缩弹性变形。外力去除后，两者发生弹性恢复，使锻件尺寸变化。弹性变形引起的尺寸变化，可根据两者材料的弹性模量、应力数值和相应部分的尺寸来计算，但最终通常是通过工艺试验确定的。

4）其他因素

毛坯的表面质量（指氧化、脱碳和表面粗糙度等）是实现精密模锻的前提。设备的精度和刚度对锻件的精度有重要影响。模具的影响更直接，如模腔的设计精度和冷缩量是否适当、模具温度及其波动的预测、模具的刚度和导向精度等。有了高精度的模具，在一般设备上也可能成形出精度较高的锻件。工艺操作是否符合规范，例如加热温度的偏差、润滑情况影响到金属充填模腔的难易程度，从而引起锻件尺寸的波动。

四、粉末锻造

粉末锻造是以金属粉末为原料，经过冷压成形、烧结、热锻成形及后续处理等工序，制成所需形状精密锻件的加工方法。它将粉末冶金和精密模锻结合在一起，兼有二者的某些优点。将压制、烧结、锻前加热、锻造等工序，进行排列组合，产生了相对不同的方法，其分类如图 9-67 所示。图中所示的锻造烧结、烧结锻造和粉末锻造统称为粉末热锻，三种粉末热锻工艺中应用最多的是烧结热锻，典型的粉末锻造工艺流程如图 9-68 所示。

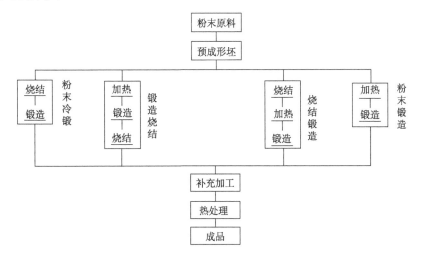

图 9-67 粉末锻造工艺方法分类及工艺过程

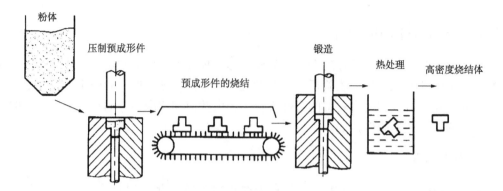

图 9-68 典型的粉末锻造工艺流程

预成形坯的制作与一般粉末冶金的制坯工序相同，即利用模具对配制好的粉末原料在室温下施加压力，使粉末颗粒聚集成具有一定形状、尺寸和一定密度、强度的粉末坯料，这种坯料也称为压坯或生坯。未经过烧结的预成形坯相对密度约为 80%，力学性能差；经过烧结后相对密度可达 90% 以上，力学性能有明显改善。

在锻造过程中粉末颗粒发生塑性变形，引起填充孔隙的作用，如图 9-69 所示，使制件相对密度达到或接近理论密度，有利于制件力学性能的提高。因此，粉末锻造的目的不仅是为了成形，更重要的是使预成形坯致密化，提高制件的性能。

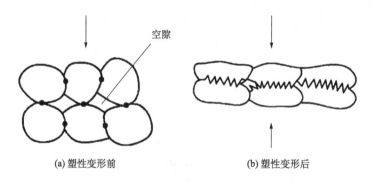

图 9-69 塑性变形致密化

粉末冷锻是将预成形坯烧结并冷却后在室温或较低的温度下进行锻造。粉末冷锻比热锻容易控制制件的质量和尺寸精度，制件表面较光洁，省去锻造加热，节省能源，但要求预成形坯具有较好的塑性，从而对粉末原材料提出更高的要求，同时，为降低变形抗力，还需对预成形坯进行磷化处理。这种方法目前应用较少。

粉末锻造与普通锻造相比制件尺寸精度高，质量波动小，生产效率高，可节省能源 50% 左右，材料利用率可达 80%~90% 以上，制件力学性能好，内部组织无偏析，是一种高精度、高质量、低成本、高效率的少、无切削生产结构零件的工艺方法，已在许多领域得到应用，尤其是在汽车制造中应用较多。汽车发动机的齿轮、连杆、气门顶杆、电机转子，汽车变速器中的离合器、内外座圈、差动齿轮及其他齿轮，汽车底盘中的万向轴节、轮毂、轴承端盖及各种齿轮等零件都可采用粉末锻造生产。

习　题

1. 什么是金属的塑性？什么是塑性变形？塑性变形有何特点？

2. 简述滑移和孪生两种塑性变形机理的主要区别。

3. 试分析晶粒大小对金属的塑性和变形抗力的影响。

4. 什么是加工硬化？产生加工硬化的原因是什么？加工硬化对塑性加工生产有何利弊？

5. 什么是动态回复？为什么说动态回复是热塑性变形的主要软化机制？

6. 什么是扩散蠕变？为什么在高温和低速条件下这种塑性变形机理所起的作用越大？

7. 冷变形金属和热变形金属的纤维组织有何不同？

8. 举例说明杂质元素和合金元素对钢的塑性影响。

9. 塑性成形时，影响金属变形和流动的因素有哪些？各产生什么影响。

10. 简述变形速率、变形温度、应力状态对金属塑性的影响。

11. 为什么塑性成形能够提高金属的力学性能？

12. 何为镦粗变形？何为拔长变形？

13. 确定自由锻件坯料尺寸时，要注意哪些问题？

14. 板料冲压有哪些特点？主要的冲压工序有哪些？

15. 板料弯曲为什么会产生回弹现象？哪些因素影响回弹量的大小？如何减小回弹？

16. 拉深时，最容易出现哪两类失效，为什么？如何防止？

17. 为什么挤压成形技术能够加工一些塑性较差的金属？

18. 何为热挤压、冷挤压和温挤压？各自的特点和应用如何？

19. 简述粉末锻造的典型工艺过程，锻造过程是如何实现制件致密化的?

第十章　焊　接

焊接是一种应用广泛的永久性连接金属的工艺方法，主要是用来制造各种金属结构件和机械零部件。

焊接的实质是利用原子间的结合与扩散作用把分离的金属连接起来。为了实现被焊金属原子间的结合作用，需要加热或加压，或两者并用。加热可使被焊金属接合处熔化，形成共同的熔池，凝固后形成共同的结晶体而连接起来。对于固态下的金属连接则需要加压，或者还需要加热。加压是为了使被焊金属的连接处产生塑性变形，以增加它们的真实接触面积；加热是为了增加金属的塑性和原子的扩散能力。

目前焊接方法有几十种之多。根据它们的原理和特点，可分为以下几类：

（1）熔焊。利用局部加热的方法，将被焊金属接合处加热到熔化状态，加填充金属或不加填充金属，冷却结晶后形成牢固的接头。由于加热的热源不同，熔焊可分为气焊、电弧焊、电渣焊、等离子弧焊、电子束焊及激光焊。

（2）压焊。利用加压力的方法，或者同时还加热，使被焊金属接合处紧密接触，并产生一定的塑性变形，让接触面上的原子组成新的结晶而将被焊金属连接起来。根据加热情况的不同，压焊可分为电阻焊、摩擦焊、冷压焊、超声波焊及高频焊。

（3）钎焊。被焊金属虽被加热但不熔化，熔点低的填充金属（钎料）被加热到熔化状态并填充到两工件之间，由于钎料与工件表面原子间的相互扩散，钎料凝固之后即将两工件连接起来。由于钎料的熔点不同，钎焊分为硬钎焊和软钎焊。

第一节　金属熔焊

一、熔焊的冶金特点

熔焊是利用某种焊接热源（如电弧、气体火焰等）将被焊金属的连接处局部加热到熔化状态，通过冷却结晶过程把被焊金属连接起来。在加热、熔化和冷却结晶过程中，焊接区内会发生一系列的物理化学反应，具有以下的特点：

（1）焊接热源和焊接熔池的温度高，因而使金属元素强烈蒸发、烧损，并使焊接热源高温区的气体分解为原子状态，提高了气体的活泼性，使得发生的一系列物理化学反应更加激烈。

（2）焊接熔池的体积小，冷却速度快，熔池处于液态的时间很短（以秒计），致使各种化学反应难于达到平衡状态，造成化学成分不够均匀。有时金属熔池中的气体及杂质来不及逸出，在焊缝中会产生气孔及其他缺陷。

焊接过程一般是在空气气氛中进行，为防止空气对焊接区的有害影响，可在焊接区外围采用气体保护气氛防止空气侵入焊接区，如焊条药皮中的造气剂、气体保护焊所用的保护气体都属于这种措施。另外还可采用焊渣覆盖在液体金属表面以防止空气对液体金属的有害影响,如焊条电弧焊、埋弧焊及电渣焊过程所形成的焊渣都起这种作用。除了上述办法外,还可以在真空条件下进行焊接,以保证焊缝金属的高纯度,如真空电子束焊。

为了保证焊缝金属有合适的化学成分,可以通过焊条药皮或焊剂向焊缝金属中过渡合金元素。合金元素也可以通过焊芯或焊丝加入到焊缝金属中,这样不仅可以弥补焊缝金属中合金元素的烧损,而且还可以特意加入一些合金元素,以改善焊缝金属的力学性能和减少有害元素的影响。例如加入脱氧剂进行脱氧,加入 Mn 形成 MnS 以减少 S 的有害作用等。

二、焊接接头金属组织与性能的变化

焊接接头包括焊缝、熔合区和焊接热影响区三个部分。所以焊接接头的性能不仅取决于焊缝金属,还与热影响区有关。

1. 焊缝金属

焊缝金属是焊接熔池冷凝后形成的。熔池的周围是固体金属,由于熔合区还存在着固体晶粒,结晶在此基础上生长比形成新晶核更容易,因而焊缝金属的结晶是从熔池的侧壁开始。由于结晶时各个方向的冷却速度不同,在与最大冷却速度方向相反的晶粒生长较快,其他方向的晶粒生长较慢,因而焊缝金属形成的晶粒是柱状晶。由于焊后冷却速度很快,所以形成的柱状晶是很细小的,再加上焊缝金属中合金元素含量高于基体金属,所以焊缝金属的性能可以不低于基体金属。

2. 熔合区

熔合区是焊缝与基体金属的交界处,也称为半熔化区。组织中包含未熔化而受热长大的粗晶粒和新结晶的部分铸造组织。低碳钢焊接接头中这一区域很窄,一般约为0.1~1mm。

3. 焊接热影响区

热影响区是指焊缝两侧因焊接热作用而发生组织或性能变化的区域。由于焊接热影响区各点受热作用不同,又可分为几个组织变化不同的小区域:过热区、正火区和部分相变区。以低碳钢为例,说明热影响区的组织与性能的变化。图 10-1 中左侧是热影响区各点到达的最高温度和组织变化情况,图 10-1 中右侧为部分铁-碳合金相图。

(1)过热区。过热区紧靠着熔合区,该区由于受高温影响,晶粒急剧长大,甚至产生过热组织,因而其塑性及冲击韧性降低。

(2)正火区。正火区金属被加热到 A_{c1}～A_{c3} 稍高的温度,金属发生了重结晶,冷却后金属晶粒细化,得到了正火组织,力学性能得到改善。

(3)部分相变区。这个区域处于 A_{c1}～A_{c3} 之间,珠光体和部分铁素体发生了重结晶转变,使晶粒细化,还有部分铁素体未转变,仍保持原来晶粒的大小。由于这个区域晶粒大小不均匀,因而力学性能稍差。

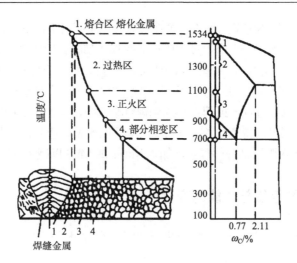

图 10-1　低碳钢焊接接头的组织

图中四个区域是低碳钢焊接热影响区中主要的组织变化区，其中以熔合区和过热区对焊接接头性能的不利影响最大。因此，在焊接过程中应尽可能使热影响区小，以减少对接头性能的不利影响。

焊接热影响区的大小、组织及性能变化的程度，决定于焊接方法、焊接参数、接头形式及焊后冷却速度等因素。表 10-1 是几种不同焊接方法焊接低碳钢时，焊接热影响区的平均尺寸。

表 10-1　不同焊接方法焊接低碳钢时热影响区的平均尺寸

焊接方法	各区尺寸/mm			热影响区总宽度/mm
	过热区	正火区	部分相变区	
焊条电弧焊	2.2~3.5	1.6	2.2	6.0~8.5
埋弧焊	0.8~1.2	0.8~1.7	0.7	2.3~3.6
气焊	21.0	4.0	2.0	27.0
电渣焊	18	5.0	2.0	25.0
电子束焊	—	—	—	0.05~0.75

同一焊接方法，采用不同的焊接参数时，热影响区的大小也不同。在保证焊接质量的前提下，增加焊接速度与减小焊接电流均可以减小焊接热影响区。

三、焊接电弧的构成及产热机构

1. 电弧的构成及其导电特性

焊接电弧由三个不同电场强度的区域构成，分别为阳极区、阴极区和弧柱区（见图 10-2）。其中弧柱区电压降（U_C）较小而长度较大，说明其阻抗较小，电场强度较低；

阳极区和阴极区沿长度方向尺寸较小而电压降（U_A 和 U_K）较大，可见其阻抗大，电场强度高。电弧的这种特性是由于各区导电机构的特性所决定的。

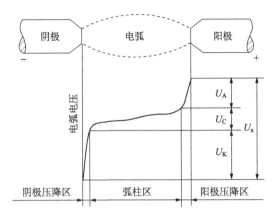

图 10-2　电弧各区的压降分布

1）阴极区的导电特性

阴极区的作用是向弧柱区提供电子流，接受由弧柱区输送来的正离子流。由于阴极材料的种类、电流大小及电弧气氛不同，阴极区的导电机构可分为三种类型。

（1）热发射型导电机构。当阴极采用钨、碳等高熔点材料，电流较大时阴极区可达到很高的温度，弧柱区所需的电子流主要靠阴极的热发射来提供。如果阴极热发射能够提供全部所需电子，则阴极区不复存在，阴极压降为零，即阴极前的电场强度与弧柱区相等。在大电流 TIG 焊时，这种阴极导电机构占主要地位。

（2）电场发射型导电机构。当阴极采用钨、碳等材料，但电流较小或阴极采用 Al、Cu、Fe 等低熔点材料时，阴极表面温度受电流和材料沸点的限制而不能产生较强的热发射以供给所需电子。由于阴极电子供应不足，使得相邻的弧柱区的正负电荷的平衡受到破坏，过剩的正离子堆积形成正电场，热发射越弱则正电场越强。在这种正电场的作用下产生阴极电场发射，同时产生阴极区碰撞电离，它们共同向弧柱区提供电子流。

（3）等离子型导电机构.在阴极小电流或低气压 TIG 焊时，阴极压降 U_K 小于电离电压 U_i 而不足以使中性粒子产生电离和不能引起强烈的电场发射时，阴极发射的电子与弧柱区的正离子中和成的中性粒子堆积在阴极区前形成一个高温区。该高温区使中性粒子被再次热电离，生成的电子供给弧柱区所需的电子流。等离子型导电机构的特点是近阴极区处有高亮度辉点。

2）阳极区导电特性

阳极区的作用是接受由弧柱区输送来的电子流和向弧柱区提供正离子流。电子到达阳极时向阳极释放相当于逸出功 U_W 的能量。根据电弧电流密度的大小，阳极区可由两种方式提供正离子。

当电流密度较大时阳极温度很高，聚集在阳极区前的金属蒸气产生热电离而供给弧柱区正离子流。电流足够大时弧柱所需正离子完全由阳极区供给，阳极压降为零。当电流较小时，阳极区热电离不足，阳极区前的电子数大于弧柱区的正离子数，形成负电场强度 U_A（阳极压降）。由 U_A 产生的碰撞电离向弧柱提供所需正离子流。实验表明，阳极材料的导热性越强，U_A 越大。

3）弧柱区的导电特性

弧柱温度因气体种类和电流大小的不同，一般在 5000~50000K 范围内，弧柱气体是以热电离为主的导电气氛。由热电离产生的带电粒子在外电场的作用下，正离子向阴极方向运动，电子向阳极方向运动而形成电弧电流。该正离子流和电子流将由阳极区和阴极区产生的正离子流和电子流补充，以保证电弧燃烧过程的动态平衡。

弧柱区导电性能的优劣，直接表现在弧柱导电时所需的电场强度 E 的大小。E 值与电流大小、气体种类等条件相关。

2. 焊接电弧的产热机构

1）焊接电弧中的能量平衡

电弧可以看做一个将电能转换为热能的能量转换器，当其各部分的能量交换达到平衡时，电弧便处于稳定燃烧状态。由于电弧的三个区域的导电机构不同，因而辐射能量产生和转换的特性也不同，各区的温度也不一样。

（1）阴极区的能量平衡。由阴极区的导电机理可知，该区由正离子和电子两种带电粒子构成，且两种带电粒子不断产生、消失和运动，构成能量的转变与传递过程。阴极区获得的能量有由 U_K 加速的正离子动能、正离子释放的电离能、阴极发出的电子在阴极区/弧柱区界面释放的动能等。单位时间内阴极区实际获得的能量，在数值上等于阴极电流与阴极电压的乘积。单位时间内阴极区消耗的能量有发射电子所需能量 IU_K 和该区产生热电离所需能量 IU_W、电子进入弧柱区所带走的能量 IU_T。单位时间内阴极区的总能量 P_K 可表示为

$$P_K = I(U_K + U_W + U_T) \tag{10-1}$$

（2）阳极区的能量平衡。阳极区的能量转换过程比较简单，一般只考虑接受电流所产生的能量转换。单位时间内阳极接受电子时可获得三部分能量，即经阳极压降 U_A 加速获得的动能 IU_A，电子从阴极带出的逸出功 IU_W 以及从弧柱区带来的与弧柱温度相应的热能 IU_T，因此单位时间内阳极区的总能量也可用电功率 P_A 表示为

$$P_A = I(U_A + U_W + U_T) \tag{10-2}$$

（3）弧柱区的能量平衡。单位时间内弧柱区所产生的能量，主要为通过弧柱电场而加速的正离子和自由电子所获得的动能，并借助于其间的碰撞以及中和作用转变成热能。单位时间内弧柱产热量可用单位弧长的外加能量 IE（I 为电流，E 为弧柱电场强度）来表示。弧柱区的产热和热损失相平衡。热损失有对流、传导和辐射等，其中对流约占80%以上，传导与辐射占10%左右。

在电流一定时，弧柱区的产热量将随热损失量的大小通过自动改变其 E 值而自行调

节。例如，气体介质不同、导电性能不同、周围散热条件不同等都会引起电弧燃烧时的热损失不同，通过自动调节弧柱的电场强度 E，可使得弧柱的产热量也相应变化。当 E 升高时，意味着热损失和产热量增加，也意味着电弧温度升高。当弧柱外围有强迫冷却或气压升高时，都会使弧柱电场强度和温度升高。

一般电弧焊接过程中，阴极区和阳极区的产热量直接用于加热焊条（丝）和工件。而弧柱的热量不能直接作用于加热焊条（丝）或母材，只有很少一部分通过辐射传给焊条和工件。当电流较大产生等离子流时，才会将弧柱的部分热量带到工件上，增加工件的热量。在等离子弧焊接或钨极氩弧焊（TIG）时，则主要利用弧柱的热量来加热工件和填充焊丝。

2）电弧的能量密度和温度分布

单位面积上的热功率密度称为能量密度。能量密度大时可有效利用热源，提高焊接速度，减小焊接热影响区，提高电弧效率和改善焊接质量。比如气焊火焰的能量密度为 $1\sim10W/cm^2$，而电弧的能量密度则达到 10^4 W/cm^2。

电弧各部分的轴向能量密度分布与其电流密度分布相对应，即阴极区和阳极区的能量密度高于弧柱区。由于电极温度受到电极材料性能的限制，而弧柱的温度不受电极材料的影响，故两极区的温度低于弧柱区的温度；阴极和阳极的温度高低还要由电极材料的热物理性能及其几何形状和气体介质等因素来决定。在相同产热量的条件下，材料的沸点低和导热性好，则该极区温度低；反之，极区温度高。

四、母材熔化和焊缝成形

熔化焊时在热源的作用下，焊件上形成具有一定几何形状的液态金属部分叫熔池，冷却凝固后称为焊缝。在熔化焊接中，熔池还包括已熔化的填充金属。焊缝成形的好坏是衡量焊接质量的标准之一。

1. 熔池和焊缝的形状尺寸

电弧焊过程中，母材金属与填充金属在电弧的直接作用下被强烈加热、熔化而混合在一起，同时电弧正下方熔池中的液态金属在电弧力的作用下被推向熔池尾部，并在重力和表面张力的共同作用下保持一定的液面差，形成具有一定形状和尺寸的熔池（见图10-3）。

随着电弧向前移动，母材不断被熔化和熔池不断随之迁移，熔池尾部液态金属的温度不断降低，逐渐冷却结晶形成焊缝。因此，所有影响熔池形状的因素都将影响到焊缝的成形。焊缝形状是指焊缝截面形状，一般以熔深 H、熔宽 B 和余高 a 描述，如图10-4所示。其中熔深 H 是焊缝最主要的尺寸，它直接影响到接头的承载能力。熔宽和余高则应与熔深有恰当的比例，故采用焊缝成形系数 φ（$\varphi=B/H$）和余高系数 ψ（$\psi=B/a$）来表征焊缝成形的特点。

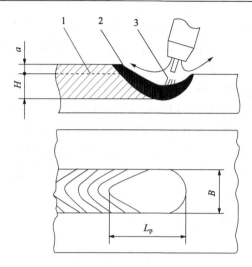

图 10-3　焊接过程形成的熔池

1—焊缝金属；2—液态金属；3—电弧

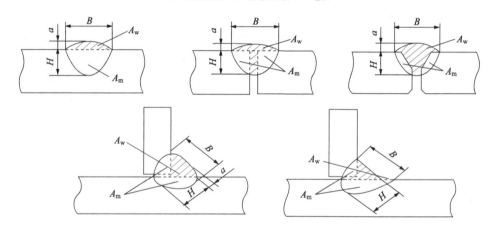

图 10-4　焊缝形状及其描述参数

　　焊缝成形系数 φ 的大小影响到熔池中气体逸出的难易、熔池的结晶方向、焊缝中心偏析的程度等。通常，对于裂纹和气孔敏感的材料，其焊缝的 φ 值应取大些。

　　对于常用的电弧焊接方法，φ 值一般取 1.3~2；堆焊时要求焊缝尽可能宽而浅，φ 值可达 10 左右。焊缝余高太大会引起接头应力集中，反而降低其承受动载的能力。通常，对接头焊缝余高控制在 3mm 以下，或余高系数 ψ 值控制在 4~8。对于重要结构，焊后可除去余高。

　　焊缝的熔深、熔宽和余高确定后，焊缝准确的横截面形状及面积 A_H（A_H=母材金属 A_m+填充金属 A_W）可由断面的粗晶腐蚀来确定，从而确定母材金属在焊缝中所占的比例，即焊缝熔合比 $\gamma[\gamma=A_m/(A_m+A_W)]$。由图 10-4 可见，当坡口和熔池形状改变时，焊缝熔合比将发生变化。通过改变熔合比，可以调整焊缝化学成分和提高焊接接头的力学性能。

2. 焊接条件对焊缝成形的影响

焊缝的形状是由熔池的形状决定的，熔池的形状则取决于电弧的热、力特性以及相关的焊接工艺条件。

1）电流、电压和焊速的影响

焊接电流、电压及焊接速度是决定焊缝形状及尺寸的主要工艺参数，它们对焊缝形状及尺寸的影响如图 10-5 所示。

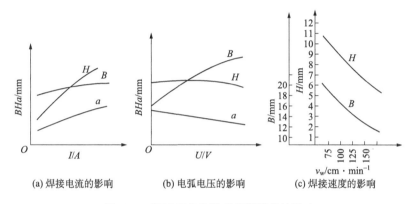

(a) 焊接电流的影响	(b) 电弧电压的影响	(c) 焊接速度的影响

图 10-5 焊接工艺参数对焊缝形状的影响

（1）焊接电流是影响焊缝熔深的主要因素。随着焊接电流的增大，工件上的热输入和电弧力均增大，熔深增大。熔深 H 与电流 I 近于正比关系：$H=K_m I$（K_m 为熔深系数，与焊接方法、焊丝直径、电流种类相关）。随着焊接电流增加，熔宽略有增加，同时余高增加而使焊缝成形系数及余高系数减小。

（2）电弧电压是影响焊缝熔宽的主要因素。其他条件不变时，随着电弧电压增大，工件上的比热流分布半径增大和比热流减小，使焊缝熔宽显著增加，而熔深和余高略有减小。

（3）焊接速度对焊缝形状和尺寸有显著影响。焊速 v_w 提高时，焊接线能量 E（$E=\eta I U/v_w$）减小，熔宽和熔深均显著减小。为了同时保证合理的焊缝形状和高的焊接效率，应使焊接电流、电压与焊接速度合理匹配。

2）其他焊接工艺参数的影响

（1）电流种类和极性。主要影响工件的热输入和熔滴的过渡。熔化极电弧焊时，直流反接时的熔深和熔宽都比直流正接大，这是由于熔化极电弧阴极产热大于阳极（$P_K>P_A$），非熔化极电弧焊的电极产热特性与熔化极电弧焊相反（$P_K<P_A$），故正接时的熔深较大，交流电弧焊介于上述两者之间。除铝、镁及其合金的焊接要求去除表面氧化膜采用交流电源外，非熔化极电弧焊一般均采用直流正接法。

（2）焊丝直径和伸出长度。在一定范围内，焊丝越细焊接电流密度越大，焊缝熔深也越大。焊丝伸出长度大使电阻热增加，熔化量增加，使焊缝余高增大。

（3）保护气体和熔滴过渡形式。气体保护焊时，气体成分及与其密切相关的熔滴过渡形式对焊缝成形有明显影响。图 10-6 为采用不同保护气体进行熔化极直流反接焊接时的焊缝断面形状。

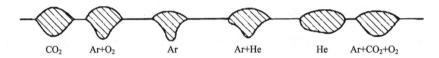

图 10-6　保护气体成分对焊缝成形的影响

CO_2 气体保护焊大电流细滴过渡时，电弧强烈的热收缩效应使焊缝熔深较大且熔池底部呈圆滑状，短路过渡焊缝成形与其相似，只是熔深小得多。纯氩保护射流过渡较大的等离子流力和熔滴冲击力使焊缝中部深陷，称为指状或杯状熔深，其根部易于形成气孔、未熔透等缺陷，通常加入少量的 CO_2、O_2、He 气体可使熔深形状得到改善。

影响焊缝形状的因素还有工件厚度及倾角、焊剂和焊条药皮的成分、接头的坡口形状及焊接位置等因素。

第二节　电　弧　焊

一、焊条电弧焊

1. 焊条电弧焊概述

1）焊条电弧焊工作原理

焊条电弧焊是利用焊条与工件之间燃烧的电弧热熔化焊条端部和工件的局部，在焊条端部迅速熔化的金属以细小熔滴经弧柱过渡到工件已经局部熔化的金属中，并与之熔合一起形成熔池。随着电弧向前移动，熔池的液态金属逐步冷却结晶而形成焊缝。焊接过程中，焊条焊芯是焊接电弧的一个极，并作为填充金属溶化后成为焊缝的组成部分。焊条的药皮经电弧高温分解和熔化而生成气体和熔渣，对金属熔滴和熔池起防止大气污染的保护作用和与大气冶金反应的作用。某些药皮中加入金属粉末，为焊缝提供附加的填充金属。电弧中心的温度在 5000℃ 以上，电弧电压在 16~40V 之间，焊接电流在 20~500A 之间。

2）焊条电弧焊工艺特点

（1）焊条电弧焊设备简单，操作灵活方便，适应性强，不受场地和焊接位置的限制，在焊条能达到的地方一般都能施焊，这些都是其广泛应用的重要原因。

（2）可焊金属材料广，除难熔或极易氧化的金属外，大部分工业用金属均能采用焊条电弧焊进行焊接。

（3）焊接接头装配要求较低，但对焊工操作技术要求高，焊接质量在一定程度上取决于焊工的操作水平。

（4）劳动条件差，生产率低，每焊完一根焊条，必须更新焊条，并残留下一部分，而使焊条未被充分利用，焊后还须清渣，故生产率低。

3）焊条电弧焊适用范围

（1）可焊金属范围：焊条电弧焊能焊的金属有碳钢、低合金钢、不锈钢、耐热钢、铜、铝及其合金；可焊但需要预热、后热的金属有铸铁、高强度钢和淬火钢；难焊的金属主要有低熔点金属、难熔金属和活性金属。

（2）可焊工件厚度范围：1mm 以下的薄板不宜用焊条电弧焊；采取多层焊的焊件厚度虽不受限制，但效率低，填充金属量大，其经济性较差，所以焊条电弧焊一般用在 3~40mm 厚度之间的焊接。

2. 焊条电弧焊焊接工艺

1）焊接工艺参数

焊接时，为保证焊接质量而选定的诸多物理量的总称，叫焊接工艺参数。焊条电弧焊的主要工艺参数包括焊条直径、焊接电流、电弧电压、焊接速度等。过去又称焊接规范。

a. 焊条直径

焊条直径的大小对焊接质量和生产率影响很大。通常是在保证焊接质量的前提下，尽可能选用大直径焊条以提高生产率。如果从保证焊接质量的角度来选择焊条直径，则需综合考虑焊件厚度、接头形式、焊接位置、焊道层数和允许的线能量等因素。

带坡口需多层焊的接头，第一层焊缝应选用小直径焊条，这样，在接头根部容易操作，有利于控制熔透和焊缝形状。在横焊、立焊和仰焊等位置焊接时，由于重力的作用，熔化金属易从液态熔池中流出，应选用小直径焊条，因为小的焊接熔池更便于控制。

b. 焊接电流

焊接电流是焊条电弧焊的主要工艺参数，它直接影响焊接质量和生产率。总的原则是在保证焊接质量的前提下，尽量用较大的焊接电流，以提高焊接生产率。但是，要避免如下情况。

焊接电流过大，焊条后部发红，药皮失效或崩落，保护效果差，造成气孔、飞溅、烧穿等缺陷。此外，还会导致接头热影响区晶粒粗大，接头韧性变差。

焊接电流过小，则电弧不稳，易造成未焊透、未熔合、气孔和夹渣等缺陷。

确定焊条电弧焊焊接电流的大小要根据焊条类型、焊条直径、焊件厚度、焊接位置、母材性质和施焊环境等因素，其中最主要的是焊条直径和焊接位置。

c. 电弧电压

电弧电压是由电弧长度来决定的，电弧长则电弧电压高，反之则低。

电弧长度是焊条焊芯的熔化端到焊接熔池表面的距离，控制它的长短主要决定于焊工的经验和手工技巧。在焊接过程中，电弧长度直接影响着焊缝的质量和成形。如果电弧太长，电弧漂摆，燃烧不稳定，熔深减少，熔宽加大，焊接速度下降，而且外部空气易侵入，使焊缝质量下降。若弧长太短，熔滴过渡经常发生短路，使操作困难。

d. 焊接速度

在其他焊接工艺参数不变的情况下，焊接速度越小，热输入就越大，这会使焊缝及其热影响区的显微组织粗化，焊接接头力学性能下降。同时焊接速度的增大，也容易产生一些焊接缺陷。但焊接速度太小，不但效率低下，而且对于易淬火钢的焊接效果也越差，因为焊接速度适中时后焊道对前焊道有回火作用，使晶粒细化，提高了焊接质量。

2）焊条电弧焊的焊接过程

焊条电弧焊是利用焊条与工件间产生的电弧将工件和焊条熔化而进行焊接的（见图 10-7）。电弧热使工件和焊条同时熔化形成熔池，电弧热还使焊条的药皮分解、燃烧和熔化。药皮分解、燃烧产生的大量气体包围在电弧周围，药皮熔化后与液态金属发生物理化学作用，所形成的熔渣不断地从熔池中浮起，覆盖在焊缝上。气体和熔渣防止了空气中氧和氮的侵入，保护了液态熔池金属。

当电弧向前移动时，工件和焊条不断熔化形成新的熔池，原先的熔池则不断冷却凝固形成焊缝。覆盖在焊缝表面的液态熔渣逐渐凝固为固体渣壳，这层熔渣和渣壳对焊缝成形的好坏及减缓焊缝金属的冷却速度有着

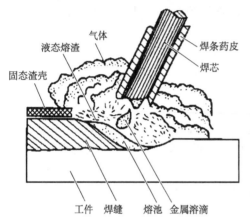

图 10-7　焊条电弧焊的焊接过程

重要的作用。

3）预热、后热及焊后热处理

a. 焊前预热

焊前预热的作用在于延长焊缝金属从峰值温度降到室温的冷却时间，使焊缝中的扩散氢有充分的时间逸出，避免冷裂纹的产生，并延长焊接接头从 800℃ 到 500℃ 的冷却时间，改善焊缝金属及热影响区的显微组织，使热影响区的最高硬度降低，提高焊接接头的抗裂性。焊接构件整体预热，能适当提高焊件温度分布的均匀性，减小内应力；对于厚度较大的碳钢、铜和铝合金，由于其有较高的热传导性，热量大量损失，通过预热有助于金属的熔化。

b. 后热及焊后保温

后热是在焊后立即加热焊件或焊接区，并保持一定时间，然后再缓慢冷却。焊后保温则是焊后把焊件或者焊接区用保温材料覆盖起来，使焊件缓慢冷却。生产中采用后热或焊后保温可降低预热温度，甚至取消预热，收到与预热相同的效果。其主要作用首先体现在加速扩散氢的逸出，防止产生焊接冷裂纹，特别对防止强度等级较高的低合金钢和大厚度焊接结构产生冷裂纹十分有效；其次有利于降低预热温度，改善工人的劳动条

件，避免产生由于过高的预热温度造成的热裂纹等缺陷。

c. 焊后热处理

焊后为了改善焊接接头的组织和性能或消除残余应力而进行的热处理，称为焊后热处理。对于易产生脆性破坏和延迟裂纹的重要结构、尺寸稳定性要求很高的结构、有应力腐蚀的结构等都应考虑焊后进行消除应力的热处理。

常用的焊后热处理有正火或正火加回火与消除应力处理两种。

（1）正火或正火加回火。大厚度构件的焊缝常用电渣焊完成。由于电渣焊焊缝晶粒粗大，达不到所要求的力学性能，因此，焊后必须作正火处理以细化晶粒。对于厚壁受压部件，经正火处理后会产生较高的内应力，所以，正火之后应回火处理以消除应力。

（2）消除应力处理。其主要目的是降低接头中的内应力。由焊接所产生的内应力可能与工作应力叠加，降低了接头的承载能力。特别是在厚壁容器和在低温或腐蚀条件下工作的容器中，焊接内应力可能使接头处于复杂的三向受力状态，大大降低了接头的抗脆断能力。

二、埋弧焊

1. 埋弧焊的基本原理

埋弧自动焊是电弧在焊剂层下燃烧进行焊接的方法。图 10-8 为最常见的埋弧焊焊接装置示意图。各组成部分的工作是：焊剂漏斗 1 在焊接区前方不断输送焊剂 8 于焊件 9 的表面上；送丝机构 2 由电动机带动压轮，保证焊丝 3 不断向焊接区输送；焊丝经导电嘴 5 而带电，保证焊丝与工件之间形成电弧。通常焊剂漏斗、送丝机构、导电嘴等安装在一个焊接机头或小车上，通过机头或小车上的行走机构以一定的焊接速度向前移动。控制盒 6 对送丝速度和机头行走速度以及焊接工艺参数等进行控制与调节。小型的控制盒设在小车上，大的控制箱则作为配套部件而独立设置。电源 7 向电弧不断提供能量。

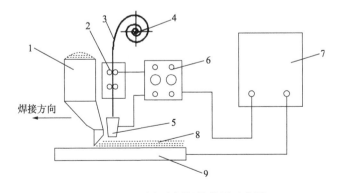

图 10-8 埋弧自动焊焊接装置示意图

1—焊剂漏斗；2—送丝机构；3—焊丝；4—焊丝盘；5—导电嘴；6—控制箱（盒）；

7—弧焊电源；8—焊剂；9—焊件

　　埋弧自动焊的基本原理图如图 10-9 所示。其焊接过程是：焊接电弧 1 是在焊剂 3 层下的焊丝 4 与母材 2 之间产生。电弧热使其周围的母材、焊丝和焊剂熔化以致部分蒸发，金属和焊剂的蒸发气体形成一个气泡，电弧就在这个气泡内燃烧。气泡的上部被一层熔化了的焊剂—熔渣 7 构成的外膜所包围，这层外膜以及覆盖在上面的未熔化焊剂共同对焊接区起隔离空气、绝热和屏蔽光辐射的作用。焊丝熔化的熔滴落下与已局部熔化的母材混合而构成金属熔池 8，熔渣因密度小而浮在熔池表面。随着焊丝向前移动，电弧力将熔池中熔化金属推向熔池后方，在随后的冷却过程中，这部分熔化金属凝固形成焊缝 10。熔渣凝固形成渣壳 9，覆盖在焊缝金属表面上。在焊接过程中，熔渣除了对熔池和焊缝金属起机械保护作用外，还与熔化金属发生冶金反应，从而影响焊缝金属的化学成分。

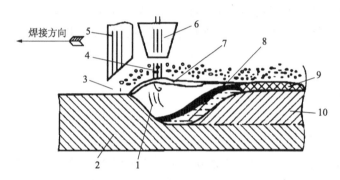

图 10-9　埋弧自动焊焊接基本原理

1—电弧；2—母材；3—焊剂；4—焊丝；5—焊剂漏斗；6—导电嘴；

7—熔渣；8—金属熔池；9—渣壳；10—焊缝

2. 焊丝与焊剂

　　埋弧焊的焊丝相当于焊条中的焊芯，焊剂与焊条药皮的作用相同。焊剂分为熔炼焊剂与烧结焊剂两大类。熔炼焊剂由于具有颗粒强度高，化学成分均匀，不易吸潮，适于大量生产等优点。熔炼焊剂按化学成分（MnO）可分为高锰、中锰、低锰和无锰焊剂。

　　烧结焊剂是用矿石、铁合金、黏结剂按一定比例配制成颗粒状，在高温（＞700℃）烧结而成。如果经低温烧结 300~400℃而成，叫做黏结焊剂或称陶质焊剂。它易于向焊缝金属补充或添加合金元素，但颗粒强度较低，容易吸潮。

　　由于焊丝与焊剂是分开的，因而使用时焊丝与焊剂要适当配合才能获得优质焊缝。例如焊接低碳钢时用高锰焊剂（HJ431）配合一般含锰量的焊丝（H08A），也可用无锰焊剂（HJ130）配合含锰量高的焊丝（H10Mn2）。

3. 埋弧焊常规工艺

1）焊前的准备

　　埋弧自动焊在焊前必须做好准备工作，包括厚焊件的坡口加工、焊接部位的清理及焊件的装配等，对这些工作必须重视，不然会影响焊缝质量。特别需要说明的是，为了在焊接接头始端和末端获得正常尺寸的焊缝截面，和焊条电弧焊一样在直的焊缝始、末端焊前各装配一块金属板，开始焊接用的板称引弧板，结束焊接用的板称收弧板，用后再把它们割掉。通常始焊和终焊处最易产生焊接缺陷，使用引弧板和收弧板就是把焊缝两端向外延长，避免这些缺陷落在接头的始末端，从而保证了整条焊缝质量稳定均匀。

在焊接前，需将坡口及焊接部位的表面锈蚀、污浊、氧化皮、水分等清除干净，可使用手工清除（钢丝刷、风动、电动手提砂轮或钢丝轮等）、机械清除（喷砂）和氧-乙炔火焰烘烤等方法进行。

2）埋弧焊工艺及焊接规范的选择

a. 平板对接焊缝

平板对接焊缝普遍采用双面焊接。双面对接焊的主要问题是在进行第一道焊缝焊接时，要保证一定的熔深，又要防止熔化金属的流逸和烧穿。因此，在焊接时应采取必要的工艺措施来保证焊接过程的稳定。常用的措施有采用焊剂垫、临时工艺垫板和不用衬托的悬空焊接等几种。

（1）悬空焊接法。不用衬托的悬空焊接方法不需要任何辅助设备和装置。为防止液态金属从间隙中流失或引起烧穿，要求焊件在装配时不留间隙或间隙很小，一般不超过1mm。焊接第一面的规范，一般使达到的熔深小于被焊工件厚度的一半，翻转后再进行反面焊接；为保证焊透，反面焊缝的熔深应达到焊件厚度的60%~70%。

（2）焊剂垫法。用焊剂垫法施焊时，其结构原理如图10-10所示。该方法要求下面的焊剂在焊缝全长都与焊件贴合，并且压力均匀，因为过松会引起漏渣和液态金属下淌，严重时会引起烧穿。在焊前装配时，根据焊件的厚度，预留一定的装配间隙进行第一面焊接。规范确定的依据是第一面焊缝的熔深必须保证超过焊件厚度的60%~70%。焊完正面后翻身进行反面焊接，反面焊缝使用的规范可与正面相同或适当减小，但必须保证完全熔透。对重要产品在第二面焊接前，需挑焊根进行焊缝根部清理，此时焊接规范可稍小。

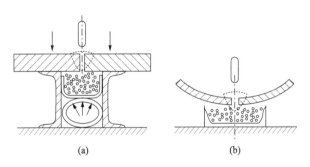

(a)　　　　　(b)

图10-10　焊剂垫结构原理图

对于厚度较大的工件，可采用开坡口的形式进行焊接，坡口的形式由焊件厚度决定。通常厚度小于22mm，可开"V"形坡口，大于22mm时，可开"X"形坡口。

（3）临时工艺垫板法。用临时工艺垫板进行双面焊的第一面焊接时，一般都要求接头处留有一定宽度的间隙，以保证细粒焊剂能进入并填满，临时工艺垫板的作用是托住填入间隙的焊剂。在焊接直缝时，垫板常用厚度为 3~4mm、宽为 30~50mm 的薄带钢，也可采用石棉绳或石棉板作承托物，焊完第一面后，翻转焊件并除去承托物、间隙内的焊剂和焊缝根部的渣壳，然后进行第二面的焊接。

b. 角接焊缝

角接焊缝主要出现在丁字接头和搭接接头中，角接焊可采用船形焊和斜角焊两种形式。

船形焊时，由于焊丝为垂直状态，熔池处于水平位置，容易保证焊缝质量。但当焊缝间隙大于 1.5mm 后，则易产生焊穿或熔池金属流溢的现象，故船形焊要求装配质量较严格。在选定焊接规范时，电弧电压不宜过高，以免产生咬边。

斜角焊是由于焊件太大不易翻转或由于别的原因焊件不能在船形位置进行焊接时，才采用焊丝倾斜的斜角焊接，这种工艺在造船工业中应用较广。其优点是对间隙的敏感性小，即使间隙过大，也不至于产生流渣或熔池金属流逸现象；其缺点是单道焊焊脚最大不能超过 8mm 时，只能使用多道焊。另外，焊缝的成形与焊丝及焊件的相对位置有很大关系，当焊丝位置不当时，易产生咬边或使腹板未焊合。为保证焊缝的良好成形，焊丝与腹板的夹角应保持在 15°~45°范围内（一般为 20°~30°）；电弧电压不宜太高，这样可使熔渣减少，防止熔渣流溢。使用细焊丝可以减小熔池的体积，以防止熔池金属的流溢，并能保证电弧燃烧和稳定。

三、气体保护电弧焊

气体保护电弧焊就是利用某种气体作为保护介质的一种电弧焊方法。焊接时将保护气体送入焊接区，在电弧周围形成气体保护层，防止有害气体侵入熔化金属，以获得高质量的焊缝。充当保护介质的气体有：He、Ar、H、N 及 CO_2 等。这些气体可以单独使用，也可以混合使用。

目前，气体保护电弧焊中应用较广的是氩弧焊和二氧化碳气体保护电弧焊。

1. 氩弧焊

氩弧焊是以氩气作为保护气体的气体保护焊，使用的电极有两种：一种是非熔化钨极，如果焊缝需要填充金属就另外加金属丝[图 10-11(a)]；另一种电极是与被焊金属成分相近的金属丝，称为熔化极[图 10-11(b)]，既作电极，又作填充金属。

根据氩弧焊的操作方法又分为自动氩弧焊和半自动氩弧焊。半自动氩弧焊只是由焊工手持焊枪移动电弧，其他动作仍由焊机自动完成。

氩弧焊由于是明弧，操作方便，可实现全位置自动化焊接。电弧是在氩气流压缩下燃烧，热量集中，焊接速度快，热影响区较窄，工件焊后变形小。氩弧焊一般只限于在室内进行焊接，以防有风破坏保护气流。

氩弧焊可以焊接所有钢材、有色金属及其合金。但由于氩弧焊设备及控制系统较复杂，氩气价格较贵，所以目前氩弧焊主要用于焊接 Al、Mg、Ti 及其合金、不锈钢、耐热钢，以及 Zr、Ta、Mo 等稀有金属。

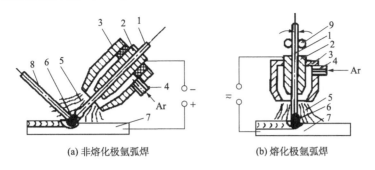

(a) 非熔化极氩弧焊　　　　(b) 熔化极氩弧焊

图 10-11　氩弧焊示意图

1—焊丝或电极；2—导电嘴；3—喷嘴；4—进气管；5—氩气流；6—电弧；

7—工件；8—填充焊丝；9—送丝辊轮

2. 二氧化碳气体保护焊

二氧化碳气体保护焊是利用 CO_2 气体作为保护气体的电弧焊。二氧化碳气体保护焊的焊接装置如图 10-12 所示。利用焊丝作电极，焊丝由送丝机构通过软管经导电嘴送出。CO_2 气体从喷嘴以一定流量喷出。焊丝与工件之间产生电弧。电弧及熔池被 CO_2 气体所包围，可防止空气对液态金属的有害作用。二氧化碳气体保护焊根据操作方式可分为自动焊与半自动焊，目前应用较多是半自动焊，即焊丝送给靠机械自动进行，焊工手持焊枪进行焊接操作。

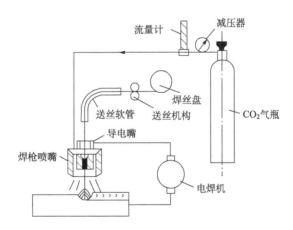

图 10-12　CO_2 保护焊示意图

CO_2 是一种氧化性气体，在电弧高温下能分解为 CO 和 O_2，使钢中的 C、Mn、Si 及其他合金元素被烧损。当熔池中 Si、Mn 被烧损，又没有足够的脱氧元素时，熔池中的 FeO 与 C 反应生成 CO，如冷却太快，CO 来不及逸出熔池就会在焊缝内形成气孔。为了保证焊缝金属具有足够的力学性能和防止产生气孔，二氧化碳保护焊须采用含 Si、Mn 量较高的合金钢焊丝。例如，焊低碳钢常用 H08MnSiA 焊丝，焊低合金结构钢常用 H08Mn2SiA 焊丝。

二氧化碳气体保护焊的优点：

（1）成本低。CO_2 气体价格低，所以焊接成本仅为焊条电弧焊和埋弧焊的 50% 左右。

（2）生产率高。由于采用的电流密度大，电弧热量集中，焊后不用清渣，生产率较焊条电弧焊提高 1~3 倍。

（3）操作性能好。由于是明弧，可以清楚地看到焊接过程，操作方便，可进行全位置焊接，CO_2 保护焊同焊条电弧焊一样灵活，可焊曲线焊缝。

（4）热影响区及焊接变形小。电弧在气流压缩下燃烧，热量集中，并且气流有冷却作用，热影响区及焊接变形小，特别适于薄板的焊接。

（5）抗锈能力强，焊缝含氢量低，抗裂性能好。

然而，CO_2 保护焊与焊条电弧焊相比，使用的设备较复杂；由于采用气体保护焊接区，对风比较敏感，因而露天作业受到限制。因此，CO_2 保护焊目前主要用于焊接低碳钢和低合金结构钢。

第三节　其他焊接方法

一、等离子弧焊接

1. 等离子弧焊的工艺特点

等离子弧焊目前在不锈钢、钛及钛合金和薄板焊件中取代了 TIG 焊，它与 TIG 焊相比有如下特点：

（1）由于等离子弧弧柱温度高、能量密度大，因而对焊件加热集中，熔透能力强，在同样熔深下其焊接速度比 TIG 焊高，故可提高焊接生产率。

（2）由于等离子弧扩散角小，挺直度好，所以焊接熔池形状和尺寸受弧长的波动的影响小，因而容易获得均匀的焊缝成形；而 TIG 焊随着弧长的增加，其熔宽增大，而熔深减小。

（3）由于在小电流（0.1A）焊时，仍具有较平稳的特性，配用恒流电源，能保证焊接过程非常稳定，故可以焊接超薄构件。

（4）由于钨极内缩到喷嘴孔道里，可以避免钨极与工件接触，消除了焊缝夹钨缺陷。

（5）等离子弧焊设备较复杂，设备费用较高，焊接时对焊工的操作水平虽要求不很高，但要求具有更多的焊接设备方面的知识。

2. 等离子弧焊焊接方法

1）穿孔型等离子弧焊接

利用等离子弧能量密度和等离子流力大的特点。可在适当多数条件下实现熔化穿孔型焊接。这时等离子弧把工件完全熔透并在等离子流力作用下形成一个穿透工件的小孔，熔化金属被排挤在小孔周围，随着等离子弧在焊接方向移动，熔化金属沿电弧周围熔池壁向熔池后方移动，于是小孔也就跟着等离子弧向前移动。稳定的小孔焊接过程是不采用衬垫实现单面焊双面一次成形的好方法，因此特别受到关注。一般大电流等离子弧（100~300A）焊大都采用这种方法（见图10-13）。

应该指出的是，穿孔效应只有在足够的能量密度条件下才能形成。板厚增加时所需能量密度也增加。由于等离子弧的能量密度难以进一步提高，因此穿孔型等离子弧焊接只能在有限板厚内进行。目前生产应用的板厚范围为：碳钢小于7mm，不锈钢8~10mm，钛10~12mm。

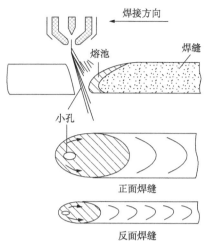

图 10-13 穿孔型等离子弧焊接

2）熔入型等离子弧焊接

当等离子弧的离子气流量减小、穿孔效应消失时，等离子弧仍可进行对接、角接焊。这种熔入型等离子弧焊接方法基本上跟钨极氩弧焊相似，适用于薄板、多层焊缝的盖面及角焊缝，可加或不加填充焊丝，优点是焊速较快。

3）微束等离子弧焊接

15~30A以下的熔入型等离子弧焊接通常称为微束等离子弧焊接。由于喷嘴的拘束作用和维弧电流的同时存在，使小电流的等离子弧可以十分稳定，目前已成为焊接金属薄板的有效方法。为保证焊接质量，应采用精密的装焊夹具以保证装配质量和防止焊接变形。工件表面的清洁应给予特别重视。为了便于观察，可采用光学放大观察系统。

4）脉冲等离子弧焊接

穿孔型、熔入型及微束等离子弧焊接均可采用脉冲电流法，借以提高焊接过程的稳定性，控制全位置焊接焊缝成形，减小热影响区宽度和焊接变形。脉冲频率一般为15Hz以下，脉冲电源结构形式主要为晶闸管式或晶体管式。

3．焊接工艺参数选择

大电流等离子弧焊接通常采用穿孔法焊接技术。获得优良焊缝成形的前提是确保在焊接过程中熔池上形成稳定的穿透小孔，影响小孔形成与稳定的工艺参数主要有喷嘴孔径、离子气流量、焊接电流和焊接速度。

1）喷嘴结构和孔径

这是选择其他参数的前提。一般可按所需电流先确定喷嘴孔径。

2）离子气流量

离子气流量增加可使等离子流力和穿透能力增大。其他条件给定时，为形成穿孔效应需有足够的离子气流量，但过大时也不能保证焊缝成形，应根据焊接电流、焊缝及喷嘴尺寸、高度等参数条件来确定。此外，采用不同种类的气体或混合气体，流量也将是不同的。目前用得最多的是氩气，焊不锈钢时可采用 Ar+(5~15)%H$_2$，焊钛时可采用 (50~75)%He+(25~50)%Ar，以便提高热效率。焊铜时也可采用 100%N$_2$ 或 100%He。

3）焊接电流

其他条件给定时，焊接电流增加，等离子弧熔透能力提高。跟其他电弧焊方法一样，焊接电流总是根据板厚或熔透要求首先选定的。电流过小，小孔直径减小甚至不能形成小孔；电流过大，小孔直径过大，熔池坠落，也不能形成稳定的穿孔焊接过程。此外，电流过大还可能造成双弧而破坏稳定的焊接过程，电流要有一个适宜范围，离子气流量也要有一个使用范围，而且与电流将是相互制约的。

4）焊接速度

其他条件给定时，焊速增加，焊缝热输入减小，熔孔直径减小，只能在一定焊速范围内获得小孔焊接过程。焊速太慢又会造成焊缝坠落，正面咬边，反面突出太多。对于给定厚度的焊件，为了获得小孔焊接过程，离子气流量、焊接电流和焊速这三个参数应保持适当的匹配。

二、钎焊

利用熔化的填充金属将被焊工件在固态下连接起来的方法叫钎焊。填充金属称为钎料。

钎焊过程是将表面已清理好的工件以搭接接头形式装配在一起。两工件搭接处要留一定的间隙，钎料放在间隙附近或装配在间隙内。当工件和钎料被加热到温度稍高于钎料的熔点时，熔化的液态钎料借助两工件接头间隙的毛细管作用流入间隙之内。由于被焊金属原子与钎料原子间的相互扩散作用，在钎料凝固之后就形成了钎焊接头。

根据钎料熔点不同可分为硬钎焊与软钎焊。硬钎焊的钎料熔点大于 450℃，接头强度较高，σ_b 可达 400~500MPa；软钎焊的钎料熔点低于 450℃，接头强度较低，σ_b 一般不超过 70MPa。

1. 硬钎焊

由于钎料熔点及接头强度较高，所以适用于受力较大和工作温度较高的工件，例如硬质合金刀具的钎焊。

硬钎料是以 Cu 或 Ag 为主体的合金，称为铜钎料或银钎料；另外还有铝钎料和镍基钎料。

钎焊时需要加入钎剂。钎剂的作用是去除接头处的氧化物，保护钎料及母材免受氧化，改善钎料对母材的润湿性。钎剂主要由硼砂、硼酸、氟化物、氯化物等组成。

钎焊接头的装配间隙必须很小（0.03~0.30mm），以起到毛细管作用，使钎料进入接头内。为了保证间隙，焊前需要对焊件接头进行适当加工，接头表面需经清洗工序后进行钎焊。

硬钎焊可采用多种加热方法进行，如火焰加热、电阻加热、感应加热、炉内加热和盐浴炉加热。

2. 软钎焊

软钎焊的钎料是以 Sn、Pb 为基础的合金。常采用的钎剂为松香或氯化锌溶液。

软钎焊的接头强度较低，为了增加接头的强度，常采用折边咬口、铆接或点焊后再进行钎焊，这时钎焊的目的就是为了保证焊件的密封性。

软钎焊常采用烙铁加热，在大量生产时还可将焊件浸入钎料熔池内进行钎焊。

钎焊与一般熔化焊相比，钎焊的主要特点是钎焊过程中只需钎料熔化，焊件加热温度较低，接头的金属组织和力学性能变化很小，变形也很小，能保持工件的准确尺寸和外形，接头表面光滑平整。钎焊可以焊接同种金属，也可以焊接性能差异很大的异种金属和厚薄悬殊的工件。对工件整体加热时，可同时钎焊很多条接缝和很多个焊件，生产率高。钎焊的主要缺点是接头强度较低，特别是动载强度低，另外钎焊接头允许的工作温度不高，钎焊前对工件的加工、清洗和装配工作都要求较严，钎料多为有色金属及贵重金属。因此，钎焊不适于焊接结构件和重载、动载零件，主要应用在机械、仪表、航空、空间技术等工业部门的小件或精密件焊接。

三、激光焊

激光焊接是利用高能量密度的激光束作为热源的一种高精密焊接方法。激光单色性和方向性极好，聚焦后能量密度可达 $10^7 W/mm^2$，在千分之几秒或更短的时间内光能迅速转换成热能，温度可达上万度，极易熔化和气化各种对激光具有一定吸收能力的金属和非金属材料，因此激光被广泛应用于焊接和切割。

1. 激光焊接的机理

1）热导焊

激光的热导焊类似于 TIG 焊等电弧焊接过程，焊接过程以热传导为主，焊缝截面轮廓接近半球形。当激光功率密度低于 $10^3 W/mm^2$ 时，金属材料表面吸收的光能转变为热能，使金属表面升温、熔化，然后通过热传导的方式把热能传到金属内部，使熔化区逐渐扩大、凝固并形成焊缝，这种焊接机理称为热导焊。热导焊过程中有很大一部分光被金属表面所反射，材料对光的吸收率比较低，熔深浅，焊接速度慢，因此主要用于 1mm 以下的薄板焊接和小零件的焊接加工。

2）深熔焊

当激光功率密度达到 $10^4 W/mm^2$ 以上时，金属在激光照射下，表面金属在极短的时间内（$10^{-8} \sim 10^{-6} s$）迅速升温、熔化并气化。金属蒸气以一定的速度离开熔池，对液态金属产生一个附加压力，使熔池金属表面向下凹陷，在激光光斑下产生一个小凹坑。随着小孔底部金属进一步熔化、气化，产生的金属蒸气一方面压迫坑底金属使小孔进一步加深；另一方面，向坑外飞出的蒸气将熔化的金属挤向熔池四周。这个过程持续进行下去，便在液态金属中形成一个细长的空洞。当光束能量所产生的金属蒸气的反冲压力与液态金属的表面张力和重力平衡后，小孔便不再继续加深，形成一个深度稳定的孔而进行焊接，因此称之为深熔焊。

3）激光焊接过程中的三种特殊效应

激光焊接过程中存在三种特殊的效应，影响焊接过程。

（1）等离子体效应。等离子体效应是指激光焊接过程中产生的金属蒸气受能量和高温作用激发电离形成等离子体，对光有吸收和散射的作用，使激光焦点位置改变，从而降低了激光功率密度和热源的集中密度。

（2）壁聚焦效应。激光深熔焊时，当形成小孔效应后，激光束与小孔壁相互作用，入射激光的一部分被小孔壁反射后重新聚焦，该效应称为壁聚焦效应。壁聚焦效应可以使激光在小孔内维持较高的功率密度，进一步熔化材料。

（3）焊缝净化效应。激光焊缝净化效应指在对焊接区进行有效保护，使之不受大气污染的前提下，激光的高能特点使焊缝金属中的有害杂质元素和夹杂物大大减少的现象。该效应对接头的塑性和韧性有很大好处。

2. 激光焊接的工艺特点

与其他传统焊接工艺相比，激光焊接有以下优点：

（1）激光束可高度集中于非常狭小的区域，形成高能量密度的热源，因此焊缝深宽比大，热变形小。

（2）激光焊接可以在大气压下进行，无需真空室。

（3）利用视窗、透镜及光纤，激光可以实现远程位置焊接和多工作台焊接。

（4）激光焊接可以在焊条和电子束无法达到的三维构件内部的细微区域中进行焊接，可以实现单面焊双面成形。该特点开辟了接头设计的许多新思路，尤其是不可接触表面的焊接。

（5）在大多数情况下激光焊接不需填充材料，从而消除了焊条及电极材料产生的污染，降低了有益合金元素的烧损。

作为高能热源，激光在使用过程中也存在不足，比如激光器及光学传输等附属系统成本高，接头装配困难和焊接中的光束反射等问题，在一定程度上限制了激光在焊接和其他加工的使用。

3. 激光焊接工艺

激光焊接是将光能转换为热能的过程，因此光和热两方面的性质在激光焊接时都要考虑，如光的吸收、能量密度、热容量、熔点、沸点及金属表面状况等。

1）焊接时激光的能量范围

为避免焊点金属的蒸发和烧穿，必须控制能量密度，保证整个焊接过程中能量密度高于熔点而低于沸点，因此金属熔点、沸点距离越大，焊接规范适应范围越宽，焊接过程越容易掌握。

2）材料对激光的反射率

金属表面对激光的反射、透射和吸收，本质上是光波的电磁场与材料相互作用的结果；金属对激光的吸收主要与激光的波长，材料的性质、温度、表面状况和激光功率密度有关。

大部分金属对 10.6μm 波长的光反射强烈，而对 1.06μm 的光发射较弱，结果使得同样功率的 YAG 激光器焊接比 CO_2 激光器焊接具有较大的熔深。大多数金属在激光开始照射时，能将大部分能量反射回去，所以焊接开始瞬间需要较大的功率密度。

另外，金属对激光的吸收率随温度的上升而增大，随电阻率的增大而增加。室温时材料对激光的吸收率在 20% 以下，当温度达到金属材料熔点时可以上升到 50% 左右，接近沸点时可达 90%，因此焊接时一般选用接近沸点的功率密度。

材料的表面状态主要是指材料表面有无氧化膜、表面粗糙度以及有无涂层。随着表面粗擦度的增加，材料对激光吸收程度增加，但当材料表面粗糙度大于 2μm 时，吸收率与表面粗糙度关系不大。在金属材料表面镀容易和基体形成合金的薄膜可以提高金属对 10.6μm 波长的吸收率。

3）激光功率密度

材料气化是材料对激光吸收的一个分界线，当激光功率密度大于 $10^3 W/mm^2$ 时，金属气化形成小孔，对激光的吸收率可以提高到 90% 以上。

四、摩擦焊

摩擦焊是在压力作用下，通过待焊界面的摩擦，使界面及其附近温度升高，材料的变形抗力降低，塑性提高，界面的氧化膜破碎，伴随着材料产生塑性变形与流动，通过界面扩散及再结晶冶金反应而实行连接的固态焊接方法。

1. 摩擦焊原理

在压力作用下，被焊接面通过相对运动进行摩擦时，机械能转变为热能。摩擦加热功率由下式计算：

$$N = \mu KPV \tag{10-3}$$

式中：μ——摩擦系数；

　　　K——系数；

　　　P——摩擦压力；

　　　V——相对运动速度。

对于给定材料，在足够的摩擦压力和相对运动速度条件下，被焊材料温度不断上升，工件产生一定的塑性变形。在适当时刻施加较大的顶锻力并保持一定时间，即可实现材料的固相连接（摩擦焊过程及主要参数随时间的变化如图 10-14 所示）。焊接过程可分为 5 个阶段：

（1）初始摩擦阶段。凸凹不平相互嵌入的表面迅速产生变形和机械挖掘现象，表面不平会引起振动和空气卷入[见图 10-14(b)]。

（2）不稳定摩擦阶段。摩擦破坏了待焊面的原始状态，未受污染的材质相接触，界面温度升高和塑性增高。随着工件表面逐渐逐渐平整，机械挖掘现象减小，振动消除，连接界面产生高温塑性状态和金属颗粒的"黏结"现象。

（3）稳定摩擦阶段。材料的黏结现象减小而分子作用现象增强，摩擦系数减小，使摩擦加热功率稳定在较低水平。变形层在力的作用下不断从摩擦表面挤出，变形飞边逐渐增大。

（4）停车阶段。伴随着工件间的相对运动减小和停止，摩擦扭矩增多，界面附近的高温材料被大量挤出[见图 10-14(c)]。

（5）顶锻阶段。工件停止相对运动后顶锻力迅速上升到最大值，变形层和高温区的部分金属被不断挤出，焊缝金属产生变形、扩散和再结晶；顶锻力撤除后要保持一定时间，以获得结合牢固的接头[见图 10-14(d)]。

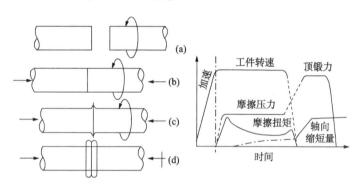

图 10-14 摩擦焊过程及主要参数随时间的变化

2. 摩擦焊分类

1）连续驱动摩擦焊

焊件一端被主轴驱动并在整个摩擦阶段处于驱动状态。

2）惯性摩擦焊

焊件的驱动主轴由一个具有一定转动惯量的飞轮带动，达到预定转速后便脱开驱动电机进行惯性摩擦运动。适合于大断面和大功率的焊接。

3）搅拌摩擦焊

搅拌摩擦焊主要连接原理是采用一种非耗损的特殊形状的搅拌头在待焊工件的连接界面旋转、摩擦和搅拌，同时施加挤压力（见图 10-15）。在摩擦热和机械力的共同作用下使连接界面产生扩散接合而形成金属间的致密连接。由于被焊工件不需运动，故搅拌摩擦焊适合于非圆截面（平板等）工件的连接。

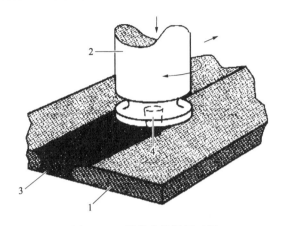

图 10-15 搅拌摩擦焊原理图

1—焊件；2—夹持器；3—焊缝；4—搅拌头

搅拌摩擦焊可取代电弧焊接方法进行铝、铜、不锈钢等材料的连接，且特别适用于铝锂合金、钛合金等宇航材料的焊接。搅拌摩擦焊易于防止焊接气孔、夹杂和凝固裂纹的产生，加之具有制造成本低及有利于保护环境的优点，已在航空、航天、汽车等工业领域得到应用。

3. 摩擦焊工艺参数及其应用

1）主要工艺参数

（1）转速和摩擦压力。焊件直径越大，所需摩擦功率越大；焊件直径确定后，所需摩擦功率取决于转速和压力。为了产生足够的热量和保证端面的全面接触摩擦，应保持摩擦压力足够大。实际焊接平均摩擦线速度为 0.6~3.0m/s，摩擦压力为 20~100MPa。

（2）摩擦时间。在摩擦线速度和摩擦压力一定的条件下，适当的摩擦时间是获得接合面均匀加热和适当变形的主要参数。

（3）停车时间及顶锻时间。一般应在制动停车 0.1~1s 后进行顶锻，其间转速降低，摩擦阻力和摩擦扭矩增大，轴向缩短速度也增大。顶锻时间、顶锻压力是挤碎和和挤出表面氧化物的主要影响因素。顶锻变形量是顶锻程度的主要标志。一般顶锻压力为摩擦压力的 2~3 倍，顶锻量为 1~6mm，顶锻速度宜为 10~40mm/h。

2）摩擦焊的应用实例

（1）航空、航天领域采用摩擦焊的典型构件有低压钛合金转子组件、喷气发动机压缩机转子、飞机起落架拉杆和定子叶片。

（2）石油钻探杆管体与钻头的焊接，钻杆长度 10m，钻头为高合金材料。

（3）切削工具常焊接异种材料如工具钢和碳钢。工程机械的典型零件有柴油机活塞、传动轴及齿轮、汽车万向轴组件等的焊接。

第四节　常用金属材料的焊接

一、金属材料的焊接性能

人们在各种金属材料的焊接实践中总结出：有些金属材料在很简单的工艺条件下施焊即可获得完好的、能满足使用要求的焊接接头。相反，有些金属材料须配合很复杂的工艺条件（如高温预热、高能量密度、高纯度保护气氛或高真空度以及焊后复杂热处理等）施焊，方可获得完好的、具有一定使用性能的焊接接头，否则易形成焊接裂纹、气孔等焊接缺陷。为了评价材料在焊接加工过程中所具有的这种特性，人们提出了焊接性能的概念，以便正确评定材料所具有的焊接加工性能，从而制订出相应合理的焊接工艺。

1. 金属焊接性能

金属焊接性能（也称可焊性）是指金属是否能适应焊接加工而形成完整的、具备一定使用性能的焊接接头的特性。通常情况下，金属焊接性能包含有两个方面的内容：一是金属在焊接加工中是否容易形成缺陷（如裂纹、气孔等），即对冶金缺陷的敏感性；二是焊成的接头在一定的使用条件下可靠运行的能力，也即使用性能。理论上讲，只要在高温熔化状态下相互能够形成熔液或共晶的任何两种金属或合金都可以采用熔化焊的方法进行焊接。从这点出发，同种金属或合金之间是可以形成焊接接头的，或者说是具有良好焊接性能的。很多异种金属或合金之间也是可以形成焊接接头的，必要时还可以通过增加过渡层的方法来实现，这也可以看做是具有一定的焊接性能。但这里所说的只不过是理论上的焊接性能，并没有将实际生产中是否能实现焊接考虑在内。例如，焊接时是否会产生质量问题而造成使用性能不合格；是否需要特殊的焊接材料或复杂的工艺措施；成本费用是否过高等。因此，在分析焊接性能的时候，必须十分重视具体工艺条件，也就是说要着重分析"工艺焊接性能"。

2. 工艺焊接性能

工艺焊接性能是一个相对的概念。如果一种金属材料可以在很简单的工艺条件下焊接而获得完好的接头，能够满足使用要求，就可以说是焊接性能良好。反之，如果必须在很复杂的工艺条件下（如高温预热、高能量密度、高纯度保护气氛或高真空度以及焊后复杂热处理等）才能够焊接，或者焊接接头在性能上不能很好地满足使用要求，就可以说是焊接性能较差。

焊接性能主要取决于金属材料本身固有的性能，同时工艺条件也有着重要的影响。工艺焊接性能就是金属在一定的工艺条件下形成具有一定使用性能的焊接接头的能力。下面是影响焊接性能的因素。

1）材料因素

材料不仅仅指被焊母材本身，还包括焊接材料，如焊丝、焊条、焊剂、保护气体等。这些材料在焊接时直接参与熔池或熔合区的物理化学反应，其中，母材的材质对热影响区的性能起着决定性的影响。焊接材料与焊缝金属的成分和性能是否匹配也是关键的因素。如果焊接材料与母材匹配不当，则可能引起焊接区内的裂纹、气孔等各种缺陷，也可能引起脆化、软化或耐腐蚀等性能变化。所以，为保证良好的焊接性能，必须对材料因素予以充分的重视。

2）工艺因素

大量的实践证明，同一种母材，在采用不同的焊接方法和工艺措施的条件下，其工艺焊接性能会表现出极大的差别。

焊接方法对工艺焊接性能的影响主要在两个方面：首先是焊接热源的特点，如功率密度、加热最高温度、功率大小等，可以直接改变焊接热循环的各项参数，如热输入量大小、高温停留时间、相线温度区间的冷却速度等，可以影响接头的组织和性能。其次是对熔池和接头附近区域的保护方式，如熔渣保护、气体保护、气-渣联合保护或是在真空中焊接等，这些都会影响焊接冶金过程。显然，焊接热过程和冶金过程必然对接头的质量和性能会有决定性的影响。

在各种工艺措施中，采用最多的是焊前预热和焊后热处理，这些措施分别对降低焊接残余应力、防止热影响区淬硬脆化、避免焊缝热裂纹或氢致裂纹等都是比较有效的。此外，严格烘干焊条、焊剂，清洗焊丝及坡口，合理安排焊接顺序，控制焊前冷却变形，保证坡口形状尺寸及装配间隙等工艺措施，也都非常重要。

3）结构因素

焊接接头的结构设计影响其受力状态。设计焊接结构时，应尽量使接头处于拘束度较小、能够较为自由的伸缩的状态，这样有利于防止焊接裂纹；应避免缺口、截面突变、堆高过大、焊缝交叉等情况出现，否则会造成应力集中，降低接头性能。母材厚度或焊缝体积很大时会造成多轴应力状态，实际上影响承载能力。

4）使用条件

焊接结构必须符合使用条件的要求。载荷的性质、工作温度的高低、工作介质有无腐蚀性等都属于使用条件。

焊接接头在高温下承载，必须考虑到某些合金元素的扩散和整个结构发生蠕变的问题。承受冲击载荷或在低温下使用时，要考虑到脆性断裂的可能性。接头如需在腐蚀介质中工作或经受交变载荷或在低温下使用时，又要考虑应力腐蚀或疲劳破坏的问题。总之，使用条件越是苛刻，则对接头质量和性能的要求越高，工艺焊接性能也就越不容易保证。

综上所述，焊接性能与材料、工艺结构和使用条件等因素都有密切的关系，所以不应脱离这些因素而单纯从材料本身的性能来评价焊接性能。此外，从上述分析也可以看出，很难找到某一项技术指标可以概括材料的焊接性能，只有通过综合多方面的因素，才能讨论焊接性能问题。我们讲焊接性能不能离开具体的工艺条件，否则是没有意义的。

3. 碳当量法

焊接结构所用的金属材料绝大多数是钢材。影响钢材焊接性能的主要因素是钢材的化学成分，特别是钢材的含碳量影响最大。焊接热影响区的淬硬程度是引起接头产生裂纹的影响因素之一。所以除了采用试验方法确定钢材的焊接性能之外，有时也可用碳当量法来估算钢材的焊接性能。

碳钢及低合金结构钢常用的碳当量计算公式为

$$C_{当量} = \left(C + \frac{Mn}{6} + \frac{Cr + Mo + V}{5} + \frac{Ni + Cu}{15} \right) \times 100\% \tag{10-4}$$

式中，C、Mn、Cr、Mo、V、Ni、Cu 均为钢中该元素的质量分数。

$C_{当量} < 0.4\%$时，钢材塑性良好，淬硬倾向不明显，焊接性能优良，焊接时一般不需要预热，但对于厚大件或在低温下焊接时也应该考虑预热。

$C_{当量} = 0.4\% \sim 0.6\%$时，钢材塑性下降，淬硬倾向逐渐明显，焊接性能较差，需要采用适当的预热和一定的工艺措施。

$C_{当量} > 0.6\%$时，钢材塑性较低，淬硬倾向大，焊接性能不好，需要采用较高的预热温度和严格的工艺措施。

利用碳当量法估算钢材的焊接性能是一种粗略的方法，在实际工作中，常根据被焊工件具体情况通过试验来确定这种钢材的焊接性能。具体的试验规范可查相应的国家标准。

二、常用钢材的焊接

1. 碳钢的焊接

低碳钢含碳量 ω_C 小于 0.25%，塑性好，没有淬硬倾向，焊接性能良好，采用任意一种焊接方法，都能获得良好的接头。焊接时不需要采取特殊的工艺措施，通常焊后也不需要热处理。在低温环境下焊接刚度较大的工件时，应适当考虑焊前预热。厚度大于50mm 的低碳钢结构件，焊后应进行热处理以消除焊接残余应力。

中碳钢含碳 $\omega_C = 0.25\% \sim 0.6\%$，焊接性能较差，其焊接特点：

（1）热影响区易产生淬硬组织及冷裂纹。含碳量越高，工件越厚，淬硬倾向也越大。焊件刚度大和焊接工艺不当时，容易产生冷裂纹。

（2）焊缝金属较易产生热裂纹。由于母材含碳量较高，母材熔化进入熔池使焊缝金属的含碳量增加，致使焊缝容易产生热裂纹。

为了使中碳钢焊后不产生裂纹和得到满意的力学性能，应采取如下措施：

（1）尽可能选用抗裂性能好的低氢型焊条。如要求焊缝与母材等强度，可根据母材强度选用 J506、J507、J606、J607 焊条；如不要求等强度时，应选用强度低些的低氢型焊条，如 J426、J427 焊条。

（2）焊前预热是焊接中碳钢的重要工艺措施。预热可以减小焊接应力和减缓冷却速度，有利于防止冷裂纹的产生。

高碳钢含碳量 ω_C 大于 0.6%，其焊接特点与中碳钢基本相似，含碳量较中碳钢更高，使接头产生裂纹的倾向更大，焊接性能更差。因此，焊接结构不宜采用这种钢材，焊接只用于高碳钢件的修补工作。

2. 低合金结构钢的焊接

1）主要问题

低合金结构钢是焊接生产中应用较多的钢种，其焊接的主要问题如下。

（1）热影响区的淬硬倾向。热影响区的淬硬程度与钢材的含碳量和强度级别有关。强度等级低含碳量少的低合金高强度钢，如 300MPa 级的 09Mn2、09Mn2Si 钢等淬硬倾向更小，焊接性能与一般低碳钢几乎没有什么差别。350MPa 级的 Q345（16Mn）钢，淬硬倾向也不大，但焊接参数不当时也可能出现低碳马氏体。强度级别大于 450MPa 级的低合金钢，淬硬倾向增大，热影响区产生马氏体组织，形成淬火区，硬度明显提高，塑性、韧性下降。

（2）焊接接头的裂纹倾向。随着钢材强度级别的提高，产生冷裂纹的倾向也增大。影响产生冷裂纹的因素主要有三方面：一是焊缝及热影响区的含氢量；二是热影响区的淬硬程度；三是焊缝接头残余应力的大小。冷裂纹是在三因素的综合作用下产生的，而氢常是重要的因素。由于氢在金属中扩散、集聚和诱发，冷裂纹需要一定的时间，因此冷裂纹的产生常具有延迟现象，故又称为延迟裂纹。

2）注意点

为了避免热影响区的淬硬组织和接头冷裂纹的产生，焊接低合金结构钢时要注意以下的问题。

（1）对强度等级较低的钢材，在常温下焊接时与焊接低碳钢一样。在低温下或大刚度、大厚度结构焊接时，应注意防止出现淬硬组织，要适当增大焊接电流，减慢焊接速度，选用抗裂性能强的低氢型焊条或进行预热。对压力容器等重要工件，厚度大于 20mm 工件，焊后还应进行退火处理。

（2）对强度级别大的低合金结构钢，焊接前一般需要预热，预热温度≥150℃。焊接时，可以调整焊接参数来严格控制热影响区的冷却速度。焊后还要及时进行低温退火以消除残余应力。如果在生产中不能立即进行低温退火，可先进行去氢处理，即将焊件加热到 200~350℃，保温 2~6h，以加速氢的扩散逸出，防止冷裂纹的产生。

三、铸铁的焊接

铸铁是装备制造业中应用最多的铸造金属材料。按重量进行统计，在汽车、拖拉机行业中，铸铁用量占 50%~70%；在机床行业中，铸铁用量占 60%~90%。但是，铸铁的塑性、韧性较低，焊接性能很差，所以铸铁的焊接主要用于补焊铸件的缺陷或是使用过程中损坏的铸铁件。

1. 铸铁焊接的主要问题

（1）焊接接头易产生白口及淬火组织，焊接是局部加热，焊后的冷却速度较铸造成形时快得多，不利于石墨的析出，容易产生白口组织，焊后难以进行切削加工。

（2）接头容易产生裂纹，普通铸铁塑性差，强度低，焊接时不能产生塑性变形以松弛焊接应力，当焊接应力超过铸铁的抗拉强度时就会产生裂纹。铸铁中 C、S、P 等含量较多，也促使铸铁焊接时容易产生裂纹。

2. 铸铁的焊接方法

由于铸铁焊接是焊补铸件破损的铸铁零件，所以都是采用手工操作，一般采用焊条电弧焊、气焊或钎焊。按焊前是否预热分为热焊法与冷焊法。

（1）热焊法。焊前将工件整体或局部预热到 600~700℃，焊接过程保持此温度，焊后要缓慢冷却。热焊法能减小焊接应力，焊后接头不会形成白口和淬硬组织，也不会产生裂纹，焊接质量较好。但是热焊法生产率低，成本高，劳动条件不好。

（2）冷焊法。冷焊法焊前一般不预热，为了防止产生白口组织和裂纹，主要依靠焊条药皮来调整焊缝的化学成分。冷焊法生产率高，成本低，劳动条件好。

对中小型薄壁铸铁件常采用气焊和钎焊。由于气焊加热与冷却缓慢，采用含碳、硅量较高的铸铁棒作填充金属，焊缝金属可以获得灰口组织。钎焊时由于母材不熔化，可以避免产生白口组织。钎焊加热温度较低，不易产生裂纹。对于大型厚壁铸件，焊补缺陷较大时，也可以采用手工电渣焊进行焊补。

四、有色金属及其合金的焊接

1. 铜及铜合金的焊接

铜及其合金具有良好的导电性、导热性、延展性、耐蚀性和优良的力学性能，因此在工业中应用仅次于钢铁和铝，特别是在电气、化工、食品、动力及交通等工业领域得到广泛的应用。

在铜及铜合金焊接中，最常用到的是紫铜和黄铜的焊接，青铜焊接多为铸件缺陷的补焊，而白铜焊接在机械制造工业中应用较少。而铜及铜合金的焊接比低碳钢要困难得多，主要问题是：

（1）铜的导热性很高，约为低碳钢的 8 倍，因此焊接时需选用较大的电流或火焰。焊前必须预热工件，否则易产生焊不透的缺陷。

（2）铜在液态时能溶解大量氢，当焊缝金属冷却太快、氢来不及逸出时，易产生气孔。

（3）铜在高温时氧化速度加快，生成 Cu_2O 与铜形成低熔点共晶体，分布在晶粒边界上，形成脆性薄膜，降低接头的力学性能。

（4）铜的线膨胀系数大，凝固时收缩率大，因此焊接应力及变形大，对于刚性较大的焊件易产生裂纹。

（5）铜合金中的某些元素比铜更容易氧化，使焊接的难度加大。例如铝青铜中的铝更易氧化，形成 Al_2O_3 后增大了渣的黏度，易形成夹渣缺陷。又如黄铜中的锌，不但易氧化，而且沸点低，极易蒸发，生成氧化锌 ZnO。锌的烧损不仅降低接头的力学性能，还会引起焊工中毒。

铜及铜合金几乎可以采用所有的焊接方法焊接。选用哪一种方法合适，需要根据焊件的厚度、大小、生产批量、技术要求、工厂设备、材料及技术水平等具体条件来考虑。例如氩弧焊主要焊接纯铜及青铜，气焊主要焊接黄铜。铜及铜合金可选用的熔焊方法见表 10-2。

表 10-2 铜及铜合金焊接方法的特点及应用

焊接方法	特 点	应 用
钨极氩弧焊	焊接质量好，易于操作，焊接成本较高	用于薄板（小于 12mm），纯铜、黄铜、锡青铜、白铜采用直流正接，铝青铜用交流
熔化极氩弧焊	焊接质量好，焊接速度快，效率高，但设备昂贵，焊接成本高	板厚大于 3mm 可用，板厚大于 15mm 优点更显著，采用直流反接
等离子弧焊	焊接质量好，焊接速度快，效率高，但设备费用高	板厚在 6~8mm 可不开坡口，一次焊成，最适合 3~15mm 中厚板焊接
焊条电弧焊	设备简单，操作灵活，焊接速度较快，焊接变形较小，但焊接质量较差，易产生焊接缺陷	采用直流反接，适用板厚 2~10mm
埋弧焊	电弧功率大，熔深大，变形小，效率高，焊接质量较好，但容易产生气孔	采用直流反接，适用板厚 6~30mm 中厚板
气焊	设备简单，操作方便，但火焰功率低，热量分散，焊接变形大，成形差，效率低	用于厚度小于 3mm 的不重要结构中

2. 铝及铝合金的焊接

铝及铝合金的密度小，具有较高的比强度和良好的抗腐蚀性以及高的导电性和导热性。纯铝强度低，为提高强度在铝中加入铜、镁、锰、硅、锌等合金元素，得到不同性能的铝合金。铝和氧的亲和力大，在空气中就能与氧化合，形成致密的难熔氧化铝膜，而具有耐酸碱的耐腐蚀性能。形成的氧化铝膜，熔点高达 2050℃，它既能阻碍金属之间良好结合，又妨碍熔融金属润湿；其次氧化膜密度 3.95~4.18g/cm³，与铝接近又易形成夹杂；氧化膜易吸附水，焊接时还会促使焊缝生成气孔。

铝及铝合金焊接中的主要特点：

（1）铝极易氧化生成 Al_2O_3 形成一层致密的薄膜覆盖在铝的表面上，阻碍铝的导电和熔合。另外，氧化铝的密度比铝大，易使焊缝产生夹渣缺陷。

（2）铝的热导率较大，要求采用加热集中而能量大的焊接热源。焊件厚度较大时应预热。铝的膨胀系数较大，易产生大的焊接应力和变形，导致裂纹的产生。

（3）液态铝可溶解大量的氢，而固态铝则几乎不溶解氢，因此，当熔池冷却较快时易生成气孔。

（4）铝在高温时强度及塑性都很低，焊接时常由于不能支持熔池金属质量而使焊缝塌陷，因此焊接时常需采用垫板。

（5）铝由固态转变为液态时无颜色变化，给焊接操作者掌握加热温度带来困难，容易造成烧穿缺陷。

目前铝及铝合金虽可以采用多种焊接方法来焊接，但应用较多的焊接方法还是氩弧焊。由于氩气的保护作用和氩离子对氧化膜的阴极破碎作用，氩弧焊焊铝时可以不用溶剂。氩气纯度一般要求大于 99.9%，填充金属可采用与母材成分相近的焊丝。在小批量生产或是修补铝及铝合金零件时也常采用气焊。常用焊接方法的特点及应用范围见表 10-3。

表 10-3　铝及铝合金常用焊接方法的特点及应用范围

焊接方法	特　　点	应 用 范 围
TIG 焊	氩气保护，电弧热量集中，电弧燃烧稳定，焊缝成形美观，焊接接头质量好	主要用于板厚在 6mm 以下的重要结构的焊接
MIG 焊	氩气保护，电弧功率大，热量集中，焊接速度快，热影响区小，焊接接头质量好，生产效率高	主要用于板厚在 6mm 以上的中厚板结构的焊接
脉冲 TIG 焊	焊接过程稳定，热输入精确可调，焊接变形小，接头质量好	薄板、全位置焊接、装配焊接对热敏感性强的锻铝、硬铝等高强度铝合金
脉冲 MIG 焊	焊接变形小，抗气孔抗裂性高，参数调节范围广	
等离子弧焊	热量集中，焊速快，焊接变形和应力小，工艺较复杂	对接头要求比氩弧焊更高的场合
激光焊	焊接变形小，热影响区小	需进行精密焊接的焊件
电阻焊	利用焊件内部电阻热，接头在压力下凝固结晶，不需添加焊接材料，生产率高	主要用于板厚在 4mm 以下薄板的搭接焊
钎焊	依靠液态钎料与固态焊件之间的扩散而形成焊接接头，焊接应力及焊接变形小，但接头强度低	主要用于厚度≥0.15mm 薄板的搭接、套接等

3. 钛及钛合金的焊接

钛及钛合金作为结构材料有许多特点：密度小（约 4.5g/cm^3），抗拉强度高（441~1470MPa），比强度（强度/密度）大。在 300~500℃高温下钛合金仍具有足够高的强度，而铝合金及镁合金只能在 150~250℃范围内作为结构材料。钛及钛合金在海水及大多数酸、碱、盐介质中均具有较优良的抗腐蚀性能。此外还有良好的低温冲击性能。由于钛及钛合金具有这些优良特性，在航空航天工业、化学工业、造船工业等领域获得了广泛的应用。

钛及钛合金在焊接中的特点：

（1）焊接接头的污染脆化。在常温下，钛及钛合金是比较稳定的。但随着温度的升高，钛及钛合金吸收氧、氮、氢的能力也随之明显上升。钛材在 400℃以上高温（固态）下极易被空气、水分、油脂、氧化皮污染。实验表明，钛从 250℃开始吸收氢，从 400℃

开始吸收氧，从 600℃开始吸收氮。由于表面吸入氧、氮、氢、碳等杂质，从而降低焊接接头的塑性和韧性。

（2）焊接接头裂纹。在钛及钛合金焊缝中含氧、氮量较多时，就会使焊缝及热影响区性能变脆，如果焊接应力比较大，就会出现低塑性脆化裂纹。这种裂纹是在较低温度下形成的。在焊接钛合金时，有时也会出现延迟裂纹，其原因是氢由高温熔池向较低温度的热影响区扩散，随着含氢量的提高，热影响区析出 TiH_2 量增加，使热影响区的脆性增大，同时，析出氢化物时由于体积膨胀而引起较大的组织应力，再加以氢原子的扩散与聚集，以致最后形成裂纹。

（3）焊缝的气孔。钛及钛合金焊缝中有形成气孔的倾向，气孔主要由氢产生。焊缝金属冷却过程中，氢的溶解度发生变化，如焊接区周围气氛中氢的分压较高，则焊缝中的氢不易扩散逸出，而聚集在一起形成气孔。

钛及钛合金性质非常活泼，与氮、氢、氧的亲和力大，故普通焊条电弧焊、气焊及 CO_2 保护焊均不适用于钛及钛合金的焊接，焊接钛及钛合金主要采用钨极氩弧焊、等离子弧焊及真空电子束焊。

第五节　焊接结构设计

现代焊接技术已经能够做到焊接接头强度等于甚至高于母材强度，对于单件或小批量的结构件，特别是结构简单的大型或重型结构件制造，焊接结构更具优越性，因此，焊接结构在机械制造、工程构件等领域有着广泛应用。合理地选择焊接结构对于保证机械零部件、工程构件使用性能和使用寿命极为重要。

一、焊接结构的选择及其结构强度

在机械零件制造过程中，构件的焊接结构和焊接接头可以有多种形式，但在设计和选择具体的焊接结构时，必须首先考虑焊接结构和接头形式对构件强度的影响，其次要考虑焊接结构的工艺性。不合理的焊接结构设计会降低构件的承载能力和使用寿命，并难于制造，提高加工成本。

与铸造、压力成型等成型工艺不同，构件的焊接结构具有它独特的结构形式。在焊接成型的构件中，由于焊缝的存在，会导致不同程度的应力集中和焊接残余应力，如果在焊接结构中不充分考虑这些因素，构件的使用寿命会降低。在焊接结构设计中，焊接接头的形式多选择对接接头，质量良好的对接接头可达到母材的强度水平。对接焊缝一般是垂直于两被连接件的轴线，不必采用斜焊缝，只有在被连接件的宽度较小时，如宽度小于 100mm，可以考虑采取倾斜 45°的焊缝。带角焊缝的接头应力分布不均匀，动载强度较低。用盖板加强对接接头（见图 10-16），引入

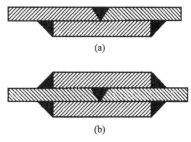

图 10-16　加盖板的对接接头

了带角焊缝，设计时应避免使用。

　　焊接接头的位置选择对于构件的结构强度有较大影响，尽管良好的焊接接头可以与母材等强度，但是考虑到焊缝中可能存在工艺缺陷会减弱结构的承载能力，所以在构件承载的最大应力处，应避开设计焊接接头。例如承受弯矩的梁，对接接头应避开弯矩最高的端面。对于工作条件恶劣的结构，焊接接头要尽量避开断面突变的位置，至少也应采取措施避免产生严重的应力集中。例如小直径的压力容器，采用大厚度的平封头（见图 10-17），图 10-17(a)所示的连接形式应力集中严重，将降低承载能力，在封头上加工一个槽，使断面厚度平稳过渡，这样可以避免在焊缝根部产生严重的应力集中。对这样的压力容器最合理的结构形式是采用压力成型的球面封头，以对接接头连接筒体和封头。家庭用的石油液化气罐采用的就是这样的成型形式。

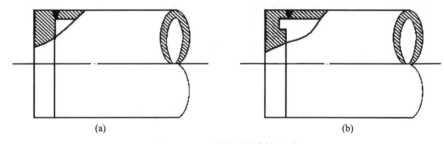

(a)　　　　　　　　　　　　　　　　(b)

图 10-17　平封头的连接形式

　　在集中载荷作用处，必须有较高刚度的依托，例如两个支耳直接焊接在工字钢的翼缘上[见图 10-18(a)]，背面没有依托，刚度低，在载荷作用下，翼缘变形大而导致支耳两端的焊缝应力不均匀，产生严重的应力集中，极易在支耳内侧焊缝产生裂纹。若将两支耳改为一个，焊在工字钢翼板中部，支耳背面有腹板支撑[见图 10-18(b)]，在受力时有可靠的依托，应力分布较为均匀，其强度得到保证。

　　两个工字钢垂直连接时（如图 10-19 所示），如果两者直接连接而不加筋板[见图 10-19(a)]，则连接翼板中部和翼缘的焊缝中应力分布不均匀，连接翼板中部的应力较高。如果按应力均匀分布进行设计，焊缝中部可能因过载而发生断裂。在这种情况下必须按焊缝有效长度 B 计算应力。这种结构形式只适用于载荷较小时。若在腹板两侧加焊筋板[见图 10-19(b)]则应力分布得到改善，结构的承载能力将大幅提高。

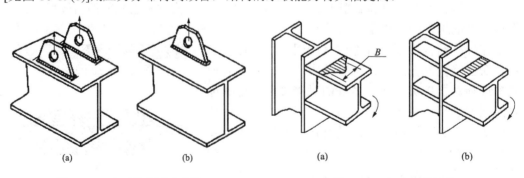

(a)　　　　　　　(b)　　　　　　　　(a)　　　　　　　(b)

图 10-18　支耳的布置形式图　　　　　图 10-19　工字钢的连接

二、焊件的结构工艺性

1. 焊缝的布置

（1）焊缝位置应便于操作。焊缝分平焊、横焊、立焊和仰焊四种类型，如图 10-20 所示。其中平焊操作方便，质量易于保证，所以尽量使焊缝处于平焊位置。焊条电弧焊时，应留有足够的焊接操作空间，如图 10-21 所示。点焊或缝焊时，应方便电极的伸入，如图 10-22 所示。

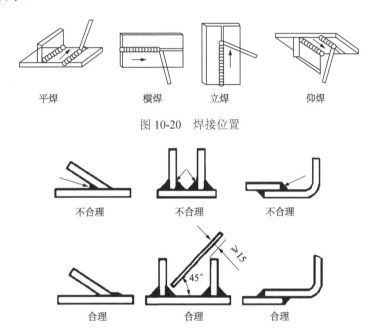

图 10-20　焊接位置

图 10-21　焊条电弧焊的焊缝位置

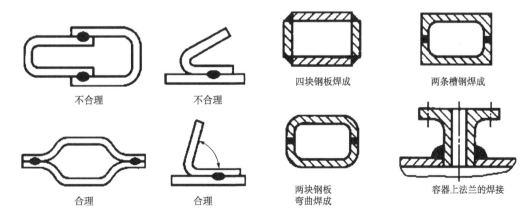

图 10-22　电阻点焊或缝焊的焊接位置　　　图 10-23　合理选材和减小焊缝

（2）减少焊缝的数量。在焊接结构中，应多采用工字钢、槽钢、角钢和钢管等型材，形状复杂的部分可选用冲压件、锻件和铸钢件，以减少焊缝数量，降低结构质量，减少应力和变形，增加结构件的强度和刚度，如图 10-23 所示。

（3）焊缝应尽量布置在焊件的薄壁处。在焊接结构中，有时焊接件的厚度不一样。这时应将焊缝布置在薄壁处[见图 10-24(a)]，以减少焊接工作量和焊接缺陷。也可将厚壁部分加工成一定斜度，使其厚度过渡到与薄壁处一样再进行焊接[见图 10-24(b)]。

（4）焊缝应尽量均匀、对称，避免密集和交叉。焊缝均匀对称可防止因焊接应力分布不对称而产生的变形，如图 10-25 所示。避免焊缝交叉和过于密集可防止焊件局部热量过于集中而引起较大的焊接应力，如图 10-26 所示。

（5）焊缝应避开最大应力与应力集中位置。图 10-27(a)为大跨度的焊接钢梁，焊缝若布置在应力最大的跨度中间，使结构的承载能力下降，应改为图 10-27(d)结构。压力容器应使焊缝避开应力集中的转角位置，如图 10-27(b)应改为图 10-27(e)所示。构件截面有急剧变化的位置或尖锐角部位，易产生应力集中，应避免布置焊缝，如图 10-27(c)应改为图 10-27(f)所示。

（6）焊缝应尽量远离机械加工表面。有些焊接件需要先机械加工，然后再组焊，为了防止已加工面受热而影响其形状和尺寸精度，焊缝位置必须远离机械加工表面。如图 10-28 所示。

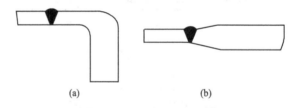

(a)　　　　　　　　　　(b)

图 10-24　焊缝应布置在焊件的薄壁处

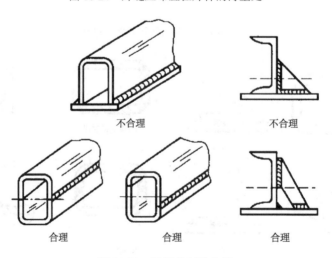

图 10-25　焊缝的对称布置

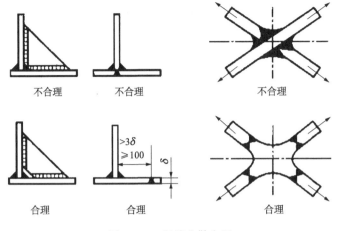

图 10-26 焊缝分散布置

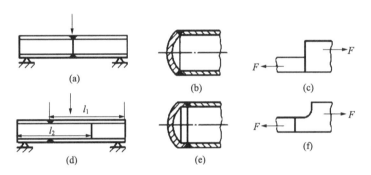

图 10-27 焊缝应避开最大应力与应力集中位置

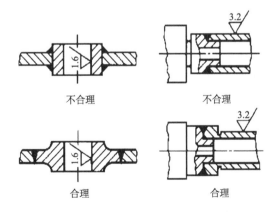

图 10-28 焊缝位置应远离机械加工表面

2. 焊接接头形式的选择

1）接头形式

在焊条电弧焊时，由于焊件厚度、结构形状和使用条件的不同，焊件的接头形式也不同。常用的接头形式有 4 种：对接接头、角接接头、T 形接头和搭接接头，如图 10-29 所示。其中对接接头受力比较均匀，是最常用的接头形式，重要的受力焊缝应尽量选用。搭接接头因两工件不在同一平面，受力时将产生附加弯矩，而且金属消耗量也大，一般应避免使用。但是，搭接接头不需要开坡口，装配时尺寸要求不高，对某些受力不大的平面连接与空间构件，采用搭接接头可节省工时。角接接头与 T 形接头受力情况都较对接接头复杂，但接头成直角或一定角度连接时，必须采用这种接头形式。

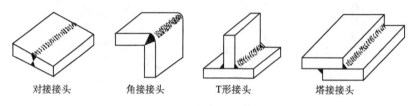

对接接头　　　　角接接头　　　　T形接头　　　　塔接接头

图 10-29　常用的焊接接头形式

2）坡口形式

坡口的形式与焊件厚度有关。为了使接头处能焊透，并减少焊条熔化量在焊缝金属中所占的比例，确保焊缝金属的化学成分和力学性能，焊条电弧焊对板厚为 1~6mm 对接接头施焊时，一般可不开坡口（即 I 形坡口）直接焊成。对中、厚板件，应在焊件接头处开设坡口（图 10-30）。V 形坡口用于单面焊，其焊接性能较好，但焊后角变形较大，焊条消耗量也大些。双 V 形坡口双面施焊，受热均匀，变形较小，焊条消耗量也较少，但有时受结构形状限制。带钝边 U 形坡口根部较宽，允许焊条深入，容易焊透，而且坡口角度小，焊条消耗量较小。但因坡口形状复杂，一般只在重要的受动载的厚板结构中采用。双带钝边单边 V 形坡口主要用于 T 形接头和角接接头的焊接结构中。

I形　　　　　V形　　　　带钝边U形　　　　双Y形　　　　双带钝边单边V形

图 10-30　常见坡口形式

焊条电弧焊的常用坡口形状和坡口尺寸可查阅 GB 985—1988。其他焊接方法的接头与坡口形式可查阅相关手册和国标。

习　题

1. 焊接电弧由哪几个区域组成？试述各区域的导电机构。
2. 试述焊接电弧的产热机构以及焊接电弧的温度分布。
3. 试述影响焊接电弧稳定性的因素。
4. 熔滴在形成与过渡过程中受到哪些力的作用？

5. 熔滴过渡有哪些常见的过渡形式？各有什么特点？

6. 分析焊接参数和工艺因素对焊缝成形的影响规律。

7. 焊缝成形缺陷有哪些？说明焊缝成形缺陷的防止措施。

8. 试述埋弧焊的工作原理及其应用范围。

9. 埋弧焊焊剂与焊丝匹配的主要依据是什么？

10. TIG 焊具有哪些特点？主要应用范围是哪些？

11. 简述保护气体、电极和焊丝的种类及其对焊接效果的影响。

12. 简述钨极脉冲氩弧焊的特点及其焊接参数的调节原则。

13. CO_2 焊的飞溅是如何产生的？

14. 什么是等离子弧？它是怎样形成的？它有何特点？

15. 等离子弧焊中双弧产生的原因及防止措施是什么？

16. 如何获得高功率密度的电子束和激光束？

17. 电子束焊接的工艺参数有哪些？对焊缝形貌各有何影响？

18. 激光焊接的原理、特点是什么？如何对激光焊接进行分类？

主要参考文献

崔忠圻, 覃耀春. 2007. 金属学与热处理[M]. 北京: 机械工业出版社.

杜民声, 周晓明, 崔捧爱, 等. 1995. 工程材料与金属热加工[M]. 南京: 东南大学出版社.

韩彩霞, 陈安民, 林秀娟, 等. 2010. 工程材料与材料成形工艺[M]. 天津: 天津大学出版社.

霍晓阳. 2013. 轧制技术基础[M]. 哈尔滨: 哈尔滨工业大学出版社.

雷玉成, 陈希章, 朱强. 2010. 金属材料焊接工艺[M]. 北京: 化学工业出版社.

李立明, 崔朝英, 贺红梅, 等. 2008. 工程材料及成型技术[M]. 北京: 北京邮电大学出版社.

梁戈, 时惠英. 2006. 机械工程材料与热加工工艺[M]. 北京: 机械工业出版社.

刘春延. 2009. 工程材料及热加工工艺[M]. 北京: 化学工业出版社.

刘国勋. 1980. 金属学原理[M]. 北京: 冶金工业出版社.

孟庆森, 王文志, 吴志生. 2006. 金属材料焊接基础[M]. 北京: 化学工业出版社.

齐乐华, 朱明, 王俊勃. 2002. 工程材料及成型工艺基础[M]. 西安: 西北工业大学出版社.

申荣华. 2011. 机械工程材料及其成型技术基础[M]. 武汉: 华中科技大学出版社.

沈莲. 2007. 机械工程材料[M]. 北京: 机械工业出版社.

史光远. 2006. 焊接结构设计与制造[M]. 哈尔滨: 哈尔滨工业大学出版社.

王现荣, 丁艳辉. 2012. 金属材料焊接[M]. 北京: 北京理工大学出版社.

王艳戎, 李亚平, 车林仙, 等. 2008. 机械制造基础[M]. 天津: 天津大学出版社.

王运炎, 叶尚川. 1999. 机械工程材料[M]. 北京: 机械工业出版社.

王章忠. 2001. 机械工程材料[M]. 北京: 机械工业出版社.

王宗杰. 2007. 熔焊方法及设备[M]. 北京: 机械工业出版社.

魏立群. 2008. 金属压力加工原理[M]. 北京: 冶金工业出版社.

肖兵, 彭必友, 查五生, 等. 2013. 金属塑性成形理论与技术基础[M]. 成都: 西南交通大学出版社.

徐祖耀. 1980. 马氏体相变与马氏体[M]. 北京: 科学出版社.

阎红. 2007. 金属工艺学[M]. 重庆: 重庆大学出版社.

杨春丽, 林三宝. 2010. 电弧焊基础[M]. 哈尔滨: 哈尔滨工业大学出版社.

杨瑞成, 丁旭, 胡勇, 等. 2009. 机械工程材料[M]. 重庆: 重庆大学出版社.

张海渠. 2009. 模锻工艺与模具设计[M]. 北京: 化学工业出版社.

朱兴元, 刘忆. 2006. 金属学与热处理[M]. 北京: 中国林业出版社.